持续交付 2.0

业务引领的DevOps精要

乔梁 / 著

U0285275

Continuous Delivery 2.0

Business-leading DevOps Essentials

人民邮电出版社

北 京

图书在版编目（CIP）数据

持续交付2.0：业务引领的DevOps精要 / 乔梁著
. -- 北京：人民邮电出版社，2019.1（2019.6重印）
ISBN 978-7-115-50001-4

Ⅰ. ①持… Ⅱ. ①乔… Ⅲ. ①软件工程 Ⅳ.
①TP311.5

中国版本图书馆CIP数据核字(2018)第251366号

内 容 提 要

本书"重新定义"了持续交付，增补了组织管理和架构两个维度，辅助以真实案例，对诸多持续交付的原则和实践加以解读，并对持续交付过程中的取舍原则加以论述。

本书分三个部分：第一部分作者根据自己近十年的工作及咨询经历，通过不断总结、提炼和反思，对原有的持续交付进行了修正，重新定义持续交付为实现组织战略目标的能力，并引入持续交付的能力模型；第二部分阐述组织打造持续交付能力模型所需遵守的原则，包括基础原则、组织原则和架构原则；第三部分通过多个互联网公司案例的解读，阐述如何根据组织的当前状况，应用相关原则对最佳实践进行取舍，并快速达到组织能力目标。

本书适合大型互联网公司的技术 VP、技术负责人，中小型互联网公司的 CTO、技术 VP、研发/测试/运维负责人、主管及骨干，以及组织变革者阅读。

◆ 著　　　　　　乔 梁

　　责任编辑　　杨海玲

　　责任印制　　焦志炜

◆ 人民邮电出版社出版发行　　北京市丰台区成寿寺路 11 号

　　邮编　100164　　电子邮件　315@ptpress.com.cn

　　网址　http://www.ptpress.com.cn

　　大厂聚鑫印刷有限责任公司印刷

◆ 开本：800×1000　1/16

　　印张：21.75

　　字数：416 千字　　　　　　　　2019 年 1 月第 1 版

　　印数：9 651–11 650 册　　　　　2019 年 6 月河北第 6 次印刷

定价：89.00 元

读者服务热线：(010)81055410　印装质量热线：(010)81055316
反盗版热线：(010)81055315
广告经营许可证：京东工商广登字 20170147 号

序　一

2007年，我在北京第一次遇到乔梁，并与之合作，共同开发一款软件产品，名为go.cd，这是第一个支持部署流水线的CI/CD工具。我们在构建这款产品过程中的思想碰撞与经验总结为《持续交付》一书提供了非常关键的素材。

在过去10年中，这些内容已经从最前沿的想法变为业界公认的智慧。每个追求卓越的科技公司都希望能够随时随地发布，而无须工程师在晚上或周末进行部署。能够快速、频繁且安全地发布软件，并实现小批量交付，意味着我们可以快速获得对我们的想法的反馈。我们可以构建原型并使用真实用户对其进行测试，从而避免开发那些对用户没有任何价值的功能。反过来，这也意味着产品更好，客户更满意，员工更快乐。这些能力对需要这种工作方式的每个组织来说，都是非常关键的。

然而，获得这种能力并不是一件容易的事情。组织需要对软件系统架构进行不断演进，使其支持尽快且有效的测试，以及快速部署，同时，还需要培养快速试验的文化。文化因素对于成功实施持续交付和通过持续交付实现产品管理实践至关重要。

乔梁曾与中国的各类组织合作，帮助它们实施持续交付并实现其效益。我想不出比乔梁更合适的人选，来写一本关于如何根据实际经验实现这些想法的书。希望本书的每位读者都能在提高软件交付能力的不断尝试中取得圆满成功，并利用这种能力来构建更好的产品和服务，以及更快乐、更高效的团队。

Jez Humble
《持续交付》一书作者，DORA联合创始人兼CTO

序　二

　　我们处在移动互联网时代的下半场。这意味着，对于主流人群来说，头部的基本需求或许已经被满足或者说"饱和"，而未来的方向或许是现有模式的颠覆，或许是长尾个性化需求的充分满足，又或许是小众人群的挖掘。无论如何，我相信未来创新的成本和创新失败的可能性有很大的机会持续走高。

　　在这种大背景下，如何通过极致的产品研发运营效率，快速发现新的机会，降低创新成本就变得尤为重要。乔梁老师是软件工程领域的大师，同时作为腾讯的敏捷咨询顾问，也和我们合作多年，亲历了移动互联网发展的全过程。乔梁老师对产品研发运营体系的种种问题可谓洞若观火，对于效率的追求可谓孜孜不倦。

　　"在快速变化的互联网环境下，软件产品团队如何在质量与速度上取得平衡？如何让软件产品以最快的速度抵达用户手中，使团队得到最快速的反馈？"我与乔梁老师在多年前就曾针对这些问题有过深入的探讨。"质量与速度根本不存在平衡，只有在产品能够承受的一定质量水准基础上，追求交付的速度才有意义。"他的观点如此鲜明，没有咨询师的"口头禅"——It depends（视情况而定），却道出了产品整个生命周期中的一个不变法则。虽然不同的产品阶段对产品质量要求有不同的定义，但在同一产品阶段中，质量要求却几乎是稳定的。本书中所讨论的内容全部围绕"如何在满足质量要求的前提下快速交付产品价值"这一问题展开。

　　为了快速发现新的机会，必须加快产品迭代速度，而迭代速度的加快也会让一些固定成本，例如为达到发布质量所需的测试成本，以及产品发布流程所需承担的成本，在每个迭代中所占的比例突显。这种事务性成本在很大程度上阻碍了产品的迭代速度。乔梁老师在书中对持续交付"价值探索环"与"快速验证环"中每个步骤的详细拆解，一方面会让你开阔对业务问题的思考维度与角度，另一方面也能让你发现，在日常工作中就有很多细节可以优化，从而降低迭代中的固定成本，有效提升产品创新效率。与此同时，也会在潜移默化中提高团队的整体战斗力。

　　《持续交付2.0》是乔梁老师在大量实战项目中总结出来的理论框架，可谓经历千锤百炼。本书也许没有太多高深抽象的概念，但每一项原则和方法的后面，都有足够多的正反例支持，和乔老师的为人一样，低调、务实、简单，值得每一位钻研和应用高效产品研发运营体系的读者阅读体会。我相信，在互联网行业，效率代表未来。

曾宇

腾讯副总裁

自　序

2002年，我偶然得到一本书，名为《解析极限编程》。书中介绍的软件开发方法与现实中使用的工作方法截然不同。书中的很多实践看上去都不现实，如测试驱动开发、持续集成、结对编程、用户故事等，这让我感到很新奇，怎么会有团队这么做呢？但看上去这些方法的确很诱人，于是我带着"怀疑"的态度，在实际工作中引入了其中一些方法，但执行上还是打了一些折扣。例如，我没有做测试驱动开发，而只是增加一些单元测试；没有做结对编程，而是要求代码评审（code review）；没有做持续集成，而是每日构建。一段时间后，虽然能感受到一些收益，但并没有那么显著。

直到2005年，我的一个朋友向我展示了他们如何使用这种开发方式交付真实的软件项目，和真实的编写代码的过程。每一次修改代码，都编写并执行一系列的自动化测试用例；每次提交都会进行持续集成。这是一种从未有过的编码体验，开发工程师很少需要启动程序，通过单步调试来找出代码中的问题。这使我真正相信，的确存在按照这种敏捷方式工作的团队，而且离我并不遥远。

2007年，我加入ThoughtWorks，希望能体验敏捷软件开发方式。作为一名需求分析师和交付经理，我加入了持续交付平台GoCD的产品研发，我的搭档就是Jez Humble（该产品的产品经理），他也是《持续交付：发布可靠软件的系统方法》的作者之一，书中很多实践都来自我们团队自己的软件产品研发过程。从想法的诞生到产品上架，我经历了一个完整的产品研发过程，也真正认识了敏捷开发方法，掌握了持续交付实践。

2009年以后，我作为外部顾问或内部教练，开始为国内外很多企业提供相关的组织敏捷与精益转型咨询服务，客户既有PC互联网时代的巨头，也有传统IT企业；既有国内知名大企业，也有高速成长的移动互联网创业公司。在与客户合作的过程中，我对"持续交付"有了更深刻的理解，也对如何帮助组织实现"持续交付价值"有了全新的认识。

2007年，我认为包括极限编程在内的众多敏捷开发实践是快速高质量软件交付的法宝；2010年之后，我发现实践本身虽然非常重要，但更重要的是支撑实践的组织管理方法、工作思路与理念。于是，我的口头禅成了"别提敏捷，只解决问题！"。2012年后，更多的软件开发方法与敏捷流派在国内开始盛行，但其背后的核心理念与主要工作原则并没有根本性的变化。无论什么样的方法，都应该以"解决问题"为出发点，而"解决问题"的一个重要前提是"能够正确定义问题，并达成共识"。

　　我当然不是思想无用论的支持者。相反，我认为思想对每个人对事物的认知和理解至关重要。但咨询经历告诉我，对事物的正确理解，并不能确保正确的思想和理念在现实中落地，也不能确保对企业有大的和直接的帮助。对方法应用者而言，其目标是通过对思想理念的认知，能够尽早解决自己（或者客户）所面临的棘手问题。

　　正如企业经营管理一样，软件工程发展的历程也是各种方法论不断出现与发展的过程。从20世纪60年代"软件工程"这一术语的诞生，到20世纪70年代提出瀑布软件开发模型，以及1985年提出的迭代增量开发和1986年Barry Boehm在"A Spiral Model of Software Development and Enhancement"一文中提出的喷泉模型，20世纪90年代的软件能力成熟度模型集成（Capability Maturity Model Integration，CMMI）的产生和多种轻量级软件开发方法，21世纪初敏捷宣言的正式发表，再到精益软件开发方法、看板方法，以及持续交付和DevOps运动。所有这一切变化，既反映出该领域的快速变化，也反映出没有哪一种理论或方法能够完全解决这个领域面临的所有问题。

　　本书希望能够让读者在了解"持续交付"全貌的基础上，当遇到与IT组织效能相关的问题时，能够以适当的思考方式和背景知识来应对，让你在今后的工作中少走一些弯路，至少遇到相似问题时，可以有所参考。

前　言

从"软件工程"这一名词诞生以来，"质量"和"效率"就是它的目标。IT组织大都在这条路上探寻，从最初的瀑布模型，到CMMI，很多组织曾经尊其为软件开发过程的"圣经"。而当"敏捷运动"兴起时，他们想要"做"敏捷；当听说"持续交付"，他们想要"做"持续交付。现在，DevOps也来了！在各种各样的交流大会里，不断传来DevOps胜利的凯歌，各种媒体也在报道它的好处。很多公司又想要"DevOps"了……

我们的确听到过一些美妙的"故事"，但它们可能都不属于我们自己。在自己身边，就连"如何让大家对这些理念或实践达成共识"都成了一大困难，这令你感到无比困扰。就像走在一团迷雾之中，耳边一直听到美妙的音乐响起，也隐约看到远处的点点亮光，然而脚下的"路"却忽明忽暗。

多年工作经历让我对这一领域有了新的认识，并进行总结与反思。"持续交付"是一个非常有吸引力的名字，总会让人浮想联翩，业务人员似乎看到了一丝希望"所有的需求，上午提出来，下午就能拿到手"。然而，太多的企业低估了自己所面临的困难。这些困难一部分是显性的，如没有自动化测试，也做不到自动化部署，主干开发更是不可想象；还有一部分困难是隐性的，例如，职能部门之间的"墙"存在已久。业务人员嫌开发团队的软件交付速度慢，开发团队嫌业务人员提出的需求不靠谱。这很可能归因于每个人的价值思考方式。

本书的目标是希望企业中所有角色转换价值思考的角度，改进软件服务端到端的商业价值交付方式，提升相关人员之间的协作效率，最终达到以安全可靠的方式快速验证想法，缩短实现真正商业价值的时间。也就是说，本书不仅关注"从需求列表到可运行的软件"这一过程，还提出"价值探索—快速验证"双闭环，如图0-1所示，这也是本书的书名"持续交付2.0"的由来。

事实证明，没有放之四海皆准的企业管理解决方案，能够完美解决每个企业遇到的问题。但是，管理者只有从整体视角出发，抵住局部优化的诱惑，才能在资源有限的情况下，引领企业创造更大的价值。本书提供了一个整体框架，给出了这个框架中各节点所涉及的原则与相关的实践方法，同时介绍了它们的优势与约束。

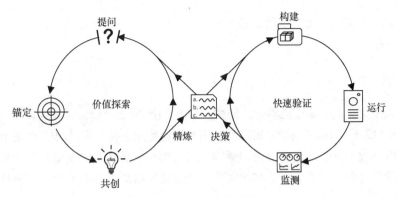

图0-1　持续交付双闭环模型

　　如果你将"持续交付2.0双环模型"应用到整个企业范围，就是一种企业级的组织管理变革指引；如果你将它引入某一个团队，对这个团队来说，就是团队工作模式的改进套路。既然"持续交付2.0"是一个管理框架，企业势必要根据自己的实际情况来进行定制。因此，书中列举了很多实际案例，告诉你，其他企业或团队如何应用这些实践方法，达到它们的目标。这些案例也说明，解决方案与实施路径很难在企业之间进行复制，企业必须应用书中的原则，结合自身的实际情况（产品形态及所处的商业竞争阶段、团队的规模与人员技能水平、软件系统架构，以及组织管理机制与文化等），逐步探索出自己的道路。

读者对象

　　本书主要服务于那些身处IT业务一线的管理者，或即将成为一线管理者的骨干技术人员，当然也包括那些从事软件产品项目管理和软件过程改进的人们。对新公司的创立者或高速发展的成长期公司技术高管也有参考作用。它并不是为那些已经成熟的大型软件企业的高层管理者服务的。当然，如果他们也认为本书有所帮助，那我也非常高兴。

　　对于产品经理、开发经理、测试经理和运维经理，可以从本书中获得更全面的工作视角，发现自己领域之外更多的信息，以及如何与其他角色协作共赢。

　　对于过程改进者或者变革者，可以从本书中了解其他团队或公司的做法，希望能给你带来工作上的灵感。

　　对于新公司的创立者与高速成长公司的高管，希望可以从本书中找到一些管理方式与高效方法，使得公司在成立和发展之初，就能够以尽可能少的成本，支持你的事业持续高速发展。

书中有很多案例，用于帮助读者理解"持续交付2.0"的双环模型，与其中各环节应用的不同实践。

内容简介

在进入正文之前，先谈谈本书的结构和内容。全书共包括3部分内容。第一部分介绍了"持续交付2.0"的双环模型；第二部分主要讨论使用"持续交付2.0"框架中可能遇到的问题，以及改进过程中需要遵循的原则。第三部分主要是案例分享，目的是让读者体会在持续改善过程中，不同企业和团队的实施重点与解决方案的不同。书中具体内容如下所示。

第一部分主要讲述"持续交付2.0"双环模型（即持续交付"8"字环）和"持续交付2.0"的4个工作原则，还会介绍两个闭环"价值探索"与"快速验证"的执行步骤与相关原则。

- 第1章讨论持续交付的发展必然性，并介绍"持续交付2.0双环模型"及其4个基本原则。
- 第2章讨论"价值探索环"（简称"探索环"）的4个核心环节，以及每个环节的指导原则与实践方法。只有业务方能够以"精益"方式思考，持续交付才能更显威力，否则很可能退缩成为持续交付1.0的单环模式，即只有"快速验证环"。
- 第3章简单阐述"快速验证环"（简称"验证环"）中各环节的主要活动，并给出各环节的工作方法。

第二部分主要阐述"持续交付2.0"的实施七巧板中，三大主要板块的工作原则与实践方法。这三大板块包括组织机制、软件架构与基础设施。其中组织机制是一个复杂课题，本书仅讨论持续交付所需的文化，以及建立文化的四步法。组织架构、人才结构、激励机制等内容将在本书的续篇中专题讨论。基础设施部分是产品研发过程中最基础的工作。这部分首先讨论持续交付部署流水线及其工具设计原则，然后分别介绍部署流水线的建立与优化必须关注的五大领域，也就是说，业务需求协作流程、分支与配置管理、构建与环境管理、自动化测试管理，以及部署发布与监控管理。

- 第4章讨论持续交付能力的提升需要企业具有信任、安全和持续改善的组织文化，并介绍丰田公司和谷歌公司用过的改善组织文化四步法。
- 第5章讨论软件架构对实现持续交付快速验证能力的重要性、有利于持续交付的软件架构特征，以及软件架构改造的3种方式，即"拆迁""绞杀"和"修缮"。
- 第6章讨论如何利用约束理论和精益思想，发现流程中的瓶颈，使各角色之间的业务需求协作更加顺畅，提升需求流动速度。
- 第7章讨论快速验证环所依赖的部署流水线的设计原则与工具链建设草案。

- 第8章讨论代码仓库的分支方式对持续交付的重大影响，以及不同分支方式下部署流水线的建设方案。最后介绍代码分支的数量对发布策略的影响。
- 第9章回顾持续集成的历史，并讲解如何判断团队是否在实践"持续集成"，还给出企业实施持续集成的五大步骤。
- 第10章讨论软件发布以前制订自动化测试策略需要考虑的因素，还介绍持续集成对自动化测试用例的编写与运行要求。最后，为了提高自动化测试的投资回报率，团队如何为遗留系统编写和增加自动化测试用例。
- 第11章讨论软件配置管理，它是持续交付快速验证环的基础。对代码、配置、环境、数据做好配置管理，最终实现一键部署和一键测试，让各角色在协作过程中能够全部实现自动化服务，并且互不影响，解放人的大脑和双手，做更有价值的事情，而让机器做它擅长的事——不断地重复。
- 第12章讨论降低生产部署与发布风险的技术与方法。
- 第13章讨论软件在运行时，数据收集与分析的重要性，以及衡量数据监测环节的衡量指标，包括正确性、完整性和及时性，此外，还介绍测试扁平化趋势，以及生产环境上的质量巡检与演习。

第三部分主要是实战案例的分析。它们分别代表不同类型的公司、不同大小的团队以及不同的软件产品特点。我将带你深入案例现场，了解当时状况，分析问题，并提出解决思路。

- 第14章介绍一个百人工程师的互联网产品团队历经一年时间，如何打造快速运转的"持续交付2.0双环模型"，并且做到可持续运转。
- 第15章介绍在无法"测试右移"的情况下，一个大项目中的小团队如何改变团队协作模式，从"死亡行军"转变为"无缺陷交付"。
- 第16章介绍一个微服务化开发团队如何在项目运行的过程中，通过逐步对基础设施板块中各模块进行改造，提升交付质量与频率，并推动运维人员也做出改变，真正成为一个"DevOps团队"。

阅读方法

如何阅读本书取决于读者的目标是什么。你可以按照章节从头到尾读下来。这样，你可以了解我在工作中应用到的知识体系，最终了解为什么"持续交付2.0是一种组织能力"，如何衡量这种组织能力，以及如何在具体的工作场景中运用相关原则解决具体的问题。

当然，读者也可以根据自己的兴趣以及工作中遇到的问题，选取不同的章节。例如，后面3章的具体案例分析包括小团队的改进案例、大团队的变革案例，甚至超大公司所用的一些工作方法与工具。这样，读者也许可以为明天将要进行的艰难说服工作找到一丝破局的思路。

无论怎样，我都非常重视你的反馈。让我知道你对这本书有什么想法——你喜欢什么？你还希望知道哪些内容？你可以扫描下面的二维码，关注"持续交付2.0"的微信公众号，或者访问www.continuousdelivery20.com网站查看相关的延伸阅读内容。

致　谢

　　很多人为本书做出了贡献。首先要感谢编辑团队给予我的大力支持，尤其是杨海玲主编的敬业精神打动了我，让我有勇气将自己多年咨询过程中曾经使用的方法与实践写下来，与更多人分享。尽管它们并不完美，但也算是对自己过去工作的总结。其次，感谢我的朋友任发科对本书诸多章节的审校，以及提出的宝贵意见。

　　另外，我要感谢我在ThoughtWorks工作时的同事，尤其是GoCD团队和Jez Humble。从他们那里，我真正领会了敏捷与精益思想，并在后来的工作中熟练应用持续交付领域的诸多技术实践，帮助我的客户解决实际问题。还要感谢我的朋友王鹏超，他就是让我认识到极限编程独特魅力的那个人，他目前在Facebook公司工作，负责Cassandra的开发。

　　最后，感谢我的妻子霞和儿子天，我的挚爱。我一度想放弃本书的写作，是他们的鼓励才让我走出低谷。而且，霞不厌其烦地帮助我修订文稿，提出改进建议，帮助我提炼总结，使得本书结构更加合理。

服务与支持

本书由异步社区出品，社区（https://www.epubit.com/）为您提供相关资源和后续服务。

提交勘误

作者和编辑尽最大努力来确保书中内容的准确性，但难免会存在疏漏。欢迎您将发现的问题反馈给我们，帮助我们提升图书的质量。

当您发现错误时，请登录异步社区，按书名搜索，进入本书页面，点击"提交勘误"，输入勘误信息，点击"提交"按钮即可。本书的作者和编辑会对您提交的勘误进行审核，确认并接受后，您将获赠异步社区的100积分。积分可用于在异步社区兑换优惠券、样书或奖品。

扫码关注本书

扫描下方二维码，您将会在异步社区微信服务号中看到本书信息及相关的服务提示。

与我们联系

我们的联系邮箱是contact@epubit.com.cn。

如果您对本书有任何疑问或建议，请您发邮件给我们，并请在邮件标题中注明本书书名，以便我们更高效地做出反馈。

如果您有兴趣出版图书、录制教学视频，或者参与图书翻译、技术审校等工作，可以发邮件给我们；有意出版图书的作者也可以到异步社区在线提交投稿（直接访问www.epubit.com/selfpublish/submission即可）。

如果您是学校、培训机构或企业，想批量购买本书或异步社区出版的其他图书，也可以发邮件给我们。

如果您在网上发现有针对异步社区出品图书的各种形式的盗版行为，包括对图书全部或部分内容的非授权传播，请您将怀疑有侵权行为的链接发邮件给我们。您的这一举动是对作者权益的保护，也是我们持续为您提供有价值内容的动力之源。

关于异步社区和异步图书

"异步社区"是人民邮电出版社旗下IT专业图书社区，致力于出版精品IT技术图书和相关学习产品，为作译者提供优质出版服务。异步社区创办于2015年8月，提供大量精品IT技术图书和电子书，以及高品质技术文章和视频课程。更多详情请访问异步社区官网https://www.epubit.com。

"异步图书"是由异步社区编辑团队策划出版的精品IT专业图书的品牌，依托于人民邮电出版社近30年的计算机图书出版积累和专业编辑团队，相关图书在封面上印有异步图书的LOGO。异步图书的出版领域包括软件开发、大数据、AI、测试、前端、网络技术等。

异步社区

微信服务号

目　　录

第 1 章

持续交付2.0

经典图书《持续交付》已出版8年，一直受到软件行业从业者的关注。书中的软件开发原则和实践也随着商业环境VUCA特性的明显增强而逐渐受到软件技术人员的认可。

VUCA是volatility（易变性）、uncertainty（不确定性）、complexity（复杂性）和ambiguity（模糊性）的首字母缩写。VUCA这个术语源于军事用语，在20世纪90年代开始被普遍使用，用来描述冷战结束后的越发不稳定的、不确定的、复杂、模棱两可和多边的世界。在2001年9月11日恐怖袭击发生之后，这一概念和首字母缩写才真正被确定。随后，VUCA被战略性商业领袖们用来描述已成为"新常态"的、混乱和快速变化的商业环境。

然而，在应用这些为达成持续交付目标所需的软件技术相关原则与实践时，我们会遇到很多难题。例如，业务压力太大，没有时间改进；开发和测试的时间被压缩得太少了，没有时间这么干；这么做的风险太高了，质量很难保障。而这些难题正是由于软件工程的发展惯性带来的，是到了改变的时候了。

1.1 软件工程发展概述

"软件工程"这一学科出现于1968年，当时正值第一次软件危机。第一次软件危机是落后的软件生产方式无法满足迅速增长的计算机软件需求，从而导致软件开发与维护过程中出现一系列严重问题的现象。人们试图借鉴建筑工程领域的工程方法来解决这一问题，以实现"按预算准时交付所需功能的软件项目"的愿望。

1.1.1 瀑布软件开发方法

瀑布软件开发模型由Dr. Winston W. Rovce在1970年发表的 "Managing the development of large software systems" 一文中首次提出，如图1-1所示。它将软件开发过程定义为多个阶段，每个阶段均有严格的输入和输出标准，项目管理者希望通过这种重计划、重流程、重文档的方式来解决软件危机。很多人将具有以上3个特征的软件开发方法统称为"重型软件开发方法"。

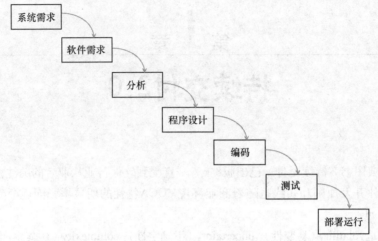

图1-1   瀑布软件开发模型

在20世纪，瀑布软件开发模型的每个阶段都需要花费数月的时间。在写出第一行产品代码之前，甲乙双方需要花费大量精力确定需求范围，审核比《新华字典》厚得多的软件需求规格说明书。即便如此，双方还是要为"是否发生了需求范围的变更""是否准时交付了软件""交付的软件是否满足了预先设定的业务需求"而纠缠不清。

1.1.2   敏捷软件开发方法

从20世纪80年代开始，微型计算机开始快速普及。20世纪90年代，人们对软件的需求迅速扩大。然而，Standish Group的Chaos Report 1994显示，软件交付项目的失败或交付困难的比率仍旧很高（成功率只有16.2%，受到挑战的项目占比52.7%，而失败率为31.1%）。此时，很多优秀的软件工作者不满意瀑布软件开发方法的交付成果，并在各自工作实践中总结了各种新的软件开发方法，例如我们现在经常听说的Scrum和极限编程，都是在那个时代涌现出来的软件开发方法。

2001年，17位软件大师齐聚美国犹他州的一个小镇——雪鸟（Snowbird），总结了当时涌现的这些轻量级软件开发方法所具备的特点，共同发表了"敏捷宣言"，提出敏捷软件开发方法应该遵循的十二原则，见附录A。与会人员一致同意，凡符合这一宣言所倡导的价值观且遵循十二开发原则的方法均可被认为是"敏捷软件开发方法"。因此，"敏捷软件开发方法"这一说法从其诞生开始就是一簇软件开发方法的代名词，而不是特指某一种软件开发方法。

敏捷软件开发方法强调发挥人的主观能动性，提倡面对面沟通、拥抱变化、通过迭代和增量开发尽早交付有价值的软件。此时，很多团队已认识到，软件开发实际上是一个不断迭代学习的过程，即软件工程师需要快速学习并理解领域知识，并将其转化成数字世界的表达形式，通过与业务专家的交流讨论来学习并持续迭代这个过程。一个软件交付计划被划分成多个迭代，强调在每个迭代结束时应该得到可运行的软件，如图1-2所示。

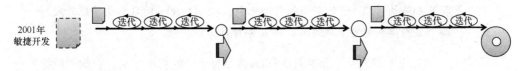

图1-2　迭代开发，多批次部署发布

与瀑布软件开发方法只在项目交付后期才能看到可运行的软件相比，敏捷软件开发方法在这方面有很大的进步。"持续集成"作为敏捷开发方法中的一个工程实践，率先被更广泛的IT组织所接受，即便那些没有采纳敏捷开发方法的团队也会使用它，因为其强调的频繁自动化构建和自动化测试减少了质量保障团队的重复工作量，也排除了开发团队与质量保障团队之间的沟通障碍。

当时的主流软件需求仍旧是来自企业级定制软件开发。虽然敏捷开发方法使用的是迭代模型，但两次软件发布之间的间隔时间仍旧较长（通常是数月，甚至一年以上）。因此，业务人员与研发团队之间关于需求变更和研发效率的矛盾仍旧是主要矛盾。系统的部署发布工作在整个发布周期中所占用的时间和成本相对较小，部署和运维工作还不是突出矛盾。另外，部署活动通常由专门的技术运维团队执行，产品研发团队对其无感。

在这一时期，无论瀑布开发还是敏捷开发，在软件行业中最重要的关注点都是可交付的软件包本身，即如何快速地将软件需求变为可交付的软件包。

1.1.3　DevOps运动

DevOps的萌芽源于2008年8月敏捷大会多伦多站的一个临时话题"敏捷基础设施（Agile Infrastructure）"。当时比利时独立IT咨询师Patrick Debois非常感兴趣，并且分享了关于"将敏捷实践应用于运维领域"。2009年10月，Patrick在比利时的根特组织了一个"DevOpsDays"社区会议，并正式启用了"DevOps"这个术语。

2010年"The Agile Admin"网站上发表的一篇题为"What is DevOps"（什么是DevOps）的文章中指出："DevOps是一组概念集合的代称，虽然并非全部都是新概念，但它们已经催化为一种运动，并迅速在整个技术社区中传播。"同时，该文章也给出了其原始定义，即"DevOps是运维工程师和开发工程师参与整个服务生命周期（从设计到开发再到生产支持）的一组实践"，并提出，DevOps应该倡导运维人员更多地使用和开发人员使用的相同技术来进行系统运维工作。

DevOps在维基百科上的定义也在随着时间的推进而不断变化着。截止到2017年，其定义为：

DevOps是一种软件工程文化和实践，旨在统一整合软件开发和软件运维。DevOps运动的主要特点是强烈倡导对构建软件的所有环节（从集成、测试、发布到部署和基础架构管理）进行全面的自动化和监控。DevOps的目标是缩短开发周期，提高部署频率和更可靠地发布，与业务目标保持一致。

事实上，到写作本书之时，业界对DevOps并没有统一的标准定义。正如"敏捷"一样，每一位从业者、每一个企业都有自己所理解的DevOps。有些人认为DevOps是敏捷的一个子集，有些人认为"敏捷做对了，就是DevOps"，还有人则将DevOps看作围绕自动化实施的一套实践，或多或少与敏捷有些关联性。

从历史时间点上来看，DevOps源于敏捷思想和实践在运维领域的应用，但当时的实操指导性不足，而近乎同期出版的《持续交付》一书使其更加具象化，在企业实践方面更具有可操作性。书中给出了一系列的原则、方法与实践，使DevOps运动的参与者有线索可循，例如持续交付中强烈倡导的"一切皆代码，自动化一切，部署流水线尽早反馈"等。

DevOps并非一个标准、一种模式或者一套固定方法，而是一种IT组织管理的发展趋势，也就是说，通过多种方式打破IT职能部门之间的隔阂，改变IT组织内部的原有合作模式，使之更紧密结合，从而促进业务迭代速度更快。这种发展趋势将会引起IT组织内部原有角色与分工的变化，甚至范围更大，会影响到相关的业务组织。对互联网公司来说，其软件产品对业务发展起到极其关键的作用，业务结果与IT效能强关联，因此顺应这一发展趋势的动力更加明显和迫切。

既然DevOps是一种组织管理的发展趋势，那么它就是IT领域普适的。对于不同行业、不同企业中的IT组织，需要根据其所在行业的行业特点以及企业实际状况进行一系列的管理定制。

1.1.4　持续交付1.0

2006年，Jez Humble、Chris Read和Dan North共同发表了一篇题为"The Deployment Production Line"（部署生产线）的文章。文中讨论了软件部署带来的生产效率问题，并首次提出"部署生产线"模式：

……测试和部署是软件开发过程中最困难且耗时的阶段。即使团队已经使用自动构建完成了代码的测试工作，也需要几天时间做生产部署的情况仍旧很常见……我们描述的原则和实践使你可以一键创建、配置和部署新的环境。

……通过多阶段自动化工作流程，测试和部署过程可以完全自动化。利用这种"部署生产线"，可以将已经过验证的代码快速部署到生产环境中，并且一旦发生问题，就可以轻松地回退到以前的版本。

1

该文章的3位作者当年均就职于ThoughtWorks公司，而该公司是敏捷软件开发方法的践行者、倡导者和推广者。该公司使用的软件开发方法也源自极限编程方法。作者通过各自的实践总结出了"部署流水线"模式的雏形，并且对如何使自动化部署活动更轻松给出了以下4条指导原则。

（1）每个构建阶段都应该交付可工作的软件，即对于中间产物的生成（例如搭建软件框架）不应该是一个单独的阶段。

（2）用同一个制品（artifacts）向不同类型的环境部署，即将其与运行时配置分开管理。

（3）自动化测试和部署，即根据测试目的，分成几个独立的质量关卡。

（4）这个部署生产线设计也应该随着你的应用程序的发展而不断演进。

2007年，ThoughtWorks公司的Dave Farley也发表了一篇题为"The Deployment Pipeline - Extending the range of Continuous Integration"（部署流水线——持续集成的延伸）的文章。文中指出，部署流水线就是通过自动化方式将多个质量验证关卡及其中的验证内容联系在一起，如图1-3所示。

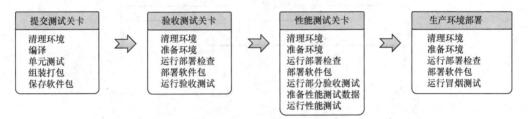

图1-3　Dave Farley在2007年定义的部署流水线

同年12月，ThoughtWorks在北京正式组建了产品研发团队，启动了以这种部署流水线为指导思想的软件持续发布管理工具的研发。当时Jez Humble是产品经理，我负责该产品的交付与业务分析。该产品的第一个版本发布于2008年7月，取名为Cruise（现名为GoCD）。其最重要的一个功能特性就是"部署流水线"（deployment pipeline）。而且很多特性设计（包括内置的制品仓库、多阶段之间的制品引用）也体现了"一次构建，多次使用"的原则。

在开发GoCD期间，Jez Humble和Dave Farley合著了《持续交付》（*Continuous Delivery*）一书，英文版于2010年正式出版，该书于2011年获得Jolt杰出大奖，中文版也于2011年在国内上市，这标志着"持续交付"这一术语的正式诞生。Jez Humble说："持续交付是一种能力，也就是说，能够以可持续方式，安全快速地把代码变更（包括特性、配置、缺陷和试验）部署到生产环境上，让用户使用。"本书将这一定义称为"持续交付1.0"。

在《持续交付》一书中，讲述了持续交付1.0所遵循的理念、原则和众多方法与实践，并在该书最后一章指出："它不仅仅是一种新的软件交付方法论，而且对依赖软件的业务来说，是一个全新的范式[①]。"

持续交付1.0提供的很多原则及方法是DevOps运动的具体实操指引，它们可以为企业的IT团队将DevOps运动落地实施提供非常具体的指导，如图1-4所示。

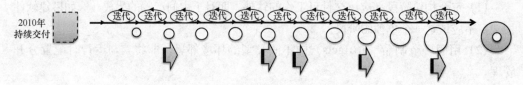

图1-4 持续交付将发布权交还给业务方

从所涉及的协作角色来看，敏捷开发更多地涉及产品需求方、软件开发工程师和软件测试工程师。在历史上，DevOps更多地涉及软件研发团队（包括开发工程师和测试工程师）与运维工程师，而持续交付1.0涉及产品需求方、软件研发团队和运维工程师，如图1-5所示。

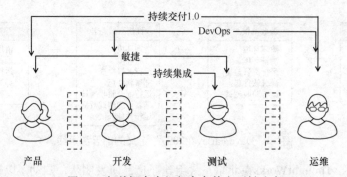

图1-5 相关概念在组织角色的主要触达点

持续部署与持续交付

很多人认为，持续部署（continuous deployment）是持续交付（continuous delivery）的进阶状态，是指代码提交后一旦成功通过所有质量验证，就立即自动部署到生产环境中，不需要任何人的审批。事实上，"部署"与"交付"这两个主干词的意义并不相同。

"部署"是一种技术领域的操作，也就是说，从某处获取软件包，并按照预先设计的方案将其安装到计算节点上，并确保系统可以正常启动，但它并不一定意味着"必须包含业务功能的发布或交付"。"交付"则是一个业务决策活动，通常也被称为"发布"，也就是说，如果将新构建的特性交付到客户（用户）手中，用户就可以看到并使用它们。

① 范式（paradigm）就是指在某一学科或领域内的一种哲学理论框架，它由理念（或思考模式）及其指导下的一系列研究方法与标准组成。简而言之，"范式=理念+方法"。

之所以"部署"与"发布"几乎成为等价词，是历史原因造成的。很久以前，软件的发布周期较长，每次新功能部署之后就会立即发布。久而久之，"部署"就成了"发布"的代名词。为了保证软件质量，IT部门通常不允许无关代码（即与本次发布新特性集合无关，例如未开发完成的功能、不完善的功能集）被带到生产环境中。因此，每次部署就一定是重大功能的发布。

随着互联网软件的出现，"部署"和"发布"内容与频率不同的情况也是很常见的。我们可以向环境多次部署，但只有当业务需要时才向用户发布，如图1-4中的箭头所示。例如，Facebook公司的发布工程师Chuck Rossi在2011年该公司举办的技术分享会上指出："我们现在每天会对Facebook网站进行一次部署操作……Facebook公司在半年后将要主推的功能特性，现在已经上线了，只是用户看不到而已。"

1.2　持续交付2.0

持续交付1.0关注于"从提交代码到产品发布"的过程，如图1-6所示，并且提供了一系列工作原则和优秀的实践方法，可以提升软件开发活动的效率。

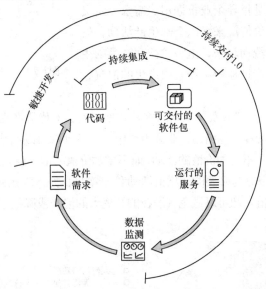

图1-6　持续交付1.0的关注点

但是，我在实际咨询过程中发现，一些软件功能在开发完成之后，对用户或者业务来说，并没有产生什么影响，有些功能根本没有用户来使用。可是，这些功能的确花费了团队的很多精力才设计实现。这是一种巨大的浪费。这种"无用"的功能生产得越多，浪费就越大。我们是否可以找到一些方法，让我们付出的努力对业务改善更加有效，或者只用很少的成本就可以验证对业务无效呢？

1.2.1　精益思想

2011年出版的《精益创业》一书给了我一些启示。其核心思想是，开发新产品时，先做出一个简单的原型——最小化可行产品（Minimum Viable Product，MVP），这个原型的目标并不是马上生产出一个完美的产品，而是为了验证自己心中的商业假设。得到用户的真实反馈后，从每次试验的结果中学习，再快速迭代，持续修正，在资源耗尽前从迷雾中找到通往成功的道路，最终适应市场的需求。

Eric Rise在书中强调，精益创业就是一个"开发—测量—认知"的验证学习过程，如图1-7所示。也就是说，把创意快速转化为产品，衡量顾客的反馈，然后再决定是改弦更张，还是坚守不移。

该书主要关注于创业初始阶段，将精益思想贯穿于产品"从0到1"的过程。事实上，它也可以用于产品"从1到n"的过程中。

1996年，Womack、Jones和Roos在《精益思想》一书中指出，精益思想是指导企业根据用户需求，定义企业生产价值，按照价值流来组织全部生产活动，使价值在生产活动之间流动起来，由需求拉动产品的生产，从而识别整个生产过程中不经意间产生的浪费，并消除之。

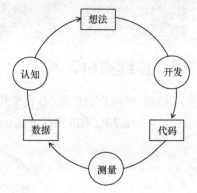

图1-7　"开发—测量—认知"环

在精益管理理论中，"浪费"是指从客户角度出发，对优质产品与良好服务不增加价值的生产活动或管理流程。并指出，业务生产中所有活动都可以归结为以下两种活动，也就是增加价值的活动和不增加价值的活动，而不增加价值的活动就是浪费。在被归类为"浪费"的活动中，又可以分为必要的非增值活动和纯粹的浪费。必要的非增值活动是指从客户的角度看虽没有价值，却可以避免（潜在的）更大的浪费或降低系统性风险的活动，如图1-8所示。

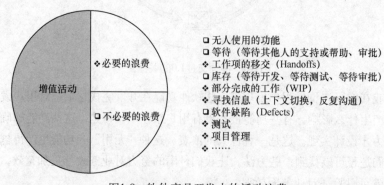

图1-8　软件产品开发中的活动浪费

例如，生产流水线上的装配工作是增值活动，质量检查是必要的非增值活动，而因材料供应不足产生的生产等待以及因质量缺陷导致的返工都被认为是不必要的浪费。在软件产品服务的全生命周期中，也同样包含多种"浪费"，例如，无效果的功能特性、各生产环节中的等待（如图1-9所示）、没人看的文档、软件缺陷、机械性的重复工作等。

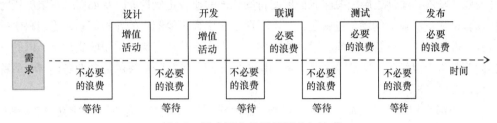

图1-9　用户视角的增值活动与浪费

尽管"消除所有浪费"几乎是不可能的，但是，我们仍旧要全面贯彻"识别和消除一切浪费"的理念，持续不断地优化流程与工作方式，达到高质量、低成本、无风险地快速交付客户价值的目的。

1.2.2　双环模型

自2009年Flickr（一个聚合全球知名热门图片分享网站）声称其网站每天部署10次之时起，"主干开发+持续集成+持续发布"已成为硅谷知名互联网公司应对VUCA环境的一种主流软件研发管理模式。这种变化的原动力并不是来自技术团队本身，而是来自业务与产品方的诉求。为了在VUCA环境中更快地了解海量用户，快速验证大量业务假设和解决方案，他们改变了业务探索的模式，并催生了软件研发管理模式的改变，两种模式相互促进，从而形成了互联网软件产品研发管理的双环模式，即"持续交付2.0"，如图1-10所示。

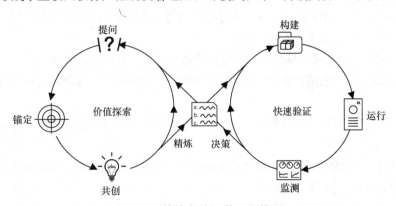

图1-10　持续交付2.0的双环模型

"持续交付2.0"是一种产品研发管理思维框架。它将精益创业与持续交付1.0相结合，强调业务与IT间的快速闭环，以"精益思想"为指导，全面贯彻"识别和消除一切浪费"的理念，通过一系列工作原则与实践，帮助企业以一种可持续方式，高质量、低成本、无风险地快速交付客户价值。

对企业来说，开发软件产品的目标是创造客户价值。因此，我们不应该仅仅关注快速开发软件功能，同时还应该关注我们所交付的软件的业务正确性，以及如何以有限的资源快速验证和解决业务问题。也就是说，不断探索发现真正要解决的业务问题，提出科学的目标，设计最小可行解决方案。通过快速实现解决方案并从真实反馈中收集数据，以验证该问题是否得以解决。这是一个从业务问题出发，到业务问题解决的完整业务闭环，简称为持续交付"8"字环。

它由两个相连的环组成：第一个环为"探索环"，其主要目标是识别和定义业务问题，并制订出最小可行解决方案进入第二个环；第二个环为"验证环"，其主要目标是以最快速度交付最小可行方案，可靠地收集真实反馈，并分析和验证业务问题的解决效果，以便决定下一步行动，如图1-10所示。

探索环包含4个可持续循环步骤，分别是提问、锚定、共创和精炼。

（1）提问，即定义问题。通过有针对性的提问，找出客户的具体需求，并找出具体需求后的原因，即具体需求后要解决的根本问题。在提问中形成团队期望达成的业务目标或者想要解决的业务问题。如果问题无法清晰定义，那么找到的答案自然就会有偏差。因此，在寻找答案之前，应该先清晰地定义问题。

（2）锚定，即定义结果目标指示器。针对问题进行信息收集，经过分析，去除干扰信息，识别问题假设，得到适当的衡量指标项，并用其描述现在的状况，同时讨论并定义我们接下来的行动所期望的结果。

（3）共创，即共同探索和创造解决或验证该问题的多种具有可行性的解决方案。

（4）精炼，即对所有的可行试验方案进行选择，找到最小可行性解决方案，它既可能是单个方案，也可能是多个方案的组合。

验证环也包含4个可持续循环的步骤，分别是构建、运行、监测和决策。

（1）构建：是指根据非数字化描述，将最小可行性解决方案准确地转换成符合质量要求的软件包。

（2）运行：是指将达到质量要求的软件包部署到生产环境或交到用户手中，并使之为用户提供服务。

（3）监测：是指收集生产系统中产生的数据，对系统进行监控，确保其正常运行。同时将业务数据以适当的形式及时呈现出来。

（4）决策：是指将收集到的数据信息与探索环得出的对应目标进行对比分析，做出决策，确定下一步的方向。

探索环就像是一部车子的前轮，把握前进方向。验证环则像车子的后轮，使车子平稳且驱动快速前进。它们之间相互促进，探索环产生的可行性方案规模越小，越能够提高验证环的运转速度；如果价值验证环能够提高运转速度，则有利于探索环尽早得到真实反馈，有利于快速决策，及时对前进方向进行验证或调整。

1.2.3 4个核心原则

"持续交付2.0"是指企业能够以可持续发展的方式，在高质量、低成本及无风险的前提下，不断缩短持续交付"8"字环周期，从而与企业外部频繁互动，获得及时且真实的反馈，最终创造更多客户价值的能力。下面逐一介绍缩短持续交付"8"字环周期的4个核心工作原则。

1．坚持少做

在咨询的过程中，最常听到的一句话就是："我们最大的问题是人力不足。"无论公司实力如何，想做的事情永远超过自己的交付能力，需求永远做不完。然而，做得多就一定有效吗？我们应该抵住"通过大量计划来构建最佳功能"的诱惑，坚持少做，想办法对新创意尽早验证。

Moran在 *Do It Wrong Quickly* 一书中写道："Netflix认为，他们想做的事情中，可能有90%是错误的。"Ronny Kohavi等共同发布的文章"Online Experimentation at Microsoft"中也指出，在微软，"那些旨在改进关键指标而精心设计和开发的功能特性中，只有1/3左右成功地改进了关键指标"。

正如当年Mike Krieger（Instagram的联合创始人兼CTO）被问及"5个工程师如何支持4000万用户"时所说的那样——"少做，先做简单的事情"。

2．持续分解问题

复杂的业务问题中一定会包含很多不确定因素，它们会影响问题解决的速度和质量。在实施解决方案之前，通过对问题的层层分解，可以让团队更了解业务，更早识别出风险。企业应该坚信，即便是很大的课题或者大范围的变更，也可以将其分解为一系列小变更，快速解决，并得到反馈，从而尽早消除风险。与其设计一大堆特性，再策划一个持续数月的一次性发布，不如持续不断地尝试新想法，并各自独立发布给用户。

3．坚持快速反馈

当把问题分解以后，如果我们仍旧只是一味地埋头苦干，而忽视对每项已完成工作的结果反馈，那么就失去了由问题分解带来的另一半收益，确认风险降低或解除。只有通过快速反馈，我们才能尽早了解所完成工作的质量和效果。

4．持续改进并衡量

无论做了什么样的改进，如果无法以某种方式衡量它的结果，就无法证明真的得到了改进。在着手解决每个问题之前，我们都要找到适当的衡量方式，并将其与对应的功能需求放在同等重要的位置上，一起完成。

　　某数据公司就曾因无度量数据，而无法提出有效改进方向的情况。该系统是一个数据标注志愿者招募考试系统。虽然它被分成多个迭代，每个迭代都发布了很多功能，但是，由于没有实现产品人员所关注的数据收集与统计分析功能，使得团队仅知道人们可以使用这个系统完成工作，却无法知道是否能够高效完成工作，也很难提出下一步的产品优化方向。

1.2.4　持续交付七巧板

　　我们讨论了"持续交付2.0"的指导思想、工作理念和核心原则。大家很容易意识到，它对适应快速变化的市场环境和激烈的市场竞争是非常有效的。那么，企业如何让"持续交付2.0"成为一种组织能力，成为组织的DNA，持续发挥作用，从而领先竞争对手，成为自己的一种竞争优势呢？

　　持续交付双环模型的实施与改进将涉及企业内的多个部门与不同的角色，无法由某个部门独立实施，必须在整个组织范围内贯彻执行"持续交付2.0"的思想、理念与原则。企业需要在组织管理机制、基础设施以及软件系统架构3个方面付诸行动，而每一个方面都包含多项内容，如图1-11所示。

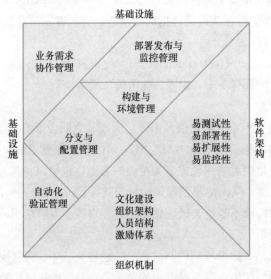

图1-11　持续交付七巧板

　　条条大路通罗马，而且，罗马也不是一天建成的。每个企业的实施路径可能各不相同，所需要的周期也各有长短，对各方面的能力需求也不完全一致。正如中国传统玩具七巧板一样，每个企业都应根据自己的意愿和诉求，拼出属于自己的持续交付实践地图。

1.3 小结

"持续交付2.0"建立在"持续交付1.0"的"可持续地快速发布软件服务"及精益创业的"最小化可行产品"两种理念基础之上,强调要以业务为导向,从一开始就将业务问题进行分解,并通过不断的科学探索与快速验证,减少浪费的同时,快速找到正确的业务前进方向,简称为"双环模型"。因此,其涉及组织中的多个团队,需要各个团队之间紧密合作,才能缩短"8"字环的周期,如图1-12所示。

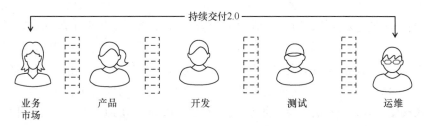

图1-12 持续交付2.0的相关角色

"持续交付2.0"的4个核心工作原则是坚持少做、持续分解问题、坚持快速反馈和持续改进并衡量。只有这样,才能不断缩短持续交付"8"字环的运行周期,提升用户反馈速度,从而提高业务的敏捷性。这要求管理者跳出原有软件交付管理思维模式,摆脱"害怕失败"的恐惧感,拥抱"科学探索—快速验证"思维方法,快速试错,提升持续交付能力,进而发展现有业务,并快速开创新业务。

第 **2** 章

价值探索环

    ❝ 我们最优先要做的是通过尽早、持续地交付有价值的软件来使客户满意"，这是敏捷开发十二原则的第一条。然而，对于"什么是价值？"这个问题，组织中的每个人可能都会有自己的看法。管理大师彼得·德鲁克说，"价值只能由企业外部的客户来定义"。一个新产品的推出，可能是灵机一动的产物，也可能是大量市场调查的结果，能否被市场接受，只有用户说了算。如今，客户已不再满足于类似"办公室的打印机能够清晰打印"这种基本功能需求，而是有了更多的高级需求。

    如何发现和识别用户的真实需求是目前所有企业面临的难题。本章主要讨论持续交付"8"字环中的探索环（如图2-1中的方框所示）中原则与方法。通过一系列方法，帮助大家分析和解决这一问题。

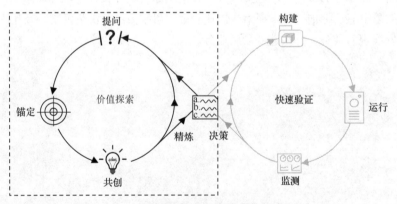

图2-1　持续交付"8"字环中的探索环

2.1　探索环的意义

    当很多企业设计开发新产品时，项目早期会采用"概念验证"或"产品原型法"，收集潜在用户的反馈，以降低产品方向产生错误的风险。一旦接受了这些概念验证与产品原型后，企业就会启动一个历时较长的产品完整功能开发过程。而相对于最终产品来说，这些概念验证与产品原型本身就是不完整的，因此总会有一些差异。

现在的市场变化很快，当花大量时间将产品功能全部开发完成后，产品常会因为潜在用户对原型的理解偏差，或者用户需求发生了变化，导致当初的设计不再适应市场需求。事实上，这反映了产品或服务开发过程中常见的风险假设。一是用户假设，即我们提供的产品服务是针对某类潜在用户人群的需求的假设；二是问题假设，即目标用户群之所以有这种需求，是因为他们的确存在某些痛点（或问题）需要解决的假设；三是解决方案假设，即我们提供的解决方案可以解决这些痛点或问题，而且比其他现存的解决方案都有效且高效。

这3类假设中，任何一个假设不成立，都会导致我们事倍功半，甚至前功尽弃。因此，探索环的目标就是要持续识别和定义这些有价值的假设，选择并验证其中风险最高或最易验证的价值假设，并借助价值验证环得到数据反馈，以便深入理解用户需求，把握业务前进方向。

例如，持续交付工具GoCD（一款面向软件研发过程管理的产品）在其启动之初，目标客户就被定义为那些希望以敏捷开发方式交付软件，并希望提升软件交付速度与质量的中小软件企业或团队，直到现在也没有变化。产品希望解决的主要问题仍旧是这些客户在开发软件过程中的集成与发布管理问题。然而，在2007年项目启动时曾经规划的近两百个功能特性中，到目前为止，几乎有一半的规划特性被废弃了。因为这些功能特性并不是解决中小软件企业的软件集成与发布管理问题的最佳解决方案。这也说明，在2007年时，该产品解决方案中的很多假设是不成立的。

该产品研发过程中实际上一直秉承"持续交付2.0"的理念，通过将大特性分解成多个小功能，持续快速发布（团队每周使用自己的最新版本，并且每两周对外部客户发布一次），获得真实用户反馈，从而调整产品功能策略，为产品成功打下了基础。

因此，在探索环中，我们就是要从业务问题出发，与团队一起，共同找出这3类假设，通过分析评估，确认最大的风险点，并制订相关的衡量指标，找出相应的最小可行的验证方案。然后再借助验证环的高速运转，尽早获得反馈，并根据衡量指标来验证这些风险点。

2.2 探索环的4个关键环节

探索环（Discovery Loop）是指团队通过一系列工作环节，能够识别和定义业务问题，制订相应的衡量指标，并找出低成本且可快速验证的最小可行解决方案（Minimum Viable Solution）。这是一个理解真实需求、判断优先级、再评估需求的过程，具体包括以下4个环节。

（1）提问：通过有针对性的提问与讨论，找出团队期望达成的业务目标或者希望解决的业务本质问题。

（2）锚定：针对该问题进行信息收集，经过分析，去除干扰信息，得到适当的指标项，并用其描述现在的状况，以及我们希望的结果或状态。

（3）共创：通过深入讨论，找到所有可能的解决方案。它是一个深入理解和验证问题的环节。

（4）精炼：结合实际情况，进行评估，筛选出最小可行性解决方案或方案的集合，以作为验证环的输入。等待它的真实反馈，再做价值判断。

以下详述实施这 4 个关键步骤的具体方法。

2.2.1　提问

该环节是持续交付"8"字环的起点。其目的在于通过不断地提问，澄清客户需求背后要实现的真正目标，以便找寻更多解决问题的方法，同时也有助于团队成员从业务问题出发，充分理解业务问题。

敏捷软件开发方法已经非常流行，"用户故事"作为一种描述需求的方式也被广泛采用，然而，软件研发团队更关注"需求是什么"的问题。例如，我们经常遇到下面这种团队需求讨论的场景。

> **业务人员**：你按照这个文档中的业务流程和界面样例开发就行了。
>
> **开发人员**：这个流程走到这里时，遇到（……）这种情况时，这个字段里应该包含哪些选项？
>
> **业务人员**：你可以这么做（……）
>
> **开发人员**：那这样处理以后，接下来怎么办？

上述的提问目标是澄清用户的直接需求（即业务人员提出的解决方案）。从"满足客户需求"的服务心态来看，这样的工作方式也没有什么问题。然而，按照业务人员编写的文档开发，就能满足他们真实的需求吗？

探索环中的提问环节要求不仅仅是找到"实现什么"以及"如何实现"，更是要了解客户需求背后要解决的真正问题"为什么要实现"，以便规划更加方便快捷的验证方案或解决方案。

由于角色惯性，从开始讨论的那一刻起，我们就很容易跳过最重要的问题，也就是说，如何更好地为客户解决真正的问题，而这恰恰是我们应该做的。因此，要通过持续提问，对问题进行深入探究。

设想一下，我们正举办一个为期一天且付费的小型线下聚会，主题是"DevOps 和持续交付 2.0"。午休期间，有位听众希望下午能够喝上一杯星巴克咖啡。为了更好地为客户服务，作为主办方，我们耐心地询问他"需要哪种口味的咖啡？""热的，还是冰的？""大杯，还是中杯？""希望什么时间拿到？"。

　　然而，所有这些问题都只是在问"做什么"和"怎么做"，并没有任何一句问及原因。如果客户想要解决的真正问题是"在下午听讲时不会因为困意而错过了听讲"，我们也许有很多方法解决他的诉求？也许我们可以录制视频，这样即使参与者在过程中开小差，在沙龙结束后，他们也能够回顾一下沙龙的所有内容。我们还有更多的方法来满足用户不错过精彩内容的需求。例如：

　　（1）沙龙的组织者可以将演讲模式改成互动参与模式，增加互动环节。

　　（2）安排站立区，允许参与者走动。

　　（3）发言者的发言更有吸引力。

　　（4）在会场角落提供其他冷热饮品。

　　这个假想的案例可能并不准确，但你一定已经领会了其中的含义。的确，为了解决客户的问题，我们可能会找到很多种解决方案，但前提是我们必须发现"正确的需求"。所谓"正确的需求"，是那些能够解决客户真正想要解决的问题，而不一定是由客户提出的解决方案。

　　因此，当我们接到一个工作任务时，我们应该更多地深入理解所要解决的问题，了解其背后的真正原因，不要过早地进入解决方案环节的讨论，而忽视了对问题的讨论。这样才能更好地解决问题，而不仅仅是完成软件功能的开发工作。

　　在"提问"这一环节中，组织者需要注意以下4点。

　　（1）问题域的提出方及解决方案的提供方代表尽量到场，参与讨论。

　　（2）多问几个"为什么"。尽量避免因为感觉自己熟悉这个问题域，而过早地放弃探索。

　　（3）在条件允许的情况下，尽可能收集数据信息，以便作为问题理解和分析的佐证。

　　（4）移情，使用同理心。设身处地站在客户或问题提出方的角度思考问题，还原客户问题的场景。

2.2.2　锚定

　　当我们已经选定要解决的问题领域时，接下来就要确定我们要达成的具体目标与结果。"锚定"是设定目标以及目标分解的讨论过程，其目的是确定要达成的目标以及可以衡量它的指标，并能够指导后续的共创与精炼活动。

　　我们应该尽量避免模糊不清的目标，它会影响团队成员之间的交流。清晰地描述目标让我们自己知道当前所在的位置，离目标还有多远。只有这样，我们才能以终为始，结合现实环境，选择和制订相对合理的解决方案。清晰的目标通常是具体且可衡量的，并有时间限定。如果没有时间限定，它很可能会成为一个企业愿景，就无法直接指导企业日常生产管理的具体活动，如图2-2所示。

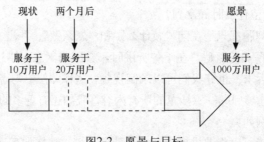

图2-2   愿景与目标

最好的方式是让目标可客观衡量。有时，我们很难立即拿出一个可衡量的标准。但是，我们可以通过描述目标状态，并根据这一目标状态可能产生的结果来寻找可客观衡量的目标结果。如何发现可衡量的指标呢？我们可以这样来思考：如果某个产品满足了用户的需求，那么用户会非常满意，而用户的满意会带来复购，同时会有更好的品牌知名度，从而带来更多的用户。那么，我们是否可以设定用户数量和营业收入作为产品的指标维度，如图2-3所示。这两个指标的特点是：容易收集和容易量化，这有利于降低收集衡量指标的成本。

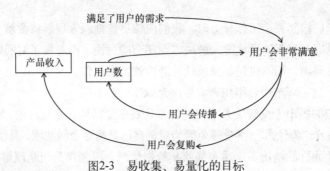

图2-3   易收集、易量化的目标

例如，对某个提供新闻信息流服务（Feed流）的移动应用产品来说，企业希望"让用户喜欢它所提供的信息服务"。然而，"喜欢"是一个很难量化和佐证的目标，这就需要进一步锚定。如图2-4所示，我们可以推断，假如用户喜欢这个产品，那么：

（1）用户会阅读更多的内容，而且会花费更长的时间。

（2）用户会将产品推荐给朋友，朋友们也会喜欢并成为产品的用户。

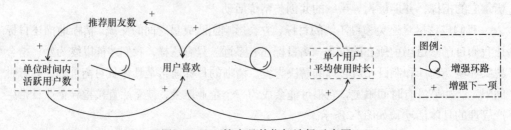

图2-4   Feed流产品的指标选择示意图

从上面的假设中，我们提及3个易收集和易衡量的指标，它们分别是推荐朋友数、单位时间内的用户数和单个用户平均使用时长。这3个指标都能作为企业目标的指标维度。到底选择哪些指标作为目标，需要根据企业现状、产品处在的生命周期阶段以及外部市场环境进行综合判断来决定。

另外，目标需要针对不同的组织层级而设定。一个企业的总目标应该是整个企业范围内的目标，而不应该只是企业中某个团队的目标。一旦制订了企业总目标，企业中的每个团队都要以它为方向，根据自身团队的职责与性质，制订各自相应的目标，并为实现它而集思广益，群策群力。例如，提高用户操作的流畅度，提高API请求的响应速度，推荐给用户更多他们喜欢的内容，提高后台服务稳定性，等等（如图2-5所示）。

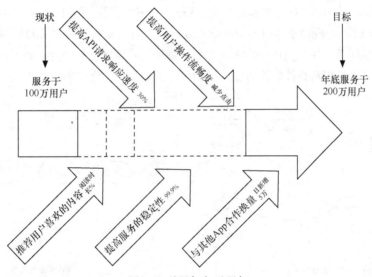

图2-5　总目标与子目标

对于目标的选择，应该遵循两点：一是识别价值指标，而非虚荣指标；二是指标应该可衡量且可获取，易于客观对比。虚荣指标这一概念是《精益创业》一书中提及的。它是指让你的产品效果看起来很好的那些指标，如注册用户数、网站最高访问量等。虽然这些指标在一定程度上反映了产品的状态，但并不是最有价值的衡量指标。相比较而言，日活跃用户、月活跃用户、日留存率、月留存率、有效购买率等可能是更好的价值衡量指标。

当然，对于更加具体的问题域或者产品阶段，我们还会发现比活跃用户、留存率等更恰当的价值衡量指标。这需要团队根据业务特点及阶段侧重点自行发掘和定义。

2.2.3　共创

共创就是指：当我们制订了想要达到的目标后，团队为设法验证或达成目标而找出多种可行性解决方案的过程。共创要在理解问题和制订目标之后进行，否则会因为缺少目标约束，使得解决方案容易过于发散。这一环节的产出应该是很多带有量化指示器的解决方案。事实上，每一个解决方案都是基于一定的假设条件或猜想得出的，而每一个假设都等同于一个风险项。因此，每个解决方案都只是"试验方案"，试图解决问题域中的某个具体问题。

这一环节的分析方法有很多，在这里介绍其中的两个，一是"量化式影响地图"；二是"用户旅行地图"。

1. 量化式影响地图

Gojko Adzic在《影响地图：让你的软件产生真正的影响力》中解释了什么是影响地图，它是用Why-Who-How-What的分析法，通过结构化的显示方式（如图2-6a所示），让团队寻找达成业务目标的方法。对科学验证来说，这还显得不够完整。我们不但应该知道"做XXX可以影响YYY"，还应该了解当前的影响程度，以及对实施后达到效果的预期。也就是，从业务问题域出发，按"角色—影响—方案—量化"的顺序进行讨论，如图2-6b所示，从而尽可能多地发掘出可行性解决方案。我们可以称它为"量化式影响地图"。

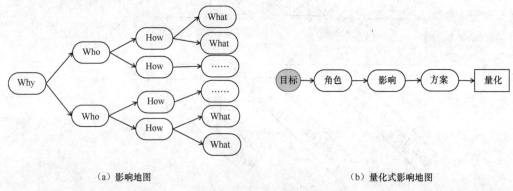

(a) 影响地图   (b) 量化式影响地图

图2-6   量化式影响地图

量化式影响地图的具体制作步骤如下所示。

(1) 角色：列出该问题域所涉及的人或角色。

(2) 影响：针对每类人或角色，思考他们有哪些途径可以影响该问题的解决（既可能是积极的影响，也可能是消极的影响）。

(3) 方案：针对每一种途径，讨论并列出所有可能影响该问题的解决方案。

(4) 量化：如果可能，尽量为每个解决方案定义一个可衡量的指标项。

下面，我们以某移动App应用的用户增长目标（两个月后达到20万用户）为例，可能涉及的内外部人员包括：(1) App的使用者；(2) 推广渠道；(3) 客服团队；(4) 产品研发运营团队；(5) 内容提供商以及更多角色。按照上面给出的4个步骤，列出多种可实施方案，如图2-7所示。

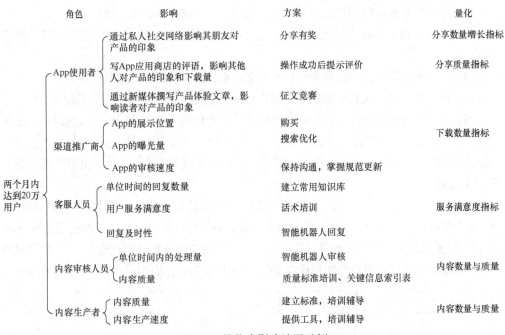

图2-7　量化式影响地图示例

　　我们有时无法马上对所有指标进行量化。例如还没有收集和统计过与指标相关的数据。此时可临时性地收集一部分数据，并进行相应的推断，通过一段时间的运行，进行指标量化的校准即可。例如，某公司希望提升研发效率10%（目标），其中一个方案是提升运维人员的部署操作效率。但是，之前并没有收集过部署操作所需时间。因此，我们利用一周时间，对当周进行的两次部署任务进行了数据采集，并据此进行推断，共同定义了团队认可的部署操作时间周期。另一种可能是希望衡量的指标较难直接量化。此时可通过一些过程指标或相近指标来替代。需要注意的是，这两种情况都存在一定的偏差，因此在数据的应用过程中，应该格外注意。

2．用户旅行地图

　　用户旅行地图（user journey map）是指以可视化方式，将用户与产品或服务之间的互动，按业务流分阶段呈现出来。用户旅行地图通常包括以下4部分。

　　（1）用户接触点：旅程中的重要关键时刻（如短信消息、软件操作界面等）。

　　（2）接触阶段：将整个旅程按顺序划分成不同的阶段（例如商品查询、下单、付款等）。

　　（3）用户痛点：在用户与系统服务的互动过程中，对什么感到不足。

　　（4）用户情绪：在旅程中的每一个阶段，有哪些情绪变化。

　　用户旅行地图的制作步骤如下。

　　（1）定义用户：明确指定为某一类用户定义用户旅行地图。

（2）定义任务或阶段：在这些任务或阶段中，会有哪些不同事件发生。

（3）用户与服务接触点的互动行为：在不同事件发生时，用户如何操作，操作顺序如何。

（4）用户的动机：用户在每个操作背后会产生什么样的想法，有什么痛点。

（5）用户的心理：在每个操作中，用户心理会有哪些变化，情绪会如何起伏。

当将其操作流可视化以后，捕获每个阶段的相关信息（如操作时间、等待时间、操作次数等数据信息），通过用户痛点发现其中可能存在的问题，从而提出相应的解决方案，以改善最初的业务目标。这些解决方案既可能是对原有流程的全面改造，也可能是对某个环节的局部优化。

例如，对线上电商服务来说，一个重要的问题领域是如何缩短从"用户开始查找商品"到"最终收取货物"之间的周期。针对这个问题，我们可以通过对整个流程建模（如图2-8所示），对流程的各环节进行分析（该环节参与的角色、所花费时间及成本）。当获得问题症结的假设后，通过创建新的流程或者选择一些环节进行方案优化，并确定量化指示器。

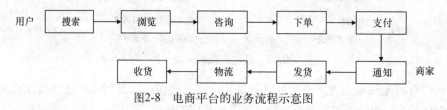

图2-8　电商平台的业务流程示意图

对电商平台上的商家服务来说，假如电商平台的目标是"提升商家满意度"，那么，很可能缩短账期，商家就会对平台更加满意，而这可能需要对原有的财务结算系统和商家管理系统进行改造升级。

在"共创"这一环节中，需要注意两个陷阱，它们分别是：分析瘫痪（paralysis by analysis）和直觉决策（extinct by instinct）。分析瘫痪是指因为过度分析（或过度思考）而无法决策或采取行动，最终影响结果产出的一种状态。通常是由于有太多的细节选项，或者过于寻求最佳或"完美"的解决方案，并担心做出任何可能导致错误结果的决定。而直觉决策是指不做分析，基于匆忙的判断或直觉反应而做出致命的决定。它是与分析瘫痪相反的另一个极端。

同时，值得注意的是，很多解决方案产生的结果是相互影响和关联的。一个解决方案可能会影响多个结果指示器。

2.2.4　精炼

精炼环节就是对共创环节中得出的众多方案进行评估，从中筛选出团队认为最小可行性解决方案的过程。评估因素包括备选方案的实施成本、时间与人力、效果反馈周期，以及该方案对业务目标的影响程度。

在VUCA环境中，时间是最大的隐形成本。如果实现方案所需时间太多，我们就可能错失了机会。而且，某些方案实施以后，需要经过一定的执行周期，才能看到它带来的真实效果，这也会增加时间成本。我们希望尽可能多地选择试验方案，因为每个方案都有可能有助于解决我们的问题，达成我们的目标。

作为一个电商网站，Etsy的搜索导航条在2007年如图2-9所示。尽管当时并没有认为这个设计是永久性的，但直到2012年，它也没有发生很大的变化。事实上，大多数买家并不知道怎么用它。例如，几乎根本没有人使用其中的搜索项"商店"（Shops）。

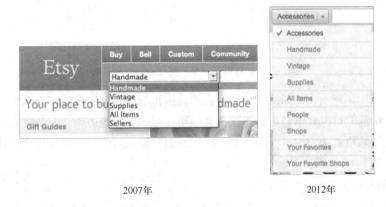

2007年   2012年

图2-9　Etsy的搜索导航条

在这5年中，搜索下拉框上已经增加了很多内容，承担了过多的职责，而且并不是所有项目之间都具有直接关联性。因此，团队决定对其进行大改造，于是专门成立了一个改造项目。团队成员提出了很多改造的想法和解决方案。最终他们精炼出一份任务清单，如下所列：

（1）重新设计页面上的搜索区；

（2）默认为"所有项目"；

（3）更丰富的自动化推荐提示；

（4）在搜索结果列表中给出推荐的商店；

（5）可以将常用过滤器加入搜索收藏夹；

（6）将搜索栏分别放到商品和商店页面上；

（7）删除原有的搜索下拉列表。

其中，每一项任务的开发时间都很短，而且每项改造任务的前后效果都可衡量，并且任务之间相对独立。在改造过程中，每当完成一项，都可以进行评估，并且有机会根据每一次的评估结果修订原有的项目执行计划，以更好地达到业务目标。

在上述精炼任务清单中，有一些任务是成功的，有一些任务则并不成功。如图2-10所示，在第一项改造（在页面上增加一个商品搜索区）后，用户数据显示，几乎没有用户注意到它；而在第三项改造（增加自动化推荐）后，数据效果则比较明显。

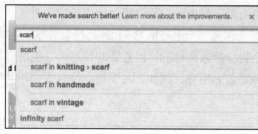

　　　　（a）新增的商品分类区　　　　　　　　　　（b）搜索中新增更多的自动提示

图2-10　Etsy网站搜索导航的两个优化项

因此，我们不难看出，即使是一项巨大的改造工程，其解决方案也可以是一组迷你方案的集合。精炼的目标并不是为了删除在共创阶段得出的解决方案，而是将它们按优先级排列，并让团队将解决方案进一步分解，顺序选出共同认可的最重要改进项，并确保它能够尽早被验证。

通过精炼之后，被选择的方案就可以进入验证环了。那么，如何判断我们已经准备好，可以进入验证环了呢？一个简单的方式就是你能够将探索的成果以下述形式表述出来，并且达成团队共识：

　　　我们相信，通过实现（xxxxx这样的最小功能组合），我们的指标可以达到
（yyyyy程度）的话，说明我们关于（zzzzz）的假设是成立的。

2.3　工作原则

为了能够加快探索环的速度，缩短整个"8"字环的运行周期，避免陷入"分析瘫痪"的境地，在探索环的工作中应该遵循"分解并快速试错""一次只验证一点""允许失败"原则。

2.3.1　分解并快速试错

"一次到位式"解决方案通常需要较高的实施成本，而其带来的实际效果具有较高的不确定性。由于前期投入的成本较高（即沉没成本），一旦这个解决方案未能带来预期效果，团队不愿意放弃这一方案，决策者通常选择保留它，或者仍会持续优化，使其慢慢"死去"，而这会带来不必要的产品复杂度和维护成本。

如果我们能够换一种思路，更多地使用低成本快速试验方式，那么在相同的成本下，可以尝试更多的方法，能够尝试更多的次数，意味着可能会有更多的收益。如图2-11所示，在相同的成本下，尽管快试错失败次数多，但可能会得到更多成功的想法。

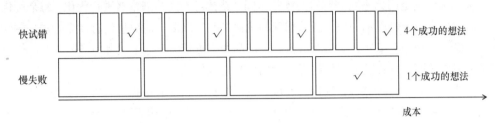

图2-11 慢失败与快试错

2.3.2 一次只验证一点

一次只验证一个需求假设。在执行整个试验方案过程中，我们仍旧要保持开放心态，不断优化这些试验方案。时刻提醒自己，我们的目标是验证我们的假设，试验方案只是我们验证假设的手段，而不是我们的目标。

国外电商Etsy网站曾经对其商品的搜索结果页进行彻底地大改造，将商品列表的展示效果改为瀑布流式，这个功能类似于百度图片搜索结果页的无限下拉效果。也就是说，当返回多于一页的商品结果时，所有商品可以依据一定的排序规则形成一个瀑布流。用户只要向下滑动页面，商品就会持续不断地展示出来，直到所有搜索结果全部显示出来。

团队撸起袖子，闷头干了好长时间，这个改造终于可以与用户见面了。谨慎起见，他们做了一个A/B试验，结果令他们大吃一惊。因为在瀑布流的"实验组"中，有连续浏览行为的人数是40，而在"对照组"中，这一人数为80，其数据如图2-12所示。商品点击率下降了约10%，购买率下降了约22.5%，物品收藏率下降了约8%。这个"瀑布流"根本没有达到预期的效果，反而更糟糕。

图2-12 瀑布流搜索页的试验结果

（资料来源：2012年Dan McKinley的"Design for Continuous Experimentation"）

当刚刚得到这样的结果时，团队所有人都认为一定是软件中存在缺陷，才会导致这个结果。于是，团队进行了各种排查，例如将用户按浏览器和地理位置进行分片。派人到公共图书馆使用古老的计算机登录网站。团队确实发现了一些软件缺陷，但修复它们后也没有改变整体结果。

大家又怀疑是因为不同浏览器的体验不同，就针对不同的浏览器进行优化。每个优化在不同的浏览器上表现不一致。能够想到的优化都改完以后，情况也没有什么好转。最终团队接受了这样一个事实，即瀑布流方式让产品变得更糟。在这个过程中，团队一次性改变了太多的东西，很难发现任何线索，找出"罪魁祸首"。

事实上，如果仔细分析，我们会发现，在"瀑布流"这个功能背后的假设是：更快地为用户展示更多的商品，会让用户的购物体验更好，用户会购买更多的商品。而这个假设由两部分组成，分别是（1）显示越多的搜索结果给用户，页面的转化率指标越好；（2）用户越快地看到商品，页面的转化率指标越好。

事实上，我们可以找到更快速的验证方法来检验这两个假设。对于第一个假设，在现有页面上展示出当前显示数量两倍的商品数量，看是否提高了详情页的转化率。这个验证方案的实现成本应该比原来无限瀑布流的设计要少很多。事实的结论是：浏览商品落地页的用户只增加了一点点，而且这个增加量也不稳定，而在商品购买转化率上并没有变化。

对于第二个假设，可能会稍显困难。因为在原有性能的前提下，再次提升商品显示速度，可能是一个更大的技术挑战。但是，我们可以反其道而行之，也就是说，人为地在页面上增加延迟时间（如200 ms），以验证用户的购买率会下降。当然，这并不是一个完美的试验方案。不过，只要做好小流量测试，使其不大幅影响整个网站的收入，作为对"延迟时间影响用户购买行为"这一假设的验证方法，还是可以接受的。试验的最终结果是"对数据没有任何影响"。

2.3.3　允许失败

尽管每个产品经理都希望所有方案都获得成功，但是我们却无法保证每个方案都会获得成功。但是，只要具有开放的心态，我们就可以从所有方案中都学到很多新的知识，而这些收获无论是对产品今后的成功，还是团队人员的能力提升，都具有非常重要的作用。国外著名电商网站Etsy曾经做过一次商品详情页的改版，这个商品详情页如图2-13所示。

为了促进下单转化率，产品经理打算重新设计商品详情页。他先后提供了14个试验方案，其中每个方案的改动都不是很大。例如，将价格以美元显示改成按用户所在地所使用的货币显示；将商品图片放在网页的右侧。其他方案还包含字体或按钮的大小及颜色变化等。这14个试验的最终结果是，每个方案对下单转化率都没有太多的影响，甚至有一些方案的下单转化率还有所下降。然而，在这14个试验过程中，产品团队获得了一些新的用户认知，例如用户关注哪些要素，对哪些要素不是很敏感。最终，在这些试验的基础上，该页面做了一个全面的改版，而这个版本的结果使订单转化率提升显著，该项目成为当年该公司最成功的项目。

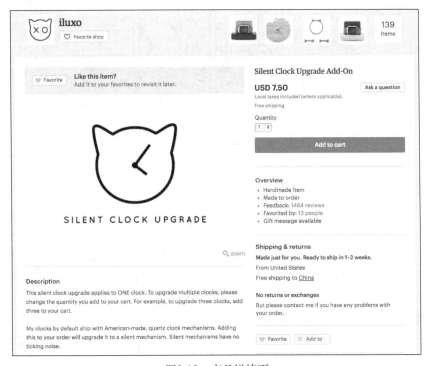

图2-13 商品详情页

2.4 共创与精炼的常用方法

价值探索环的使用前提是团队拥抱"先假设后开发"的思考方式,能够识别前面提到的3类假设,即问题假设、人群假设和解决方案假设。当然,有了这些假设以后,我们还需要一些方法能够快速设计与实现。只有这样,我们才能以最快的速度完成价值验证闭环。下面就通过示例向大家介绍一些实用的方法。

2.4.1 装饰窗方法

所谓装饰窗方法(Decorative Window),就是指为新功能预留一个"入口",让用户能够看到,但实际上并没有真正实现其功能。就像一个装饰性的窗户,如图2-14所示。这是一种了解用户喜好的方法,其目的是利用最小成本,来验证用户是否喜欢某个功能,以及其紧迫程度,为是否研发后续更全面的解决方案提供数据支持。

国内某垂直电商公司在2013年做了一次商户平台的体验改进。在负责商户端产品的产品经理进行的用户访谈中,多个商户提及账期问题"竞品的账期已经改为两周了,而我们还要3周"。

图2-14   装饰窗方法

产品经理针对用户的这个抱怨,设计了一个新的功能"即刻提现",即商户可以随时通过商户管理系统的页面,点击"立即提现"的按钮,就可以将账户上的钱提到自己的银行卡中。

在产品经理看来,这是一个非常简单的功能,用不了多长时间就可以上线。然而,经过负责商户管理系统的研发团队的评估,需要6周才能上线,而且有一个前提,那就是需要负责财务系统的开发团队积极配合对接才行。一听需要6周,产品经理一脸的不高兴,但仔细想想,也知道没有想象的那么简单。原因有以下几个。

(1)商户端开发团队本身还有其他功能需求正在开发中,只有这些需求做完之后才能开始做这个需求。

(2)需要负责财务系统的研发团队一起修改现有的财务流程。

(3)即使全部开发完了,也要一起进行联调,再经过测试团队的测试,才能正式上线。

用户到底是否喜欢这个功能,它是雪中送炭还是锦上添花,在没有真实的用户反馈前,这是个未知数。能否快速找到答案呢?于是,产品经理与开发工程师一起想到了装饰窗方法。

团队在商户结算详情页上提供了一个可点击的按钮。当用户点击以后,会弹出一个页面,给出一段文字说明,如图2-15所示,大意是:假如商户对这个功能感兴趣,可以留下自己的联系手机号,一旦功能开通,即可立即收到通知。

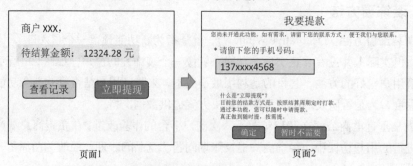

图2-15   装饰窗页面设计

这个功能所需的开发工作量如下所列。

（1）对原有页面1进行修改，增加一个按钮"立即提现"。

（2）增加功能说明页面2。

（3）用户提交后，保存手机号码。

此时，需要验证的假设可以描述为："我们相信，在没有强烈提示用户的前提下，假如在一周内收集到800个商户的电话号码，则说明有较多的商户对这个功能感兴趣，我们可以开始进行下一步验证。"

事实上，这个"装饰窗"功能发布以后，并没有广而告之，而是依赖自然流量。几天后，收集到了1000多个手机号码，而且，重复登记两次以上的手机号码一共有120个，似乎这个功能很吸引用户。产品经理很兴奋，花费这么少的资源和时间，就获得了用户的反馈，还是非常值得的。

2.4.2　最小可行特性法

最小可行特性法（Minimum Viable Feature）是指在产品从1到n的过程中，寻找用户可直接感知到的需求假设作为产品的最小可行特性优先开发的方法，以尽可能少的成本快速增加或修改某个产品特性，让用户使用，收集真实反馈，专注于验证功能改进，同时也可提升用户使用体验。

此时，等待验证的假设是："我们相信，如果在两周内，那些多次预留手机号码的120个商户中，有60个商户使用该功能，则说明商户的这一诉求的确强烈，该功能能够大大提高商户满意度，可以进一步开发全自动化流程。"

团队并没有实现原方案中的全部功能，而仅仅开发了用户可直接感知到的那部分，如图2-16所示。从用户的角度看，这个功能的确完成了。

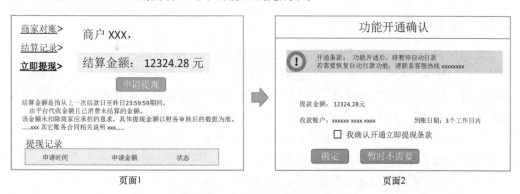

图2-16　用户的最小可行特性

然而，对企业内部来说，这只是一个非常简陋的版本。当用户确定提现申请后，后台服务会发送一封邮件给团队的指定人员，邮件中包含结算提现所需要的必要信息。该负责人需要打印该信息，到财务人员那里手工走完账务流程，完成整个交易过程。用户如果想要取消这个功能的话，需要通过客服热线申请，而无法自助完成。因此，这其实是该特性的一个最小功能集。因为这一最小功能集易于在短时间内、投入较少的人力来实现，根本没有涉及财务管理系统的开发工作。

对开发团队来说，可以在最短时间内收集数据，验证用户是否喜欢该功能，再决定是否还要继续开发后续的功能；对用户来说，平台在短时间内实现了立即提现的需求，提升了用户体验。这样，形成了可进可退的双赢局面。

2.4.3　特区法

特区法（Special Zone）是指在特定用户范围内进行试验，以验证某个新功能的有效性。这样，即使新功能无效或者效果不好，也不会影响特区外的用户。这种方法对于资源有限、成本敏感，但仍希望为用户提供良好服务的业务来说，是非常有效的方法。大家所熟知的共享汽车和共享单车，都曾采用这种方法，也就是说，从某个城市或某个区域开始提供服务，试图回答"该需求是否真实存在？该需求是否强烈？"这类的问题。

在"立即提现"案例应用了"装饰窗方法"以后，团队将重复录入多次的120个商户作为"特区用户"，向他们发送手机短信，通知该功能已经上线。当天下午就有第一个商户申请立即提现。在之后两天里，申请商家并没有想象的那么踊跃。于是，运营人员向这120个商户再次发送了短信通知，还同时发送了一条商户站内通知。

该功能上线两周后，得到的结果是：只有45个商户在此期间点击过第一个页面的"申请提现"按钮，真正完成提现操作的商户也只有33个。其中，仅提取一次的商户数为25个，提取两次的商户数为7个。只有1个商户提取了8次。比团队预计的目标（50%的商户）少了很多，并没有达到预期。产品经理想知道原因，于是采用了下面的"定向探索法"。

2.4.4　定向探索法

定向探索法（Directional Explorer）是指针对具有某种特定行为的特定用户群体，依据该用户的具体行为模式，设计调查提纲，有针对性地探索其行为背后的动机。这种定向探索法与一般用户访谈的不同点在于：团队已经掌握了被访谈对象的具体行为（包括行为细节与发生时间等），以事实为依据，进行定向式的探索发现，而非宽泛的通用提问。

针对用户不同的行为，团队将用户进行了定向分类。例如：

（1）收到了通知，但没有进行操作的用户；

（2）访问了页面，但是没有进行申请确认操作的用户；

（3）申请过一次的用户；

（4）申请超过一次的用户。

针对这些不同的用户，设计不同的问卷，进行用户访谈，以便理解用户行为，为后续的服务提供有效的输入。

最终，团队得出的结论是：该功能属于锦上添花的功能，可以解决少量商户的诉求。另外，通过定向探索，团队还深入发现了两个新的用户痛点，为进一步提升用户体验提供了改进方向。

2.4.5　稻草人法

稻草人法（Corn Dolly）就是指：不开发任何真实的功能，只假装这个功能已经完成了，并向用户展示该功能的真实效果，从而得到用户的真实反馈。这种方法与装饰窗方法的区别在于它让用户真实地感受到了功能提供的结果，而事实上并没有开发这个功能。

这种方法早在20世纪80年代的IBM公司就使用过。当时，大多数人不会打字，只有程序员、秘书和作家才会使用打字机和计算机。IBM公司很希望个人计算机能够被广泛使用，于是其市场部门就做了市场需求调研。在调研之后，市场部强烈认为，假如IBM公司能够发明一种技术，可以将语音直接翻译成文字并自动录入计算机，不需要手工打字，那么会有很多人购买这种计算机，即使售价高达一万美元。但这一技术的研发需要投入相当大的成本。于是，有人提出是否可以做个小型试验来验证一下："人们是否会花一万美元购买这种具有语音输入能力的计算机"，其试验方案如图2-17所示。

图2-17　IBM公司的人工智能翻译试验

首先在一个房间中有一只麦克风，直接连接到一个显示屏上。邀请那些潜在购买者来体验这一技术成果。试验者进入这个房间后被告知，只要对着麦克风说话，所说的内容就会被自动翻译出来，显示到屏幕上。事实上，这并不是机器自动翻译的。在另一房间中，一个打字速度飞快的打字员边听边打出来，传到试验者的屏幕上。这个打字员被要求不要漏掉任何信息，例如试验者的一些口头语、衔接停顿音等。试验结果也许你已经猜到了，在那个年代，没有人真想花一万美元购买这样一种打字机器。

2.4.6 最小可行产品法

最小可行产品法（Minimum Viable Product）通常是在产品从0到1的过程中使用。它是以尽可能少的成本快速开发产品的核心功能，并找到用户，收集真实反馈，验证真实的用户需求，以确定新产品方向和形态的方法，其目标是找到合适的产品形态。

国外垂直品类电商平台Zappos最早根本没有自己的物流管理系统，创始人尼克·斯威姆（Nick Swinmurn）和谢家华只是搭建了一个简单的图片展示网站，并跑到隔壁鞋店拍摄一批鞋子的照片放在这个网站上。当有人下单时，他们就去那个鞋店把鞋买回来，然后手工发货。

这就是使用最简单的方式来验证最初的业务想法，而不是先建立软件开发团队，构建一个完备的软件支撑系统。

2.5 实施注意事项

为了更好地执行价值探索，在整个过程中有以下6点值得注意。

1. 多角色参与探索

探索环涉及业务领域的很多方面，包括问题的发现与定义、目标与衡量的制订等多种产物，而不仅仅是产出一个功能需求列表。因此，建议与业务领域问题及产品解决方案相关的各类角色都能够参与其中。而且，参与其中的每个人均应该对上述内容有所贡献。

"即时提现"案例就是由团队多个角色共同贡献，使得方案从"大而全的一次到位式"转变到"分步快速试验式"。当开发工程师了解产品经理的原始想法以后，从不同的视角分解问题，并一起集思广益，得出了这种投入回报率最高的最简方案，以较少的资源投入（只需一人做技术实现，其他开发人员还在开发其他功能），最快地得到了问题的答案。从第一步的"装饰窗"，到最后一步的"定向探索"，前后也只用了大约6周，就得到了最终的结论。

正像敏捷大师、Scrum方法的倡导者Mike Cohn所说："你的整个产品Backlog（需求列表）不必全部来自Product Owner（产品总负责人或产品经理）。当团队其他人对它也做出贡献时，是团队参与感进入良好状态的一种信号，此时团队更可能成功地做出敏捷转型。"

2. 存在往复过程

探索过程中存在很多的不确定性，因此4个环节中也必然存在一定的反复与循环。这是正常现象，尤其是当业务领域比较复杂、涉及环节比较多，业务流程中所涉及的角色也比较多时，更容易发生。很可能在讨论某个问题的可行解决方案时，会发现另一个隐藏的重要业务问题。

另外，探索过程强调"度量与量化"。在讨论过程中经常会出现对衡量指示器及量化结果理解不一致的现象，很可能会对原来达成一致的指标项产生异议。这是值得高兴的事情，因为我们发现了在日常沟通中不易被发现的理解偏差。对于这些偏差的处理，参与探索者既可以先把它记录下来，后续再进行探索，也可以将当前讨论的结果记录下来，并针对这一新问题开启探索之旅，甚至将探索者分成两组，分别探讨，再进行同步。无论遇到哪种异议，采取哪种行动，参与探索的人都应该对行动达成共识。

3. 风险不是等价的

我们会从每个业务问题中分析出很多风险或假设，假如我们为每个假设都设计出多种试验方案，并且坚持实施所有试验方案的话，很可能会消耗太多的成本，并错过市场时机。因此，我们仅需对那些被评估为风险较大的假设进行验证方案设计，并尽量以较低成本进行验证。而对于那些低风险项，团队要在设计解决方案时，提出一些衡量指标器，并在方案执行后，一同收集相关的数据结果。

4. 上帝视角

由于在某个领域工作时间较长，有些人认为自己非常了解用户，常常"闭门造车"，并美其名曰"注重用户体验"。然而，当产品上线后却发现，用户对产品功能有很大的意见。

2017年，某互联网公司的人工智能部门收集了大量不同类型的数据，需要进行标注。由于需要标注的数据类型较多，不同数据类型的标注方法不同，因此对标注者的技能要求也有所不同。该公司原来招募标注人员的工作是通过线下考试的方式，即以文件的方式通过邮件将材料发送给应聘者，应聘者完成后，再邮件回复。这一工作由数据运营人员和数据顾问负责，他们制订了标注人员招聘的整个线下流程和规则。

但是，由于标注需求量越来越大，而标注人员的流动性也较大，因此，标注人数的缺口持续扩大，使用线下考试方式已经不能满足对标注人数的需求。经过讨论，公司决定组织一个产品开发团队，开发一个标注人员在线考试系统，代替原有的线下手工考试方式，提高标注人员招聘环节的效率。产品开发团队的产品经理通过向数据运营人员和数据顾问了解业务领域知识和业务需求，分析并撰写了在线考试系统的需求说明书。产品经理认为，数据标注人员招聘工作已经通过线下操作方式进行了一段时间，数据顾问对该系统的软件需求足够明确，从数据顾问那里了解的业务需求应该足够充分，因此直接设计了一整套的用户交互界面，该系统包括题库、设计试卷、举办考试、收集试卷、评分等功能，涉及出题人、出卷人、答卷人和管理员4个角色。

当该系统的第一个版本开发完成后，产品经理找来了数据运营人员和数据顾问进行系统验收。验收通过以后，就马上开始灰度测试。灰度测试第一天，就收到了答卷人的大量反馈（吐槽），系统的很多功能都不是很方便。

从在线考试系统这个想法的产生，到第一次灰度上线，时间跨度近5个月。在复盘时，这个项目团队一致认为有两个严重的失误，它们是：

(1) 团队成员自认为已经掌握了答卷人的所有需求，因此直到所有的产品开发工作都完成，产品流程的设计者也没有找该系统真正的使用者进行验证。

(2) 团队认为完全有能力开发一个满意的在线考试系统，因此根本没有考虑先设计一个最小可发布版本（MVP），而是直接设计了一个"大而全"的版本，开发时间较长。

之后，团队还讨论了假如重新做这个项目，团队会如何做？经过热烈讨论，团队找到了很多可行方法来提前验证功能需求。例如：

(1) "纸上原型交互"方法，就是将系统交互原型打印到纸上，邀请用户试验，观察用户的行为，并与用户沟通，从而得到用户反馈，当然现在有很多电子工具支持这种需求；

(2) "MVP"法，即快速推出"面向标注人"的简化考试版本，仅实现其中一种类型标注的在线考试功能，而题库以及出题人相关的功能均暂时先由内部人员用手工方式进行准备。

5．唯数字论

当我们建立起数据指标体系，搭建好我们的试验机制，并且能够收集到大量指标数据以后，有一点需要格外注意，那就是：所有收集到的数据只能告诉你当前的状态是什么，并不能直接告诉你背后的原因是什么，也无法完全预测未来，尤其当业务市场发生改变，而数据又无法展示时。

短视频移动应用"快手"的前身是一款移动端GIF图片生成工具（名为"GIF快手"），当时用户规模也到了一定数量（GIF快手鼎盛时拥有几千万用户，日活跃用户上百万，但同时也有工具型产品的弱点：留存率偏低）。2013年，它转型做短视频应用，最低点时日活跃用户跌落至万级，然而，现在日活跃用户近亿。试想如果只看数据，坚持做GIF图片生成，是否还能有现在这么庞大的用户群呢？

因此，拿到指标数据之后，我们仍旧需要仔细思考，分析各项数据背后的原因，思考未来的发展趋势，甚至提出一些我们没有完全把握的问题或方向，再次开启探索环。

6．蛇行效应

还有一种情况，比较常见。团队针对问题制订了一系列的试验方案A，并开始执行验证。但在还没有执行完成或得到结果之前，团队又有了新的想法和方案B，并且对新的想法兴奋不已，马上开始执行方案B。没有多久，可能又想到了一个新的方向，如此循环，如图2-18所示。

这经常发生在中小企业因资金到位而人员快速膨胀的时候。既可能是因为试验方案需要较长的时间，也可能是因为管理者关注的问题点转变得过快。我们无法排除原来打算解决的业务问题已经失效的可能性，但这种情况对于团队的管理有极大的挑战。

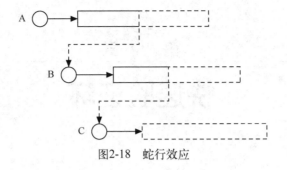

图2-18 蛇行效应

2.6 小结

本章讨论了持续交付"8"字形环之探索环中的4个关键环节，包括提问、锚定、共创和精炼。希望顺利实施这4个环节，需要遵守3个基本实施原则，分别是分解并快速试错、一次只验证一点和允许失败。

本章还花了大量篇幅介绍了共创与精炼环节中经常用到的6种方法，也就是装饰窗方法、最小可行特性法、特区法、定向探索法、稻草人法和最小可行产品法。这6种方法可以帮助团队用最少的时间、最小的成本来找出用户的真实需求，避免最终的产品与用户需求的偏差，达到事半功倍的效果。

探索环中的最小可行方案，对价值验证的速度有极大的影响。希望大家在日常工作中能够使用这些方法，以最小的成本来实现更多的价值交付。

第 **3** 章

快速验证环

现代管理学之父彼得·德鲁克曾告诫我们，"对所有的企业来讲，我们都应该记住的最重要的一点就是：结果只存在于企业的外部……在企业的内部，只有成本。"也就是说，在我们创造的产品或服务真正被用户使用之前，我们只能衡量成本，预测价值。只有产品或服务被用户消费，并且最终能够变现，才能证明其价值的存在。

当我们通过"探索环"对最小可行方案达成共识以后，要借助"验证环"的快速运转，才能将其交付到用户（客户）手中，从而得到真实且可靠的反馈，以验证之。快速验证环的运转速度也由两部分决定：一是探索环中得出的最小可行性解决方案的大小和复杂性，我们在前一章中已经讨论过得到最小可行试验方案的工作方法；二是验证环自身运转的速度，这是本章讨论的重点内容，如图3-1所示。

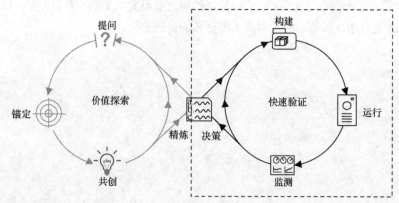

图3-1 持续交付之验证环

3.1 验证环的目标

进入验证环的基本前提是"团队已达成共识，所选的方案是当前所处环境下，验证或解决业务领域问题的最佳方式"。验证环的目标就是借助各种方法与工具，让质量可靠的解决方案以最快的速度到达客户手中，从而收集并分析真实的反馈。

质量与速度是验证环的关键，然而，它们却常常被认为是互斥的，也就是说，要想交付质量好，那么交付速度就会慢，反之亦然。然而，Puppet Labs发布的2017年DevOps现状调查报告结果显示，与低绩效IT组织相比，高绩效IT组织可以同时实现这两个目标，也就是说，发布质量好而且频率高。持续交付1.0在这方面发挥了巨大作用，如质量内建、小批量交付、自动化一切重复工作等。

3.2　验证环的4个关键环节

　　验证环的主要工作内容就是以最可靠的质量和最快的速度，将最小可行性解决方案从描述性语言转换成可运行的软件包，并将其部署到生产环境中运行，准确收集相关数据并呈现，以便团队根据相关数据做出判断和决策。与探索环一样，它也包含4个环节，分别是构建、运行、监测和决策。

　　（1）构建：是指根据非数字化描述，将解决方案准确地变成达到质量要求且可运行的软件包。

　　（2）运行：是指将达到质量要求的软件包部署到生产环境或交到用户手中，并使之为用户提供服务。

　　（3）监测：是指收集生产系统中产生的数据，对系统进行监控，确保其正常运行。同时将业务数据以适当的形式及时呈现出来。

　　（4）决策：是指将收集到的数据信息与探索环得出的对应目标进行对比分析，做出决策，确定下一步的方向。

3.2.1　构建

　　构建环节是将自然语言的描述转换成计算机可执行的软件，即"质量达标的软件包"。这一环节既要求相关人员能对业务问题及试验方案达成共识，又要求能够准确地将团队的意图转换成最终仅由0和1组成的数字程序。

　　这一环节的参与角色最多，尤其当开发一个新产品或者产品有重大变更的时候，参与角色如业务人员、产品经理、开发工程师和测试工程师，以及运维工程师。每个角色的背景知识和技能优势各不相同，如何快速将人们头脑中的解决方案变成可以运行的高质量软件包，一直是软件工程领域的一个难题。这是验证环内不确定因素最多的一个环节。时间盒管理、工作任务分解和持续验证是应对这种不确定性的好方法。

1. 时间盒管理

　　时间盒方法（timeboxing）是一种常见的管理方法，很多项目管理方法中都使用时间盒管理。时间盒方法通常会涉及交付物、交付质量和截止时间。通过建立时间盒管理机制，可以了解当前的项目状态（进度与质量），及时发现风险，制订对策。它可以让团队时刻关注工作产出，及时得到进度和质量反馈。关于迭代时间盒的管理参见第6章。

2. 任务分解

对任务的分解是"持续交付2.0"的核心工作原则之一。在构建环节，常见的两种任务分解是需求拆分和开发任务拆分。

（1）需求拆分。这里所说的"需求"是指那些由探索环产出且已被团队选定即将进入实施阶段的最小可行性解决方案，并不是指最原始的业务领域需求。"需求拆分"是指通过团队讨论，将试验方案分解成更细粒度的子需求的过程，也是团队成员进一步达成共识的过程。它的工作产出物是更细粒度的子需求，也就是极限编程方法中的用户故事（user story）或者Scrum方法中的迭代任务项（sprint backlog item）。通过需求拆分，团队各角色互相交流和提问，使解决方案更加明确清晰，减少二义性。此时，可以将"团队是否达成共识"作为需求明确与否的标准。关于需求拆分的方法参见第6章。

（2）开发任务拆分，即为了实现某一需求，将其分成多个开发任务，这些开发任务既可以由一人完成，也可能由多人完成。它与需求拆分的不同在于：开发任务完成后，通常无法被其他角色验收。这一过程也是一个需求进一步细化的过程，可以发现更细粒度的风险项。

3. 持续验证

持续验证是指每当完成一项开发任务或需求（包含子需求），就立即对交付质量进行验证，而不是等待多项需求完成后，再进行大批量的质量验证工作。这是一种快速反馈机制，也就是说，一旦完成，即有反馈。例如，这些质量验证工作可能包括代码规范检查、代码安全扫描，验证其是否破坏了原有功能、是否满足设计需求等。尽管此时的工作成果还没有交到用户手中，但是可以验证其是否达到了内部质量标准。

假如所有的持续验证工作都要依赖手工执行，那么持续验证就会产生很高的成本，而"持续集成"与"自动化测试"是降低持续验证成本的一种有效手段。持续集成是极限编程方法中的一个实践，现在已被业界广泛接受。它是指开发人员完成一个开发任务后，尽快与团队其他人的代码（或者系统中其他模块的功能）集成在一起，并验证该任务完成的质量，其中质量要求不但是当前的开发任务质量，还要确保对原有功能没有产生破坏。只有这样，开发人员才可以尽早地得到代码质量反馈，而不将缺陷遗留到下游工作环节。关于持续集成更多的细节内容，参见第9章。

在持续集成实践中，最重要的质量验证手段就是自动化测试。自动化测试的覆盖率、执行时间以及测试结果可信度直接影响了质量反馈自身的可靠性和可信度，是不可忽视的环节。关于如何建设这个质量保护网，参见第8章。

3.2.2　运行

验证环的第二个环节的任务就是将软件包部署于生产环境，并让它对外提供服务。每次进行新版本软件的部署发布时，我们都不希望影响用户的正常使用。因此，如何让用户在无感知的情况下完成软件版本的升级更新是互联网时代最为重要的课题。即便是最传统的金融行业也在不断寻找更优的解决方案，在保证事务安全和数据一致性的前提下，优化用户体验。

这一环节是开发团队与运维团队之间发生冲突最多的环节，也是重复性手工操作最多的环节之一。在这一方面，团队应该不遗余力地进行改进和优化，将人从重复性体力劳动中解放出来。

3.2.3 监测

监测环节收集数据，并统计展现结果、及时发现生产系统问题以及业务指标的异常波动，并做出适当的反应。它也是团队做出决策的最重要数据源之一。只有当数据可信无差错时，团队才能基于它们做出合理的分析和判断。假如有数据丢失或者误差时，团队很可能做出错误的决定，与商业机会失之交臂。另外，为了能够及时发现生产环境的稳定性问题和隐患，快速收集系统运行监控数据并加以分析定位问题也是必不可少的。

为了能够在第一时间收集到所需数据，团队必须在验证环一开始就讨论并确定验证所需的数据需求，尽早讨论并定义数据需求规范，制订日志记录标准，建立数据日志元数据，并与相对应的功能需求一并同时实现。否则即使相应的功能特性上线，也无法得到相应的数据而耽误决策。

3.2.4 决策

决策是指收到真实的业务数据反馈结果后，根据探索环中已确定的相应衡量指标进行对比分析，从而验证是否符合最初的预期。通过分析其中原因，最终确认原来定义的那些需求假设是否成立，并决定是否坚持原有的产品方向，或者根据得到的信息做出调整。此时，下一步行动既可能是从精炼环节的最小可行方案列表中选择下一个试验方案，也可能是返回到持续交付"8"字环的起点，开始新问题的探索。

3.3 工作原则

验证环的工作原则主要包括质量内建、消除等待、尽量并行、监测一切。很多软件开发方法已为我们提供了诸多优秀实践，消除了其中的浪费。然而，一些实践可能会超出团队当前的能力，需要团队管理者制订相应的团队能力提升计划。

3.3.1 质量内建

以瀑布开发方法为代表的传统软件开发方法虽然强调每个阶段的输入输出质量，但是在项目前期只产出大量详细文档，却没有开发出可以运行的软件。直到进入正式的集成测试阶段，才将所有代码模块放在一起运行起来。这种做法导致发现软件问题的时机较晚，缺陷被发现之后的修复成本也比较高。《代码大全2》一书对于缺陷产生的成本也有如下的表述："发现错误的时间要尽可能接近引入该错误的时间。缺陷在软件食物链里面待的时间越长，对食物链的后级造成的损害就越严重。由于需求是首先要完成的事情，因此需求的缺陷就有可能在系统中潜伏更长的时间，代价也更加昂贵。"

从表3-1中给出的引用图表中的数据可以看出"引入缺陷的时间和找到缺陷的时间"与"修复缺陷成本"之间成倍数关系。

表3-1 缺陷引入阶段、发现阶段与修复成本之间的关系

引入缺陷的阶段/检测到缺陷的阶段	需求阶段	架构创建阶段	系统开发阶段	系统测试阶段	发布之后
需求	1	3	5～10	10	10～100
架构	—	1	10	15	25～100
构建	—	—	1	10	10～25

这种企图通过后期大规模检查达成软件质量目标的做法，恰恰与戴明博士的质量观点背道而驰。戴明博士是世界著名的质量管理大师，他提出的质量管理"十四要点"是全面质量管理的重要理论基础。其中的第三要点如下：

我们无法依靠大批量的检验来达到质量标准。依靠检验提高质量已经太迟了，且成本高而效益低。正确的做法是，从生产过程的开始之处，就做到质量内建。

"质量内建"（built quality in）就是从生产过程的第一个环节开始，就要注重产出物的质量，并且在每个环节中都要开展质量保障活动，消除因质量问题导致的返工及次品率上升，以此降低最终的质量风险，保障进度。

3.3.2 消除等待

在第1章中，我们讨论了精益思想关于"浪费"的定义，显然"等待"就是一种不必要的浪费。在日常工作中，我们经常会遇到一些等待，而这些等待已司空见惯，大家习以为常。然而，提升效率的最有效方法也许就是消除各环节的等待。

1. 通过"拉动"让价值流动起来

当管理者把重心放到"人"的效率上时，就容易出现所有人都很忙，但产出并没有提升的情况。此时通常会出现中间产物堆积等待现象，如图3-2所示，由于下游环节的产能相对不足，导致中间产物流动不畅。此时，很可能所有人都在满负荷运转。在这种情况下，假如开发人员继续开发更多的需求，则对团队的整体产出并没有直接帮助，只会增加测试环节的压力。而压力过载后，可能会引发更多的问题，例如，如果开发人员在质量尚不确定的代码上继续开发更多的功能，就可能导致更多的缺陷。要想解决这个问题，需要将管

理关注点先从"人"移动到"物"。

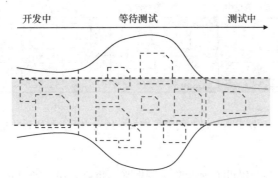

图3-2 因下游处理能力不足导致的阻塞

正确的做法应该是扩大"瓶颈"的处理能力,将更多的需求交付出去。我们可以通过临时增加专职测试人员的方式,扩大测试环节的通行能力。然而,我们很难通过增加人手的方式使各环节输入与产出保持平衡的理想状态。此时还可以通过"临时减少开发人力"的方式(将团队部分开发人手或其他角色调整到测试环节)来临时扩大测试环节的能力,达到整个系统的最大化产出。第15章将讲述的实际案例中,就使用了这种手段来临时提高测试环节的处理能力,保证团队的产出。

当然,这是一个临时性的解决方案。如果从整个系统的角度出发,应该根据下游的生产能力来确定上游的生产速度,即下游环节拉动上游的需求,如图3-3所示。一旦等待队列中出现空位,立即从上游填补,以此类推。

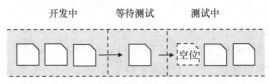

图3-3 通过下游拉动方式,让价值流动起来

为了达到这样的流畅效果,需要将需求粒度均匀化。也就是说,在构建环节,通过需求分解方法,将大需求分解成多个工作量相近的小需求,才能让工作变得平滑顺畅。就像在高速公路上,当只有小轿车时,通行能力比较容易提升,但当大货车与小轿车混行时,道路的通行能力就会下降。

团队的瓶颈通常都是动态变化的。即使我们做了需求分解工作,也不能保证在任何时刻整个系统都是平滑运行的。我们还有另外一种解决方案,那就是:利用开发环节暂时过剩的人力来建设工具平台,提升下游的基础能力,使得在不增加测试人力的情况下,永久提升团队整体产能。当然,通过提升人员整体技能水平也能达到同样的目的,如图3-4所示。

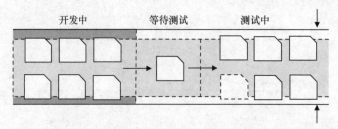

图3-4   开发工具、提升能力或增加瓶颈人力后，整体吞吐量提升

2. 任务自助化

企业应该在工具平台建设方面改变一下思路，也就是说，通过运用先进的生产技术，使得环境部署、数据统计这一类事务性操作不再依赖"专家型"人才，而是让每个人在其需要时都能够"自助服务"。那么每个人都可以流畅地工作，而且"专家型"人才被"打断工作"的次数也会减少。

例如，对微服务架构的软件服务来说，如果开发人员自己无法随时搭建一套用于微服务开发调试的环境，而需在测试人员的帮助下才能搭建完成，就会使开发人员的高效工作状态被打断，同时也会打断那些提供帮助的测试人员的工作。而对开发人员手上的工作任务来说，也只能停下来，等待测试人员搭建完调试环境才能继续。开发人员为什么不能够一键就搭建好自己所需要的调试环境呢？这样不会打断任何人的工作，浪费任何时间。当然，还有很多类似的场景。例如，产品人员需要一些数据统计，只能向数据分析师和数据工程师提出需求，由他们再去编写执行。这也会出现等待。

硅谷互联网公司在这些场景都投入了大量精力和资源进行基础工具平台的建设。图3-5给出的是2012年Facebook公司所用的实时数据监控系统的界面。移动开发团队用这个平台可以实时查看设备、操作系统和App版本的统计；广告团队用它来监控广告曝光/点击/收入方面的变化。一旦发生变化，可以快速定位到国家、广告类型或服务器集群，并找到问题根源；网站可靠性团队（SRE）用它来监控服务器错误（error）。一旦发生问题，可以快速定位到终端、某个数据中心或服务器集群的物理问题，同时还可以对问题上报进行监控。

不同的业务团队可以通过图3-5左侧设定的查询条件生成一个时间序列图，其中包含与Facebook页面数据分发调度相关的3个度量维度（上中下3组对比曲线）。虚线代表一周前的相同时间点的数据，实线代表当前时间的数据。用这些图很容易看到每日和每周的用户周期性行为变化。每小时运行数千个监控查询，从海量用户的反馈中找到问题，并可以按不同维度分组（如地理位置、年龄、好友数等）。

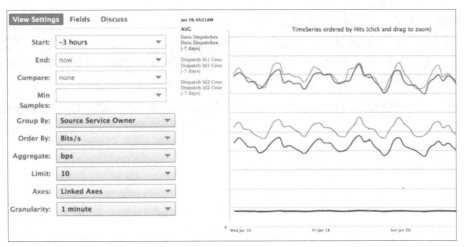

图3-5 2012年Facebook的实时监控界面

(资料来源：Lior Abraham等2013年发表的"Scuba:diving into data at Facebook")

3.3.3 重复事务自动化

在软件研发过程中，还有很多重复性的工作，如搭建测试环境、回归测试、应用部署与发布等。在交付频率不高的情况下，这些活动并不会占用很多的工作时间。然而，随着验证环运转速度的提高，意味着在固定的时间周期内，软件的发布频率提高，这种事务性工作的固定成本占比也会越来越大。例如，原来每个月才发布1次，现在每个月发布8次，那么这些固定成本就提升8倍。而且，这种事务性工作多具有机械重复的性质，不应该让团队成员来完成，而应该交给善于做这类重复性工作的机器。

因此，我们必须通过优化流程和自动化措施，有效降低这些固定的事务性成本，同时避免不必要的人为操作失误，才能使其具有可持续性。第16章介绍的案例中，团队将"每3个月发布一次"提高为"每两周发布一次"，就遇到了快速发布带来的成本问题，最终也是通过自动化方式解决的。

3.3.4 监测一切

当软件在生产环境运行之后，我们需要能够及时准确地收集并分析数据。对生产系统的监测有两个目的，一是要确认软件的确在正常运行，一旦发现异常，我们可以及时采取措施，纠正错误，以免影响用户的使用。二是要及时得到有效业务数据，验证我们在探索环中提出的假设。

对于第一个目的的监测，可以称为"应用健康监测"。一般来说，传统运维领域的多数系统监控软件，都是围绕这方面展开的，例如最基础的软硬件系统健康（包括CPU、内存、存储空间和网络连接等）。再进一步的应用健康监控则是应用自身的运行状态，如服务响应延迟时间、页面异常、缓存大小等。

对于第二个目的的监测，可以称为"业务健康监测"，其主要是针对业务指标的监测。虽然有一些基础性的日志收集整理展示平台能够展示一些业务指标，但是对于如何定义业务监控指标，通常需要业务团队根据自身的业务上下文和需求进行定制。

我们只有通过全面的系统监测，并在第一时间发现异常，才能够及时应对，以确保业务可持续性。

3.4   小结

验证环以快速高质量交付为主，主要包括4个环节，分别是构建、运行、监测和决策。在"持续交付2.0"的"识别并消除一切浪费"理念的指导下，验证环的4个工作原则分别是质量内建、消除等待、重复事务自动化和监测一切。只有坚持这些指导原则，不断发现并消除工作中的浪费，才能够提升验证环的运转效度，加快对最小可行解决方案的验证。

关于提升验证环的更多方法与途径，参见后续章节更深入的讨论。

第**4**章

持续交付2.0的组织文化

> "持续交付2.0双环模型"涉及企业内多个部门与角色的合作,而且其目标是缩短端到端(即从idea到idea)的闭环周期,这必然会影响内部合作方式与流程。"持续交付2.0"的思想、理念与原则可能与组织成员所熟知的现有管理方式和行动规范有很大不同,甚至有冲突之处。因此,企业领导者必须成为这一变革的领导者,建立与之相适应的企业文化,使得"持续交付2.0"成为企业的基因,才能够持续获得它带来的收益。

4.1 安全、信任与持续改善

"持续交付2.0"强调"持续探索"和"快速验证",而探索必然会伴随着失败,失败会令人产生挫败感与不安全感。而学习与成长也通常发生在失败之后。这就要求组织必须建立"安全、互相信任和持续改善"的组织文化。

4.1.1 失败是安全的

一个组织对待"失败"的态度至关重要,无论是试验中的失败,还是组织改进中的失败。我们在持续交付"8"字环的探索环中,识别了很多假设,为这些假设建立了衡量标准,并对验证环的结果进行了度量。这些试验结果不应该用于直接评判个人,否则会使组织成员在设计方案时倾向于"为了证真而设计",而非"为了证伪"。这样,我们也很难从这种"持续成功"中学到更多的知识。

对于组织改进也是如此。组织是一个复杂系统,它的改进更为复杂。如果组织成员发现,在组织中"犯错"是个很糟糕的事情,会受惩罚,那么,为了避免出错受到惩罚,组织成员就会放弃做出有风险的决策。

在一个高度不确定的环境中,没有人能够保证自己的决策不会出错。如果无法让组织成员感到"失败是安全的",那么组织成员的行为就会倾向于避免犯错,各扫门前雪,逃避责任,缺少合作。

4.1.2 相互信任

相互信任是高效合作的基础,也是组织凝聚力和成员士气的基础。成员之间的相互信任既包括对彼此个人品质的信任，同时也包含对专业能力的信任。这种信任是相互的，赢得他人信任的同时，也要信任他人，认可他人的个人品质与专业素养。如果组织成员之间缺乏信任，那么很容易出现相互猜忌、相互指责的现象，用不了多久，就会影响成员在组织内的安全感，降低工作效率。

在过去的十多年中，很多组织采纳敏捷软件开发方法，但是并没有取得企业所预期的效果，除一些技术改进的原因以外，一个不可忽视的原因就是"相互信任"文化的缺失。当这种文化缺失时，常常会让人感受到"产品人员抱怨开发人员不给力"和"开发人员认为产品人员不靠谱"这种潜在的暗示。

4.1.3　持续改善

《丰田套路》一书中指出："丰田之所以取得傲人业绩，并不是源于我们可以看到的那些工具和方法（这里所说的"工具和方法"是指一系列精益方法，如看板、单元化生产、安灯系统等。在此之前，业界将丰田之所以高效的原因归结于丰田采用了这些新的方法），而是源于丰田的行为习惯——通过不断地试验而持续改进。"只有那些善于"持续改善"，并使之形成一种自身文化的企业才会不断进步。

持续改善文化的特点是"人人参与"和"时时改善"。"人人参与"是指"持续改善"不应该只是组织中某个角色的责任，而应该是所有人的责任。"时时改善"是指"持续改善"应该是一项日常工作，而不应该只在特定时间或条件下才发生，例如只在事故发生之后才进行分析和改进。

4.2　文化塑造四步法

文化是无形的，很难改变。它在影响组织成员行为的同时，也会受组织成员的行为影响而发生变化。Jez Humble 和 Joanne Molesky 的《精益企业》一书中指出，组织成员的行动和对事情做出的反应，主要由组织领导者和管理者的行为所决定。例如，人们是否有行动自主性，并获得信任，承担其风险与责任；面对失败的时候，人们是否会受到惩罚，是否鼓励跨部门的沟通等。

那么，企业如何建立并维持自己倡导的组织文化呢？让我们看看丰田公司的做法。

4.2.1　行为决定文化

20 世纪 80 年代初，美国通用汽车公司发现，丰田汽车公司能够以低成本生产高质量的小型汽车，而自己生产的小汽车的成本却很高，因此希望深入了解和学习丰田汽车的管理和制造技术。而丰田汽车公司在美国的产品销售受阻，因此也希望寻找一个本土合作伙伴，在美国快速建造一个汽车制造工厂。于是，丰田公司与通用公司达成了合作，成立了"新联合汽车制造公司"，即 NUMMI。但是，这个合作附带了两个"苛刻条件"，一是新的合资工厂必须以位于佛利蒙市的通用旧工厂为基础进行建设，二是必须重新雇用原厂的员工。为什么说是"苛刻"的呢？因为在当时，该厂是通用公司所有工厂中生产汽车的质量最差的一家，而工厂员工的劳动纪律也极差。很多工人上班酗酒，聚众赌博、滋事，经常罢工和提出申诉，员工旷工人数比例常常超过20%，甚至发生人为破坏生产材料和产品质量的事件。

　　然而仅用了短短一年的时间，新公司的旷工率就骤减到了2%，工厂的产品质量也从通用系统内的倒数第一一跃成为最佳。他们是如何做到的呢？下面就仅以一个例子来说明丰田公司的管理方法。

　　丰田的核心信条是"尊重员工"，而每个员工的工作职责之一就是发现问题并寻求改进方法，这与Facebook所提倡的"没有什么问题是别人的问题"相似。而作为丰田的管理者，如果希望员工自己能够发现问题，寻求改进，并获得自我成功，他就有义务告诉每一位员工这样做的意义在哪里。丰田把这样的文化带到了新联合汽车制造公司。有关文化变革最好的例子就是著名的立即暂停系统（stop-the-line Andon），也称为安灯（Andon）系统。

　　"Andon"本身是指一个信号灯，如图4-1所示，每一名员工都会接受同样的生产培训，也就是说，当生产流水线上的员工遇到麻烦，且到达"预警提示线"时仍旧无法解决问题时，就要立即拉一下信号灯，向他的班组长报告。他的班组长必须立即跑过来帮助他解决问题。如果在将要到达"完成指示线"前仍旧无法解决问题，就可以再次拉下这个信号灯。此时，整条生产流水线就会立即停下来。直到当前遇到的问题被解决后，生产流水线才恢复运行。

预警提示　　完成指示

图4-1　丰田汽车公司的Andon系统示意图

在新联合汽车制造公司成立之初，来自原通用公司的一些管理者质疑Andon系统的意义，认为管理者不应该给一线的操作工如此大的权力，让操作工自己停止整条生产流水线，而是应该向上级请示，由上级做决定。而来自丰田的管理者说，"不，我们希望给他们的权力是：当他们发现问题时，可以及时地停止生产，马上解决存在的问题，而不是将问题带到下一个环节。这样，一线生产者才会提升质量意识，而工厂也就能够将残次品率降到最低。"

事实上，这个系统不只是一本操作手册、一项原则或是一些训练——它是教每个人关于"如何高质量完成工作"的系统。Andon系统是丰田信念和承诺的缩影，它让员工将生产质量作为第一标准。

新联合汽车制造公司工作文化的转变过程说明，塑造企业文化的方法除"通过改变人的思想来改变行为"以外，还可以"通过改变行为来改变思想"。这是新联合汽车制造公司的实际经验。约翰·舒克是丰田公司雇用的第一位外籍员工，经过十年的现场锻炼，他对精益的理念与方法有深入的了解，并对丰田公司开展北美业务有很大的贡献。他将新联合汽车制造公司的文化转变总结为"四步法"。

- 第一步：定义我们想要做的事情。
- 第二步：定义我们期望的做事方式或方法。
- 第三步：提供相应的培训，使员工具备完成其工作的能力。
- 第四步：设计一些必要的机制或措施来强化我们所鼓励的那些行为。

通过这4个步骤，企业可以让员工成功掌握完成自己工作的方法。最终，文化就会被改变。通过这种方式，企业就可以建立其所希望的企业工作环境，而工作环境会对人产生很大的影响。

组织文化是一系列行为结果的展现，体现在人与人之间的日常工作交互中，因此我们无法直接改变"组织文化"。但是，我们可以通过培训企业员工具备必要的能力，同时规范员工的做事方式，而达到塑造企业文化的目的。这种方法在互联网企业中也是常见的。

4.2.2 谷歌的工程师质量文化

现在，谷歌是一个非常强调软件质量的公司，其要求每次提交代码变更时，都必须经过其他工程师的代码评审，才能合并到代码库中。而且在每次代码评审中，代码评审者必须是一名具有代码可读性评审资质的人才行。若想成为具有这种评审资质的人，工程师必须自己提出申请，再由一个评审小组评定通过后才可以。

谷歌的代码质量文化还体现在其开发工程师的自动化测试行为上。谷歌开发工程师自己会针对自己的代码写自动化测试用例。在每次提交代码评审之前，都必须运行相应的自动化测试用例，并且其运行结果会一并发送给代码评审者作为参考。2013年John Penix在"Large-Scale Continuous Testing in the Cloud"（云上的大规模持续测试）中提到，2012年谷歌已有约1万名工程师，每天运行5万次构建，5000万个测试用例。

　　然而，谷歌并非从一开始就是这样工作的。早在2005年时，谷歌也存在大量的手工测试工作。由于团队规模快速增长，业务系统越来越复杂，测试工程师忙得不可开交。而且，生产问题也不断出现，很多开发工程师天天处于"救火"状态。于是公司开始建立工程师质量文化，它的做法也可以总结为以下4步。

第一步：定义想要做的事情

- 提高代码质量，减少生产问题，减少手工测试工作量，快速发布软件。

第二步：定义期望的做事方法

- 开发团队编写自动化测试。
- 主动运行自动化测试用例。
- 做代码评审（code review）。

第三步：提供相应的培训

- 在公司范围内组织代码设计与自动化测试培训。
- 为每个团队指派自动化测试教练，帮助团队提高自动化测试技能。

第四步：做些必需的事情来强化那些行为

- 建立团队测试认证机制（test certified mechanism），共分3个大级别，12个子级，用于评估每个软件产品团队的测试成熟度。通过每个季度统计各级别上的团队数量分布，来评估自动化测试文化在公司内部的进展程度。
- 建立自动化测试组（test group）和测试教练组（test mentor），帮助团队提升自动化测试能力。
- 建立代码评审资质证书。
- 代码合入版本仓库之前强制做代码评审。
- 代码评审之前，必须运行自动化测试用例，并提交报告给代码评审者。

　　当然，这4步并不是非常容易。谷歌的执行过程也花费了4年的时间，其中还有很多非常具体的细节，在这里不再展开讨论。

4.2.3　Etsy的持续试验文化

　　Etsy在2012年时，全部员工也不到200人，网站每天平均部署代码25次左右，配置信息的部署平均在30次左右，如图4-2所示，每次部署只需要一个人用15分钟就可以完成。这正是因为Etsy鼓励"持续试验"的文化。

　　下面是它的具体做法。

第一步：定义想要做的事情

- 不必害怕失败，快速发布，持续试验。

第二步：定义期望的做事方法

- 每天向生产环境多次部署。

- 部署后立即进行数据收集和统计分析。

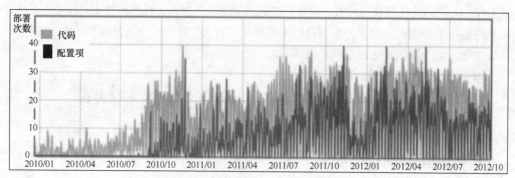

图4-2　Etsy的软件及配置部署频率

（资源来源：Mike Brittain在GOTO Aarhus 2012大会上发表的 "Continuous Delivery: The Dirty Details"）

第三步：提供相应的培训

- 在每一个新员工入职第一天，就被要求把自己的照片发布到Etsy.com的网站上。作为新员工，这是一个简单的任务，它让你知道在哪里找到模板文件，如何将自己的照片放在上面。这样，你就知道如何登录自己的虚拟机，把代码放在哪里，如何运行自动化测试，以及如何部署代码到生产环境，在哪里查看度量仪表盘，确保部署后一切都运行正常。其目的是让新员工一开始就了解部署过程，不至于对部署产生畏惧。
- "持续试验"相关培训，例如第2章中提到的搜索框重构案例讲述如何将大项目分解成多个小项目，并且每个小项目都可以收集相关的数据，以验证该小项目最初的假设。

第四步：做些必需的事情来强化那些行为

- 每次业务变更都要进行数据衡量。
- 从真实数据中学习，无论是失败还是成功。
- 开发相应工具，提高部署和数据收集分析能力。

Facebook公司也有类似的做法。每个工程师在入职时都要参加新员工训练营。这个训练营通常持续4周。在第一周，绝大部分工程师提交的代码就会发布到生产环境中。到第二周时，几乎所有新员工写的代码都至少会被发布一次。

4.3　行动原则

虽然，我们总结了塑造企业文化的四步法，但在实际执行过程中，我们仍旧会遇到各种各样的挑战。因为，在管理学中，经常把一个公司看作是复杂系统，它兼有简单系统和随机系统的各种特征。复杂系统（complex system）是指具有中等数目基于局部信息做出行动的智能性、自适应性组件（也称为主体）的系统。复杂系统较难定义，且它存在于世界各个角落。它既不是简单系统，也不是随机系统，而是一个非线性的复合（complex）的系统。它内部有很多子系统（subsystem），这些子系统之间又是相互依赖的（interdependence），子系统之间有许多协同作用，可以共同进化（coevolving）。

正因为企业或组织具有复杂系统的特点，所以任何举措都会给这个复杂系统带来变化。因此，我们应该以"价值导向，快速验证，持续学习"作为行动原则。

4.3.1 价值导向

所有人都会一致同意，"我们做事情时，应该价值导向"。然而，这却是在工作中经常被忽视的一点，也是最难判断的一点。说它经常被忽视，是因为我们每天有太多的事情要做。为了能够早一点儿完成所有任务，我们常常忘记思考完成这些任务的最终目的，以及它与目标之间的关系。为了能够做出正确的判断，我们应该时常强迫自己停下来，花一些时间，认真思考一下我们手头上正在做的事情是否仍旧具有价值，是否仍旧最有价值。

说它难以判断，是由于组织中每个人的背景与经历各不相同，对外部市场环境的感知也各不相同，对于同一个工作场所带来的价值感也会有所不同。因此，当我们讨论"价值"时，应该限定于一定的业务上下文，避免离题太远。同时，在讨论时应该尽量提供完整的上下文，并聆听他人的方案与建议。

即便进行了充分的沟通与讨论，面对同一个问题的多种解决方案，我们可能也无法达成一致意见。此时，我们可以采用行动原则的第二原则，即"快速验证"。

4.3.2 快速验证

在高度不确定的环境中，并不是所有的方案都能很容易提前对其价值进行准确判断，因此我们需要快速验证。通过快速实施，得到真实反馈，从而做出决策。在一个安全的工作环境中，只要我们能够主动拥抱"快速验证"原则，充分发挥员工的主观能动性，就可以找到很多快速试验方案。

对于与组织管理相关的改进，也可以使用快速验证方式。例如，针对具体问题，选择不同的试点团队进行快速实施，根据团队实际运行效果进行调优、验证。

4.3.3 持续学习

我们无法保证每个决策都是正确的。团队应当将每一次反馈作为一次学习的机会，结合从中学习到的新知识，总结成功经验或失败教训。除了通过业务试验产生的业务结果对业务领域进行深入了解和学习，还要保持对做事过程的学习与反思，不断优化工作流程，提升各环节的效率。

对于团队日常工作过程的学习与反思，有两种常见的方式，一是定期回顾，二是事件复盘机制。

1. 定期回顾

定期回顾是指每隔一定周期，团队主动安排一次会议，共同讨论在过去的这个周期内，团队在协作过程中的优点与不足，并讨论相应的对策，以便在后续的工作中能够保持优点，改进不足，持续取得进步。在敏捷软件开发方法中，有一个非常重要的团队实践，名为"回顾会议"（retrospective meeting），其作用就在这里。

Norm Kerth在《项目回顾》（*Project Retrospectives: A Handbook for Team Reviews*）一书中指出，在回顾会议开始时，一定要强调回顾宣言，即"无论我们发现了什么问题，我们必须懂得并坚信：每个人根据他当时所知、他所拥有的技能和可得到的资源，在当时限定的环境中，已经尽其最大努力了"。这就是在强调团队的"安全"与"信任"文化。

另外，还需注意的是，回顾会议结束后，应该有改进措施与计划，并能够跟踪执行结果。同时，不要制订过多的改进项，以免落入"反复提出，反复执行，没有实际进展"的境况。

2. 复盘机制

复盘机制通常是指针对发生的问题进行分析，其目的是避免相同问题重复出现。首先要针对问题发生的前后进行信息收集与整理，确定问题的严重程度，理解问题发生的过程（对于疑难问题，可能还需要在事故后进行线下模拟测试，甚至线上测试，以复现问题和寻找原因）。然后进行根因分析，最后总结经验，制订改进措施与计划，并能够跟踪执行结果。

对于根本原因分析，需要注意以下几点。

（1）放松心态，开放共享。

（2）分清"因"和"果"。

（3）五问法，鼓励多问"为什么"。

（4）发挥群体智慧。

（5）不要停于表面，而要寻找深层次原因。

（6）对答案进行求证。

值得一提的是，对于每一次复盘，都应该详细记录和总结，作为知识在企业中全员共享。只有这样，才能收益最大化。

在以上两种学习方式中，都应该运用"系统思考"方法。系统思考是从整体上对影响系统行为的各种力量与相互关系进行思考，以培养人们对复杂性、相互依存关系、变化及影响力的理解与决策力。简单来说，就是对事情全面思考，不能仅是就事论事，而是把想要获得的结果、实现该结果的过程、过程优化以及对未来的影响等一系列问题作为一个整体系统进行研究。在传统的思维模式中，人们假设因与果之间是线性作用的，即"因"产生"果"；但在系统思考中，因与果并不是绝对的，因与果之间有可能是环形互动的，即"因"产生"果"，此"果"又成为他"果"之"因"，甚至成为"因"之"因"。下面我们用一个具体的案例来说明系统思考的使用方式。

系统思考的实际应用

　　该案例发生在某知名互联网企业的一个基础产品业务部门。该部门负责互联网信息收集业务，大约有120人，整个部门分成5个小组，分别负责不同的业务领域，每个组的成员人数相当。

　　这个部门遇到的问题是：每当季度结束时，各团队都无法全部完成自己在该季度之初制订的重要项目。而且，每个小组的负责人都认为这些重要项目进度很难把握，计划经常被打乱，时间不够用。具体项目的负责人也经常抱怨事情多，什么都干不完，成就感较低。

　　于是，部门总经理和团队核心管理成员一起坐下来，对这些问题进行了总结与分析，得出的分析结果如图4-3所示。

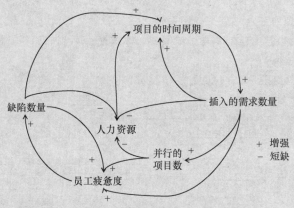

图4-3　组织管理中的系统思考示意图

　　我们可以看到，图中的节点互为因果，且互为增强。例如，一旦某个**项目的时间周期拖长**，就会有紧急且重要的**新需求插入**到当前的项目工作中，这会占用该项目的人力资源，使原有项目的周期拖得更长。而且，新需求若是一个新项目，就会变成**多项目并行**。在人力资源不充分，无法及时补充的情况下，为了满足多项目方的时间要求，所有人必须加班赶进度，员工疲惫度增加，工作难免会有遗漏，从而造成交付**质量降低，缺陷数量增加**；这就会导致修复缺陷和验证所需时间更多，更进一步导致项目周期再次拖长。由于测试团队并非与开发团队在同一组织内，而项目延迟导致计划有变，测试人员被频繁调动，使得对项目验收的测试人力安排很困难，从而导致开发人员完成提测以后，还需要等待测试人员就位，这又进一步拖长项目周期。

　　看上去，这些问题因果相交，环环相扣，似乎注定这个团队会有这样的执行结果。但我们发现，似乎所有的矛头都指向了"人力配置短缺"这个节点。事实证明，这也是我在所有咨询工作中听到过的最多的一句话——"我们缺人，需要更多的人"。当然，还有一句话可以相提并论，那就是"需求太多"。

上述这些现象和最初的"项目时间长"一样，只是整个系统运行的结果，需要针对它们做进一步的分析，才能找到导致这些现象的原因，最终找出对策（之所以称为"对策"，是因为很多时候我们并不确定它是否的确是该问题的解决方案）。于是，管理团队针对每一个现象进行了进一步分析，发现了更多的信息。

该部门在每个季度末都要制订下一个季度的工作规划，而每个小组都会给自己小组在本季度内定义3到5个部门级重要项目，这一类项目通常被称为P0级项目。通常来说，P0级项目业务重要程度高，资源投入多，对时间点的要求比较严格。既然有一级项目，当然也就有其他级别的项目。该部门的项目等级还包括P1、P2和P3，这些项目的数量会更多一些，但等级越低，资源投入相对越少，项目时长相对越短。由于为了赶项目进度，团队留给做业务规划的时间变少，但时间的钟摆不会停下来，导致业务规划准备不足，思考不充分，从而制订的下一季度规划并不合理，导致同样的问题再次发生。

在图4-4中，我们可以看到这些问题涉及组织管理中的方方面面。包括组织规划、人员能力、软件架构、流程制度与组织激励，以及受外界影响的很多非可控因素。

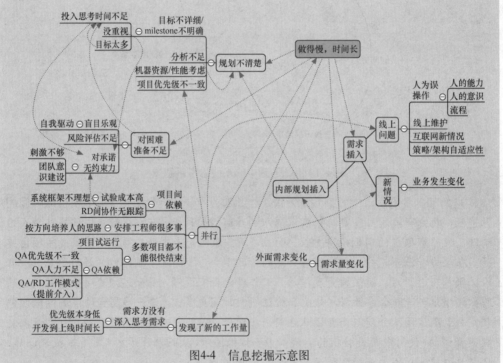

图4-4   信息挖掘示意图

在组织规划方面，表现为：

- 目标太多，不翔实，规划投入时间不足，导致规划不清晰；
- 对目标的设定不够重视；
- 规划活动的时间不充分，导致对项目承诺无约束力。

在人员能力方面，表现为：

- 盲目乐观，对困难评估不足；
- 人的意识与能力不足导致的误操作引起线上问题；
- 分析能力不足（机器资源与软件性能考虑不周），导致规划不清晰。

在软件架构方面，表现为：

- 系统框架不理想，试验的成本高，导致项目之间依赖严重；
- 算法策略与框架的自适应性低，导致出现线上问题。

在组织流程制度与组织激励方面，表现为：

- 缺乏有效的激励机制，导致项目评估与承诺相对草率；
- 对外部需求的管理不足，导致预估工作量不准；
- 开发工程师与测试工程师的工作模式不协调，沟通协作不顺畅，导致多项目并行；
- 开发工程师所负责的模块之间协作开发任务无跟踪，导致不必要的等待与沟通时间。

在非自身可控的外部事件方面，表现为：

- 互联网新情况带来的流量异常波动；
- 市场环境发生变化，导致业务方向的临时调整；
- 其他业务部门的紧急需求。

管理团队经过讨论并最后一致认为，整个团队目前最核心的问题是：规划不清晰。目前，部门以各子团队为单位进行季度规划，导致各团队本位思考。每个团队都希望建立更多的重点项目，争夺更多的资源，使得整个部门无重点可言。

因此，在后续的规划中，应该以整个团队为单位，P0级项目在一个季度内规划数量不应该多于6个，这6个项目由管理团队共同讨论决定。并在每个月度会议中，管理团队根据实际情况，可以调整这6个项目的优先级，从而实现每个月都可以"聚焦突破"，完成核心业务要务。

4.4 度量原则

"如果不能度量，就无法改进。"一个世纪前，现代管理学之父彼得·德鲁克曾经说过"you can't manage what you can't measure"（你无法管理你不能衡量的事情）。这句话的意思是除非成功被定义，并且被跟踪，否则你无法知道自己是否成功。由此可见，度量对企业经营管理的重要性。而在组织改进的过程中，我们同样需要收集度量数据，来衡量我们的进步。

然而，作为管理者，我们也必须承认，在日常工作当中，仍旧有一些我们现在还无法度量但必须进行管理的事情，尤其是在一个高度不确定的环境当中。这是讨论度量原则的一个前提。

4.4.1 度量指标的4类属性

度量指标分为引领性指标、滞后性指标、可观测性指标和可行动性指标。下面就来分别介绍一下。

1. 引领性指标与滞后性指标

引领性指标是指那些对达成预定目标有着重要作用的指标。通常，一个好的引领性指标有以下两个基本特点：第一，它具有预见性；第二，团队成员可以影响这些指标。

滞后性指标是指那些为了达成最重要目标的跟踪性指标，如销售收入、利润率、市场份额、客户满意度等研究分析都属于滞后性指标。当你得到这些结果的时候，导致这些结果的事情早已结束，你得到的都是历史性结果数据。

例如，在其他因素相同的情况下，假如软件质量与性能越好，则软件的市场竞争力越强，客户就越愿意为之买单，软件销售量就会越高。对于软件销售这件事情，软件销售量就是一个滞后性指标，而软件质量与性能就是一个引领性指标。我们可以通过优化软件性能，提升软件质量来影响软件销售量，但无法确保一定达成软件销售量这一滞后性指标。

企业的终极后验性指标是客户价值，相对于这一滞后性指标来说，其他指标均可认为是引领性指标。

2. 可观测性指标与可行动性指标

可观测性指标是指可以被客观监测到，但无法通过直接行动来改变的指标。可行动性指标是指在能力可触达范围内，通过团队努力，可以设法直接改变的指标。

例如，千行代码缺陷率就是一种可观测性指标。我们无法以非常直接的方式来改变它，只能通过更全面的质量保障活动（写出高质量的代码、做更加完整的测试等活动）来影响这一指标。

代码规范符合度、代码圈复杂度、重复代码率则既是可观测性指标，也是可行动性指标，因为团队可以直接通过修改代码来直接影响和改变这些指标，但无法确保一定达成"千行代码缺陷率"这一后验性可观测性指标。

"DevOps状态报告2017"指出，衡量IT高绩效组织的4个度量项分别是发布频率、发布周期、MTBF/MTTR、吞吐量。其中，发布频率是指软件部署并运行于生产环境的频率，例如，Facebook手机App每周发布一次。该报告中的发布周期是指从代码提交到发布之间的时间周期。MTBF，全称是Mean Time Between Failure，即平均失效间隔。就是新的产品在规定的工作环境条件下从开始工作到出现第一个故障的时间的平均值。MTTR的全称是Mean Time To Repair，即平均恢复时间，指从故障出现到恢复之间的时间周期。吞吐量是指在给定时间段内系统完成的交付物数量。

如图4-5所示，假如将上述4个度量项作为滞后性指标的话，那么编译速度、测试时长、部署效率等指标则可能是达成这些目标的引领性指标。我们可以推断,从滞后性指标出发,一级一级地向前推导,可以发现很多可行动性的引领性指标。需要注意的是,指标之间的关联影响可能还存在时间延迟效应,即对某一个度量指标的改善,需要经过一段时间,才能在其关联度量指标上有所体现。并且,指标链条越长,可预测性就越低。

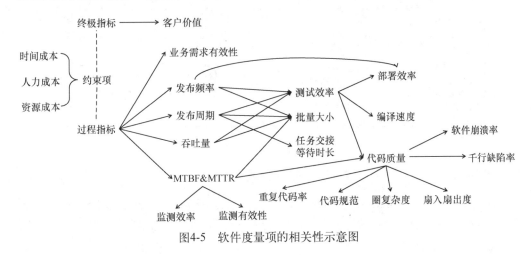

图4-5　软件度量项的相关性示意图

4.4.2　度量的目标是改善

我们可以通过设法管理过程指标来改善我们的工作过程,并将最终的效果与我们期望的结果指标做对比,从而发现改进是否有效,并判断是否需要改变改进方向,还是继续向前。但是,过程指标离终极结果指标越远,对终极结果的影响作用就越不明确,其贡献越不直接。

因此,我们需要不断依据反馈的度量结果做出分析后再确定改进的方向,是继续向前,还是另寻他法。度量是一柄双刃剑,对可行动性的过程指标来说,"你衡量什么,就会得到什么",但并不一定是以你想要的方式达成的。例如,当度量单元测试覆盖率时,工程师可以通过写出无用的单元测试(如没有断言),达成单元测试覆盖率指标,但是这种测试覆盖率已没有任何意义。因此,管理者需要记住,度量的目标是为了组织改善。如果达不到度量目的,则要么改用其他度量项,要么做好管理工作。

4.5　"改善套路"进行持续改进

提升"持续交付2.0能力"并没有唯一的标准实现路径。对每个企业来说,"软件每天发布n次"未必是它当前状态下的最优选择。每个企业必须根据自己所在行业的特点、所处的竞争环境,以及产品的具体形态以及企业的组织人员能力等实际情况,选择自己的道路。

那么，我们到底应使用什么方法开始我们的"持续交付2.0能力"提升之路呢？迈克·鲁斯在《丰田套路：转变我们对领导力与管理的认知》一书中介绍了一种"改善套路"，它包含4个阶段，以循环方式不断重复，如图4-6所示。

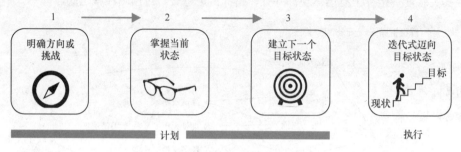

图4-6   改善套路

（资料来源：由迈克·鲁斯提供）

- **第一阶段：明确方向。**管理者需要明白，企业必须始终以愿景为工作目标，并持续不断地改进。在前进的路上，必然会遇到问题。我们需要通过不断试验与迭代，才能达成目标。

- **第二阶段：掌握当前状态。**团队要掌握当前的状态，获得事实与数据，才能充分认识自己，以对下一步目标状态进行合理的描述。

- **第三阶段：定义下一个目标状态。**目标状态就是确定团队希望达到的状态，设置期望达到该状态的日期，并定义可衡量的指标项。

- **第四阶段：迭代改进。**遵循戴明环，不断迭代试验，发现、实施、评估并改善方案，直到达成目标状态。戴明环，又叫PDCA循环，是由美国统计学家戴明博士提出来的，它反映了质量管理活动的规律。P（Plan）表示计划，D（Do）表示执行，C（Check）表示检查，A（Action）表示处理。PDCA循环是提高产品质量、改善企业经营管理的重要方法，是质量保证体系运转的基本方式。

这种"改善套路"不针对任何特定领域，是一种普适方法。它是一种当通向目标的途径不确定时，用以达成目标的通用框架和一组例行实践，可以直接应用于我们的组织改进过程。然而，它并没有告诉我们具体该做什么，因此我们必须找到一些线索来启动这一过程。

4.6　小结

在本章中，我们讨论了企业采纳持续交付所需的文化氛围，并根据新联合汽车公司的案例提取了建立企业文化的4个步骤。

- 第一步：定义想要做的事情。
- 第二步：定义期望的做事方法。
- 第三步：提供相应的培训。
- 第四步：做些必需的事情来强化那些行为。

与此同时，为了提升"持续交付2.0能力"，企业或组织应该遵守3个行动原则，即价值导向、快速验证和持续学习。同时，介绍了持续学习的具体方法，如迭代回顾、复盘机制等。我们也讨论了组织度量中的收益与风险，并强调度量的目标是组织改善，而非个体之间的绩效对比。

企业应当根据"改善套路"，在设定目标后，从简单之处开始行动，通过不断优化，达成提升"持续交付2.0能力"的目的。

第**5**章

持续交付的软件系统架构

在2000年，著名的电商网站亚马逊仍旧是传统的巨石应用，而不是今天大家看到的微服务架构。这种巨石应用每次部署时必须将整个网站作为一个整体统一进行部署。在大型促销活动期间，网站的稳定性遇到了严峻挑战。尽管团队在活动之前做了预估扩容，但活动期间的流量还是远远超出了团队的预期。生产事件频发，常常修复一处问题却引发另一处出现问题。

公司管理层对这种现象进行复盘，并认为，最主要的原因是系统耦合度太高，比较复杂。但是，由于业务需求太多，时间比较紧迫，工程师们忙于开发自己手上的功能特性，没有时间进行沟通，了解系统的整体架构。为了解决这一问题，工程师们应该在开发需求之前进行更加充分的讨论。而公司CEO贝索斯却认为，不应当再增加沟通，而是应该减少沟通，即增加小团队内部的沟通，减少团队之间的沟通。为了做到这一点，应该将网站的巨石架构全面改造为面向服务架构（Service-Oriented Architecture，SOA），并提出以下要求（参见Steve Yegge的《程序员的呐喊》）。

（1）所有的团队都要以服务接口的方式，提供数据和各种功能。

（2）团队之间必须通过接口来通信。

（3）不允许任何其他形式的互操作：不允许直接读取其他团队的数据，不允许共享内存，不允许任何形式的后门。唯一许可的通信方式，就是通过网络调用服务。

（4）具体的实现技术不做规定，HTTP、Corba、Pub/Sub方式、自定义协议皆可。

（5）所有的服务接口，必须从一开始就以可以公开为设计导向，没有例外。这就是说，在设计接口的时候，就默认这个接口可以对外部人员开放，没有讨价还价的余地。

（6）如果不遵守上面规定，就会被解雇。

截至2011年，其生产环境的部署频率已经非常高了。工作日的部署频率达到了平均每11.6秒一次，一小时内最高部署次数达到了1079次（参见Jon Jenkins在O'Reilly Velocity Conference 2011上发表的"Velocity Culture"）。这归功于将巨石应用改造为面向服务架构（SOA）。由此可见，为了能够更好地应对业务发展，持续交付是必然趋势，在软件系统架构方面的"大系统小做"原则是促进这一目标达成的必要条件。

5.1 "大系统小做"原则

5.1.1 持续交付架构要求

为了提升交付速度，获得持续交付能力，系统架构在设计时应该考虑如下因素。

（1）为测试而设计（design for test）。如果我们每次写好代码以后，需要花费很大的精力，做很多的准备工作才能对它进行测试的话，那么从写好代码到完成质量验证就需要很长周期，当然无法快速发布。

（2）为部署而设计（design for deployment）。如果我们开发完新功能，当部署发布时，需要花费很长时间准备，甚至需要停机才能部署，当然就无法快速发布。

（3）为监控而设计（design for monitor）。如果我们的功能上线以后，无法对其进行监控，出了问题只能通过用户反馈才发现。那么，持续交付的收益就会大幅降低了。

（4）为扩展而设计（design for scale）。这里的扩展性指两个方面，一是支持团队成员规模的扩展；二是支持系统自身的扩展。

（5）为失效而设计（design for failure）。俗语说："常在河边走，哪能不湿鞋。"快速地部署发布总会遇到问题。因此，在开发软件功能之前，就应该考虑的一个问题是：一旦部署或发布失败，如何优雅且快速地处理。

5.1.2 系统拆分原则

"大系统小做"的方法由来已久，并不是一个新概念。1971年，David Parnas发表了一篇题为 "On the Criteria To Be Used in Decomposing Systems into Modules"（将系统分解为模块的标准）的论文，讨论了将模块化作为提高系统灵活性和可理解性同时缩短开发时间的一种机制。那么，对今天的系统架构来说，"大系统小做"要遵循哪些原则呢？

大系统应该由很多组件（component）或服务（service）组成。它们通常会以jar/war/dll/gem等形式出现，其粒度要比一个类（class）大，但是要比整个系统小很多。组件通常在编译构建或者部署时被集成在一起，而服务可以由多个组件构成，能够独立启动运行，并在运行时与整个系统进行通信，成为整个系统的一个组成部分。根据David Parnas的论文，结合目前软件的发展趋势，以及持续交付的要求，对系统进行拆分有以下几个原则。

（1）作为系统的一部分，每个组件或服务有清晰的业务职责，可以被独立修改，甚至被另一种实现方案所替代。

（2）"高内聚、低耦合"，使整个系统易于维护，每个组件或服务只知道尽可能少的信息，完成相对独立的单一功能。

（3）整个系统易于构建与测试。将系统拆分后，这些组件仍需要组合在一起，为用户提供服务。因此，如果构建和测试困难，就很难缩短开发周期，无法达到"持续交付"这一目标。

(4) 使团队成员之间的沟通协作更加顺畅。

当然，这种拆分也带来了新的问题。例如，对由多个服务组成的系统来说，一个请求可能要经过很多次不同服务之间的相互调用才能完成，调用链路过长；当有成百上千的服务时，没有服务发现机制是不可想象的；如果代码中调用了他人的服务，则查找问题的难度要高很多，除非有统一的方式在沙箱里运行所有服务，否则几乎不可能进行任何调试。

因此，在系统拆分的同时，我们必须同时建立相应的构建、测试与部署和监测机制，而且，这些机制的建立与系统拆分工作同等重要。只有这样，才能既获得系统拆分的益处，又能管理因拆分带来的复杂性。例如，谷歌公司的C++代码统一放在同一个代码仓库中，有很多个组件，且这些组件之间有很多依赖关系。因此，公司内部开发了一个强大的编译构建平台（名为Bazel，现已开源），用于这些组件的构建。

5.2   常见架构模式

关于与软件架构相关的论著已经有很多了，本书仅讨论其中的3种架构模式：一是微核架构，常用于需要向用户分发的客户端软件；二是微服务架构，用于企业自身可控的后台服务端软件；三是分层的巨石应用，常见于创业公司的产品项目。

5.2.1   微核架构

微核架构（microcore architecture）又称为插件架构（plugin architecture），指的是软件的核心框架相对较小，而其主要业务功能和业务逻辑都通过插件实现，如图5-1所示。核心框架部分通常只包含系统启动运行的基础功能，例如基础通信模块、基本渲染功能和界面整体框架等。插件则是互相独立的，插件之间的通信只通过核心框架进行，避免出现互相依赖的问题。

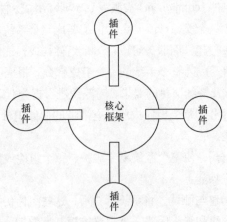

图5-1   微核架构示意图

这种架构方式的优点有以下几个。

- 良好的功能延伸性（extensibility）：需要什么功能，开发一个插件即可。
- 易发布：插件可以独立地加载和卸载，使它比较容易发布。
- 易测试：功能之间是隔离的，可以对插件进行隔离测试。
- 可定制性高：适应不同的开发需要。
- 可以渐进式地开发：逐步增加功能。

当然，它也有不足，具体有以下几点：

- 扩展性（scalability）差，内核通常是一个独立单元，不容易做成分布式，但对客户端软件来说，这就不是一个严重问题。
- 开发难度相对较高，因为涉及插件与内核的通信，以及内部的插件登记机制等，比较复杂。
- 高度依赖框架，既享受框架带来的方便性，但是当框架接口升级时，也可能会影响所有插件，导致大量的改造工作。

基于这些特点，我们将其用于对客户端软件的架构改造中，给团队的持续发布带来了巨大的收益。第14章介绍的案例进行了这种微核架构的改造，以便更容易在保障软件质量的情况下，同时提升PC客户端应用的发布频率。

5.2.2　微服务架构

微服务架构（Microservice Architecture）是一种架构模式，它提倡将单一应用程序划分成一组小的服务，服务之间互相协调、互相配合，为用户提供最终价值。每个服务运行在其独立的进程中，服务与服务间采用轻量级的通信机制互相沟通（通常是基于HTTP协议的RESTful API）。每个服务都围绕着具体业务进行构建，并且能够被独立地部署到生产环境、类生产环境等。另外，应当尽量避免统一的、集中式的服务管理机制，对具体的一个服务而言，应根据业务上下文，选择合适的语言、工具对其进行构建。

这种软件架构的优点有以下几个。

- 扩展性好——各个服务之间低耦合。可以对其中的个别服务单独扩容，如图5-2所示的D服务。
- 易部署——每个服务都是可部署单元。
- 易开发——每个组件都可以进行单独开发，单独部署，不间断地升级。
- 易于单独测试——如果修改只涉及单一服务，那么只测试该服务即可。

但是，它也有不足，具体有以下几点。

- 由于强调互相独立和低耦合，服务可能会被拆分得很细。这导致系统依赖大量的微服务，变得很凌乱和笨重，网络通信消耗也会比较大。
- 一次外部请求会涉及内部多个服务之间的通信，使得问题的调试与诊断比较困难，需要更强大的工具支持。

- 为原子操作带来困难，例如需要事务类操作的场景。
- 跨服务的组合业务场景的测试比较困难，通常需要同时部署和启动多个微服务。
- 公共类库的升级管理比较难。在使用有一些公共的工具性质的类库时，需要在构建每个微服务时都将其打包到部署包中。

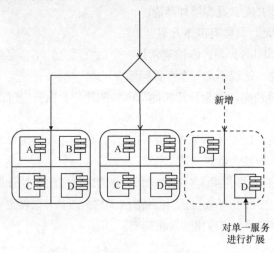

图5-2　根据需求单独增加微服务节点D

正是因为这些困难之处，所以在使用微服务架构模式时，除确保每个服务一定要能够独立部署之外，还要确保在部署升级时不影响其下游服务（例如通过支持API的多版本兼容方式），同时建立全面的微服务监测体系。

5.2.3　巨石应用

巨石应用（monolithic application）也称巨石架构，是指由单一结构体组成的软件应用，其用户接口和数据访问代码都绑定在同一语言平台的同一应用程序。术语monolith通常用来描述那些由采自大地中的单块大岩石筑成的建筑。一个巨石应用是一个自我完整的系统，独立于其他应用程序。其设计理念就是自己从头到尾完成某项功能所需的所有步骤，而不只是实现其中某个环节。这种巨石架构应用通常表现为一个完整的包，如一个Jar包或者一个Node.js或Rails的完整目录结构。只要有了这个包，就什么都有了。

组织良好的巨石架构同样也有其优势，包括以下几个。

- 利于开发和调试：当前所有开发工具和IDE都很好地支持了巨石应用程序的开发。系统架构简单，调试方便。
- 部署操作本身比较简单：例如，只需要有运行时所需部署的一个WAR文件（或目录层次结构）即可。

- 很容易扩展：只要在负载均衡器后面运行这个应用的多个副本就可以扩展应用程序。
  它的劣势有以下几个。
- 对整体程序不熟悉的人来说，容易产生混乱的代码，污染整个应用，给老代码的学习和理解带来困难。
- 难与新技术共同使用。
- 只能将整个应用作为一个整体进行扩展（如图5-3所示）。
- 持续部署非常困难。为了更新一个组件，必须重新部署整个应用程序。

对创业公司或者中小型项目来说，巨石应用可以快速迭代，不需要太多资源。而且对人员技术要求不高，常常单一技术栈就能搞定，人力资源容易获取。

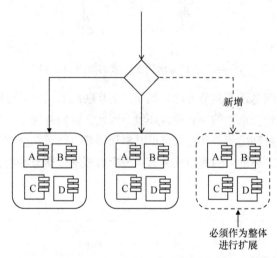

图5-3　巨石应用只能做整体扩展

巨石应用也能做到持续交付，但是需要经过良好的设计。例如，2011年时Facebook公司每天部署一次，而这个部署包约1 GB的大小。这么大的二进制包的编译时间也仅需要二十几分钟，将其全部分发到近万台机器上，也只需要不到两分钟的时间。

事实上，无论什么样的架构，只要没有针对代码的整个生命周期（开发、测试和部署）进行良好设计，对"快速交付"来说，就会存在困难。例如，国内某互联网公司开发了一个微服务框架，可以快速开发出一个微服务，而且也容易部署。然而，在践行持续交付过程中，团队才发现，这个微服务框架在多人并行开发多个服务的升级版本时，开发的调试过程和测试环节都遇到了很大困难。原来，这个微服务框架只允许一个主控服务存在，而且只能通过服务名进行服务注册与发现，并不支持同一服务的多个版本同时存在。当两个开发人员同时开发各自的服务模块A和B时，由于服务A的新版本还没有开发完成，因此服务B需要使用服务A的旧版本进行联调。但是，如果将服务A的两个版本同时部署到开发调试环境中，如图5-4a所示，服务就会出现混乱。那么，如果我们同时准备两个调试环境，分别部署两个主控服务，似乎是可行的，如图5-4b所示。但这只是两个开发人员的并行开发场景，如果是多人并行开发调试，则所需要的资源会更大。

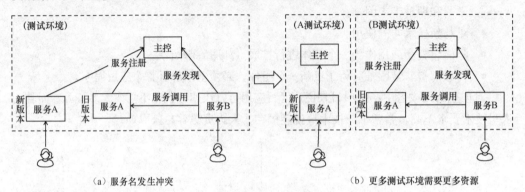

（a）服务名发生冲突   （b）更多测试环境需要更多资源

图5-4   没有考虑调试环境的微服务框架

当然，解决这个问题还有其他办法。例如，某互联网公司的后台微服务数量众多，很难为每一个开发人员建立单独的一套测试环境。因此，他们开发了一个路由机制，在同一套测试用的标准微服务环境下，开发人员可以单独部署自己正在修改的微服务，并通过路由机制，与标准微服务环境中的其他服务形成一个虚拟的微服务环境，用于自己调试，如图5-5所示。

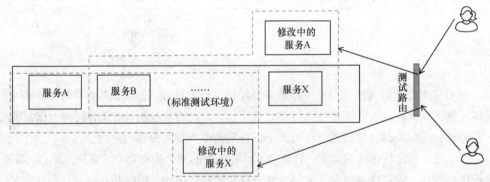

图5-5   通过路由机制建立共享的微服务测试环境

5.3   架构改造实施模式

对部署频率较低的遗留系统来说，很少会仔细考虑易测试、易部署和易扩展这3个因素。为了保持业务的敏捷性，软件架构也需要保持敏捷性。这里的"敏捷"是指具有快速且轻松做出改变的能力。因此，我们总会遇到架构改造的需求。通常，这类改造有3种实施模式，分别是拆迁者模式、绞杀者模式和修缮者模式。其中，绞杀者模式和修缮者模式都有利于持续交付，降低架构改造和发布的风险。

5.3.1 拆迁者模式

"拆迁者模式"就是指根据当前的业务需求，对软件架构重新设计，并组织单独的团队，重新开发一个全新的版本，一次性完全替代原有的遗留系统，如图5-6所示。

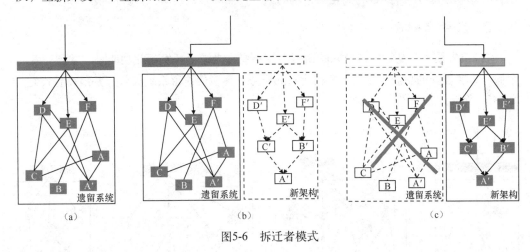

图5-6 拆迁者模式

这种方式的好处在于，它与旧版本没有瓜葛，没有历史包袱，可以按预期进行架构设计。但是，这种模式的风险包括以下几个方面。

（1）业务需求遗漏。软件的历史版本中，有很多不为人熟知的功能还在使用。

（2）市场环境变化。由于新版本架构无法一蹴而就，当市场需求发生变化时，就会错失市场良机。

（3）人力资源消耗大。必须分出人力，一边维护旧版本的功能或紧急需求，一边要安排充分人力进行架构改造。

（4）"闭门造车"。新版本上线后，无法满足业务需求。

当然，并不是说这种模式不可实施。惠普激光打印机的固件架构改造项目就是一个架构重写的成功案例（资料来源：Gary Gruver等人的《大规模敏捷开发实践：HP LaserJet产品线敏捷转型的成功经验》一书）。2008年，该团队已经筋疲力尽，整个团队只有5%的人力能够用于开发新特性。经过3年的努力，到2011年，做新特性开发的资源提升了8倍，全部研发成本下降了40%。其软件架构变成了"微核"架构模式，即每台打印机都安装有一个最小的固件初始版本。当打印机联网以后，该固件可以根据实际业务需要，从网络下载必要的功能模块，并自动部署安装。

在架构重写过程中，该团队同时还改变了原有的分支模式。从"分支地狱"转变为"主干开发模式"（参见第8章），并建立了自己的持续交付部署流水线。

当然，这么做也有失败的案例。网景通信公司（Netscape Communications Corporation）是一家美国计算机服务公司，曾以其生产的同名网页浏览器Netscape Navigator而闻名。由于其老旧的软件架构使得用户体验越来越差，并且很难快速应对互联网浏览器的发展，于是公司高层决定使用拆迁者模式对软件架构进行改造。在此期间，微软公司凭借IE浏览器与Windows的成功，一跃成为浏览器市场的第一，而网景公司从此一蹶不振。

5.3.2 绞杀者模式

"绞杀者模式"是指保持原来的遗留系统不变，当需要开发新的功能时，重新开发一个服务，实现新的功能。通过不断构建新的服务，逐步使遗留系统失效，并最终替代它，如图5-7所示。

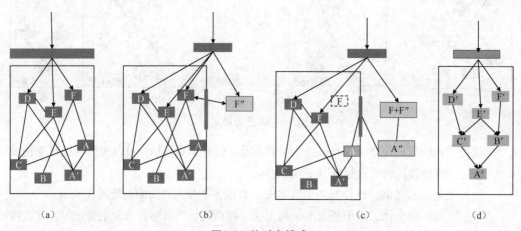

图5-7 绞杀者模式

这种方式的好处在于：

- 不会遗漏原有需求；
- 可以稳定地提供价值，频繁地交付版本，可以让你更好地监控其改造进展；
- 避免"闭门造车"现象。

其劣势在于：

- 架构改造的时间跨度会变大；
- 产生一定的迭代成本。

5.3.3 修缮者模式

"修缮者模式"是指将遗留系统的部分功能与其余部分隔离，以新的架构进行单独改善。在改善的同时，需要保证与其他部分仍能协同工作，如图5-8所示，上面的步骤与我们在第12章所讲的抽象分支技术一样。这种方式与绞杀者模式类似，但改造只发生在同一个系统内部，而非遗留系统外部。其收益包括：

- 系统外部无感知；
- 不会遗漏原有需求；
- 可以随时停下改造工作，响应高优先级的业务需求；
- 避免"闭门造车"现象。

而其劣势在于：

- 架构改造的时间跨度会变大；
- 会有更多额外的架构改造迭代成本。

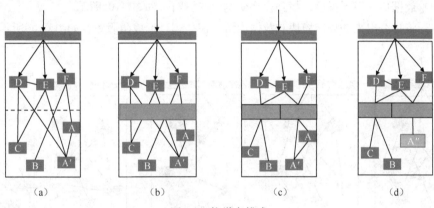

图5-8 修缮者模式

使用修缮者模式将巨石应用向微服务架构演进时，最后应将分离出来的部分独立成一个新的服务，如图5-9所示。要将接缝处的代码X一分为二，其中属于原有应用职责的X_1应留在原有的巨石应用中，而与分离后的微服务紧密相关的X_2应与微服务结合在一起。重复这个步骤，直至完成所有微服务的分离。

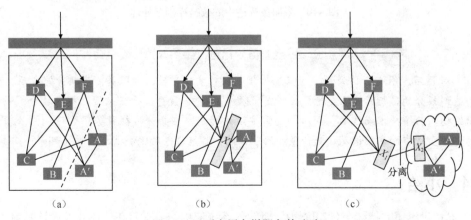

图5-9 巨石应用向微服务的改造

5.3.4   数据库的拆分方法

一般来说，关系型数据库很可能是巨石应用中的最大耦合点。因此，对于有状态微服务的改造，我们需要非常小心地处理数据库数据。做数据库拆分时，我们应该遵循以下步骤，如图5-10所示。

（1）详细了解数据库结构，包括外键约束、共享的可变数据以及事务性边界等，如图5-10a所示。

（2）先拆分数据库，并按照12.3.2节的介绍进行数据迁移，如图5-10b所示。

（3）数据库双写无误后，找到程序架构中的缝隙，如图5-10c所示。

（4）将拆分出来的程序模块和数据库组合在一起，形成微服务，如图5-10d所示。

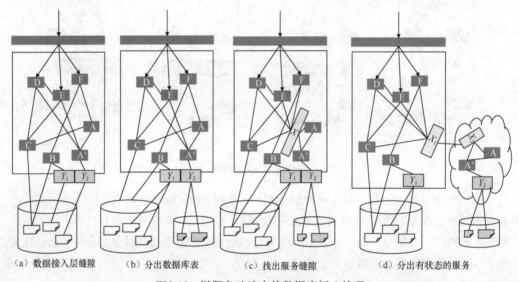

（a）数据接入层缝隙　　（b）分出数据库表　　（c）找出服务缝隙　　（d）分出有状态的服务

图5-10   微服务改造中的数据库拆分处理

应该围绕业务目标进行架构改造

对巨石应用进行拆分时，可以先拆分成颗粒度相对较大的服务。当拆分完成后，如果达到拆分的目标（如已支持更快的发布频率），那么就可以停下来了，不应该为了架构而架构，为了技术而技术。同时，还需要注意的是，在拆分成微服务架构时，你必须考虑要建立相应的基础设施，例如服务治理、服务监控、自动化测试与自动化部署等工具。

5.4   小结

本章讨论了"持续交付2.0能力"对软件系统架构的要求，在软件开发设计时就考虑可测试性、易部署性、易监测性、易扩展性，以及对可能失败的处理，并且讨论了系统架构拆分原则。

我们也对常见的3种软件架构模式及其适用的不同场景进行了分析与比较。例如，微核架构模式适合于客户端软件；微服务架构模式适合于大型后台服务端系统；巨石应用则适合于创业公司或中小型项目。

最后，我们讨论了对遗留系统进行架构改造的3种方式。

（1）拆迁者模式，就是一次性重写所有代码。这是大家最熟悉的方式。

（2）绞杀者模式，就是不改变或少改变原有遗留系统，通过增加新的服务来不断替代遗留系统的功能。

（3）修缮者模式，就是通过迭代，对原有遗留系统进行逐步改造，同时开发新的功能。

同时，也介绍了如何解决绞杀者模式和修缮者模式中可能遇到数据库表及数据的拆分和迁移问题。

为了能够持续交付，并且降低架构改造的风险，建议团队根据实际情况，采用绞杀者模式或修缮者模式进行遗留系统的架构改造。

第 **6** 章

业务需求协作管理

一款产品的整个生命周期可以分成以下5个阶段，即概念阶段、孵化阶段、验证阶段、运营阶段和业务退市阶段。每个阶段的时间周期不固定，其阶段目标也各不相同。概念阶段需要清楚回答市场机会、客户需求的紧迫性、企业自身的竞争优势、产品的可行性以及自身产品团队能力等问题。孵化阶段要考察产品核心功能的完善度、满足典型目标用户的核心诉求程度，小范围试验用户的反馈等问题。验证阶段则主要关注最小核心功能集的用户体验、早期用户的反馈、盈利模式，以及产品技术核心团队的稳定性与加大资源投入的可行性。运营阶段则主要关注市场环境变化、客户泛化需求的存在性，以及投入产出比等。一旦这些要素不满足企业的预期，就应该考虑产品的退市步骤了。

除概念阶段以外，每个阶段都至少包含一个产品版本周期，如图6-1所示。

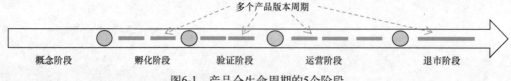

图6-1　产品全生命周期的5个阶段

在每个产品版本周期中，又分为准备期和交付期。它们由多个迭代构成，每个迭代至少包含一个持续交付"8"字环，用于解决一个（或一组）业务领域问题，如图6-2所示。

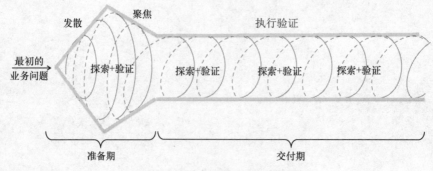

图6-2　单个产品版本周期的组成

业务需求协作管理贯穿于整个软件产品版本周期,涉及与业务软件交付相关的所有角色,包括业务人员、产品及运营人员、开发人员、测试人员和运维人员等。其目标是通过改善各角色在持续交付"8"字环各环节中的交互协作流程,有效且高效地完成业务问题的分析、业务方案的实施和结果验证工作,并确保所有需求不遗漏,被完整跟踪。

6.1 产品版本周期概述

一个产品版本周期包含准备期和交付期。准备期的目标是让参与该产品版本周期的所有角色对期望解决的业务问题以及最小可行解决方案达成共识。交付期的目标是通过快速迭代,最终验证或解决该业务问题。

6.1.1 准备期

准备期是团队成员共同探索发现与决策的过程,核心任务是达成业务理解与目标的共识。它是一个先发散再聚焦的过程,从最初要解决的业务领域问题出发,业务人员、产品研发运维团队在一起研讨,共同了解和认识业务问题的全貌,并定义业务目标与衡量指标,找出所有的可能性解决方案,再通过精炼手段,从这些备选解决方案中挑选并制订出最小可行试验方案。有时候,人们会将这个准备期称为"迭代0",或者"启动期"。

准备期的参与者通常包括有决策权的业务方各角色代表与IT方各角色代表,因为进入交付期之前需要对最小可行解决方案达成共识,做出决策。另外,在条件允许的情况下,尽可能保证准备期的参与者能够参与交付期的工作,至少应该保证准备期的主要参与者能够参与。只有这样,才能将业务领域知识与决策上下文有效地带入交付期,使交付期中的相关决策也能更加准确。

一般来说,准备期不但要有最小可行解决方案,还要回答"它大约需要多久才能执行并验证完成?"。这是产品版本周期中的关键决策点。迭代准备期最终需要对最小可行解决方案及初步交付计划达成共识。这个初步交付计划并不要求十分精确,只要能够支持管理者做出决策即可。

准备期的主要工作内容包括:

(1)目标阐述与理解:业务代表讲解当前这个产品版本周期内所需达成的重要业务目标,以及相关的业务上下文。参与者应积极参与互动,以便充分理解业务;

(2)业务领域角色与流程识别,及解决方案的探索:全体参与者共同讨论并识别该业务问题所涉及的主要业务流程与流程中的业务角色,并找到尽可能多的解决方案;

(3)重大风险识别与验证:识别各种方案中的业务与技术风险,并且组织人员对那些影响决策的重大风险进行快速验证;

(4)精炼并达成最小可行方案共识:从众多的解决方案中挑选并制订最小可行解决方案;

（5）评估与计划：对最小可行解决方案进行初步的工作量与时间评估，制订相应的交付计划。

由于方案的复杂度不同，迭代准备期的时长也有所不同。对一个成熟且协作流畅的团队来说，这个准备期可能很短，如果紧密协作，没有其他事情干扰，则仅需要一周的时间。

6.1.2　交付期

一旦对准备期得出的初步计划达成共识以后，团队即可进入交付期。交付期也由多个迭代组成，各迭代周期应尽量保持一致。每个迭代中可能包含多个持续交付 "8" 字环，这主要取决于每个迭代中是否包括多个业务验证点，以及与每个验证点相对应的解决方案实现难度与验证周期，如图6-2所示。

有些团队采用迭代开发方法，其做法是：将原来的一个大瀑布研发流程，改进为多个小瀑布研发流程，如图6-3所示。在每个迭代的开始，所有团队成员在一个会议室里进行当前迭代需求的分析与讨论，然后马上启动开发工作。在迭代前半期，几乎没有需求开发完成，而到了迭代后期，大量需求几乎同时完成，同时提测。这种方式的不足在于，团队成员对当前迭代的需求分析不充分，容易出现后期返工现象。同时，也容易形成迭代后期集中测试的现象。这并非 "持续交付2.0" 所期望的连续快速流动。

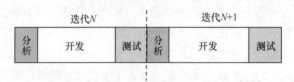

图6-3　迭代中的小波浪交付

团队应该在当前迭代刚刚开始后，立即着手对后续迭代要开发的需求进行详细分析，并在下一个迭代开始前，确保所有参与者对需求的验收条件理解一致，达成共识。提前进行需求分析的收益有两点：一是更早发现还存在风险的需求，提前进行沟通和准备；二是一旦提前完成了当前迭代的内容，可以从下个迭代需求列表中选择一些需求进行开发，没有间断。在这种情况下，有一些需求可能会横跨两个迭代，如图6-4所示。

图6-4　跨迭代的需求连续开发

在这种运行模式下，每个角色在同一个迭代中会有多种任务。例如，产品人员需要：
（1）及时回答其他角色对本次迭代需求提出的疑问；

（2）及时验收在本迭代中完成的需求；

（3）组织其他角色，为准备后续迭代的内容进行需求筛选与分析。

开发人员需要：

（1）开发当前迭代中的需求；

（2）及时修复测试人员发现的缺陷；

（3）参与后续迭代的需求分析与用例评审。

测试人员需要：

（1）及时验收刚刚开发完成的需求；

（2）验收已被修复的缺陷；

（3）参与后续迭代的需求分析，并对其进行测试用例分析，组织测试用例评审。

同时，开发人员与测试人员还要应对生产环境出现的问题，及时进行分析与解决。

每个迭代结束时，团队都应该交付质量达标的可工作软件，而且应当不断追求"持续交付2.0能力"的提升，做到"即便在迭代过程中，也能够随时交付质量达标的可工作软件"，实现需求的持续流动。

6.2 需求拆分的利与弊

传统瀑布软件开发方法中，工作任务的分解根据活动阶段来拆分，例如需求分析工作、概要设计工作、详细设计工作、编码工作、集成测试工作等。然后对每个阶段的工作任务再进行分解，如不同模块的需求分析、概要设计、编码和测试任务等，如图6-5所示。

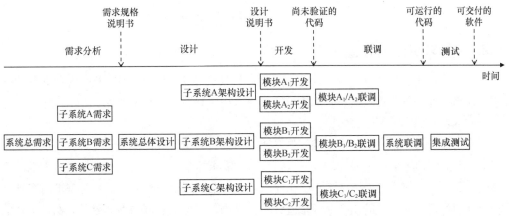

图6-5 传统瀑布开发方法的任务分解模式

这种工作任务的拆分方式使得只有项目在进入测试阶段时，各模块才放在一起进行联调。这经常导致联调和测试阶段发现缺陷较多，延期风险很高。另外，由于整个交付周期太长，也容易出现下面两种情况：（1）只有当业务方看到软件时，才发现与业务预期不一致；（2）由于市场变化或业务快速发展，刚刚实现的软件已无法满足当前的实际需求了。因此，应该放弃这种工作分解方式。

我们应该尽可能从业务视角出发，将大块的业务功能需求（如图6-6中的总需求）再次拆分成多个小的业务功能需求（a、b_1、b_2……x_n），并从用户视角来描述它，以提醒所有人关注其业务价值。对这些小需求进行评估和优先级排序后，团队再分批进行迭代交付。这种方式让团队能够尽早得到可运行的软件，并让业务人员能够看到业务功能的进展，以便与软件工程师沟通，提前发现需求理解不一致等问题。同时，还可以灵活应对临时的需求更改，响应市场的快速变化。利于持续交付的需求拆分总原则就是："坚持以业务视角对需求进行分解。"

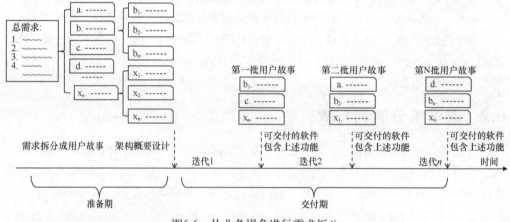

图6-6　从业务视角进行需求拆分

6.2.1　需求拆分的收益

拆分后的细粒度需求可以让团队更早地进行集成和质量验证工作，及时发现潜在的问题与缺陷，并在每个迭代结束时都能够得到包含相应功能的可交付软件。

1. 建立共识，协调工作

在传统开发方法中，需求文档的撰写通常由业务分析师或产品经理完成。当撰写完成之后，产品经理才会叫上相关的技术人员，召开需求评审会议。这种方式有两个弊端。一方面，面对大量的文档描述，团队仅在评审会议的这一两个小时内，很难对需求内容进行较充分的讨论，通常只能由产品经理宣读一遍文档，可能会遗漏很多风险项。另一方面，一旦发现一些棘手的需求疑问，产品经理也很难在评审会上及时回答。由于给予开发人员与测试人员思考时间较少，也常会有图6-7a所示的状况发生，即所有角色都认为对需求的理解已经达成了一致，但事实上，每个人的理解都各不相同。

持续交付模式下，对需求提前进行拆分。在拆分时，与该需求相关的所有角色均需参与。每个需求的边界上下文都应被充分讨论，从而让各角色对该需求的目标、质量标准和验收条件达成一致。事实上，这个需求拆分过程是各角色知识互补，共同对该业务领域进行需求建模的过程。通过这一过程，团队对需求的理解达成图6-7b所示的状态。

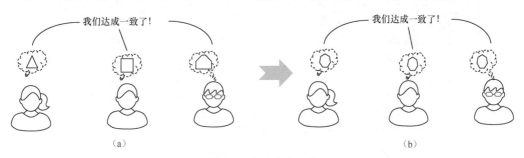

图6-7　真正达成一致

很多团队希望节省时间，总是匆忙启动开发工作，然而，在开发过程中和验证过程中经常遇到需求理解不一致，或者异常场景考虑不全，导致在过程中反复讨论确认的现象。很多时候并没有节省时间，与此相反，带来了一些不必要的浪费，如打断他人的工作、频繁进行工作任务的转换等。

2. 小批量交付，加速价值流动

当我们将较大的需求进行拆分之后，就能够进行小批量开发和测试，从而尽早地交付软件，让用户更早地使用软件。为了说明小批交付的收益，我们先简化价值模型如下：某软件项目包括10个需求，每个需求需要开发10天，质量验证完成需要2天。而每个功能交付后，每天产生价值1000美元。那么两种不同方式的价值流动速度如表6-1所示，小批量交付在第120天已产生累计价值48万美元，而整批交付却收益为0美元。

表6-1　整批交付与小批量交付的价值累计对比

累计价值	整批交付 （一次交付10个功能）	小批量交付 （每两个功能为一个交付批次）
第24天	0美元	0美元
第48天	0美元	4.8万美元
第72天	0美元	14.4万美元
第96天	0美元	28.8万美元
第120天	0美元	48万美元

3. 低成本拥抱变化

在分批交付过程上，一旦在开发过程中遇到突发情况（例如市场需求发生了变化，需要插入更高优先级的需求），团队可以快速将手中的任务完成（或放弃），然后投入新插入的高优先级需求。如图6-8所示，当在第72天新加入高优先级需求时，我们就可以移除原有的需求内容，之前已交付的工作不受影响。

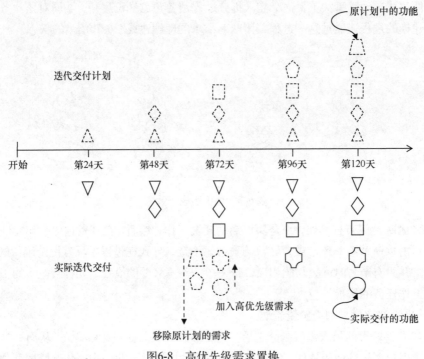

图6-8　高优先级需求置换

4．多次集成，及时反馈质量

即便小批量需求开发完成后无法马上交付给用户，我们也可以进行联调与测试。如果此时发现软件缺陷，则可以及早修复。假如发现的缺陷过多，可能有3种原因：一是开发人员对需求理解尚不到位；二是研发质量标准没有得到很好的贯彻执行；三是团队成员之间沟通不充分，有很多误报现象（如测试人员认为某个问题是缺陷，开发人员则认为不是）。无论是哪一种原因，与大批量集中开发相比，我们都已提前掌握了质量反馈，此时可以根据真实情况，做出相应的工作调整，而不必等到软件开发的后期才发现这些问题。

5．鼓舞团队士气

如果每个迭代开发的新功能都立即被用户使用，并且得到反馈，团队就会受到鼓舞（无论是点赞，还是吐槽）。因为团队成员知道，用户正在使用他们的产品，而且还能够对产品提出建议或意见。

6.2.2　需求拆分的成本

当然，需求拆分和迭代开发不仅产生收益，还会产生一些额外的成本。下面我们就来简单分析一下。

1．需求拆分时的显式成本

通常产品需求由产品经理（或业务分析师）收集并撰写成文，而这些角色通常不具备深厚的技术背景，仅由他们进行需求拆分，无法达成最佳效果。因此，将其他角色卷入这个需求拆分的过程，一同参与和确认是非常必要的。但这种做法与瀑布开发方法相比，显然在项目前期会增加更多的沟通成本。

2．分批开发、测试和部署的迭代成本

需求拆分的一个重要目标是分批迭代交付。为了达到交付质量，每个迭代结束之前，都要进行验证，以确保已经交付的所有软件功能（包括前面几个迭代交付的功能）正确运行。由于验证次数增多，因此验证投入成本也会增加。

如果每个迭代都要将开发完成的软件部署到生产环境中，那么，还会增加数次的部署成本（包括人力和时间成本）。如果需要停机才能进行部署，那么还要加上系统停止运行所产生的收益损失，如图6-9所示。

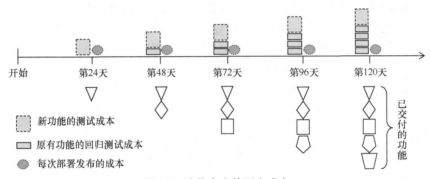

图6-9 迭代产生的固定成本

尽管迭代开发的收益很容易被人理解，但并不容易被衡量。可是，迭代产生的固定成本却一目了然。因此，决定迭代周期的长短时，也会需要考虑迭代的固定成本。我们从第7章开始，将陆续介绍一些方法，用于降低迭代成本。

6.3 需求拆分方法

尽管我们在准备期结束后，已经得到了最小可行解决方案的一个需求列表，但是，列表中的需求并非粒度足够细，而且也不一定完全明确以直接指导开发工作。因此，我们要以"渐进明晰"为原则，每个迭代都应该做一些需求分析与细化工作。

另外，整体需求列表中，是否应该只包含业务人员提出的需求呢？还有其他需求来源吗？进入交付期后，每个迭代需要交付的需求中，每个需求应该详细到什么程度呢？如何保证需求既按业务导向拆分，又能够足够小呢？接下来，我们就讨论这些内容。

6.3.1   需求的来源

最开始的业务需求列表通常是根据业务人员提出的需求形成的，但随着讨论的深入，我们还会发现业务人员没有意识到的潜在需求。正如空气和水，通常你不会意识到它们的存在，但是它们一旦缺失，就会对人的生存产生威胁。在软件技术领域常被提及的非功能需求就属于其中的一类，例如性能要求、易用性要求、响应延迟等，当然还有生产环境的各类监测需求、系统灵活配置需求等。因此，在进入交付期之前，最小可行解决方案的需求列表中，需求来源由以下3部分组成。

（1）业务人员提出的业务功能需求。这些业务需求构成了整个产品版本的基础需求。

（2）为了保障业务需求的实现与运行而必须满足的非业务功能需求，例如因页面响应时间要求而产生的性能需求、因成本控制而产生的自动缩扩容要求等。

（3）符合安全合规性而产生的安全开发需求。

在进入交付期之后，每个迭代的需求列表中，其需求来源则可以包括以下7个部分。

（1）从原始需求列表中选出的待实现需求。

（2）在需求细化过程中新发现的需求。

（3）已知且需要修复的线上生产系统缺陷。

（4）线上技术运营需求。

（5）前期预研需求，它是指团队目前尚不具备能力，但为了实现某一业务需求而做的准备工作。

（6）技术债需求，它们是指因早期业务进度压力而积累的技术债改进需求。

（7）辅助测试需求，为了便于进行需求验收，需要开发的测试辅助工具。

6.3.2   技术债也是需求

技术债是1992年由Ward Cunningham（wiki创始人）提出来的一个概念。它是指技术团队在设计架构或者开发的过程中，基于短期目标选择了一个方便实现的方案，而从长远考虑，这种方案会带来长久的消极影响。它就像金融债务一样，如果没有恰当管理，累计的利息可能就会把你压跨。

然而，技术债通常隐藏很深，没人会主动去触碰当前看似完美的系统。当技术债务累积到一定程度，严重拖慢软件开发速度时才会被人注意到，此时软件很可能已经处于崩溃的状态，只能投入更大的成本（时间与资源）来修复这些"债务"。

技术债产生的原因有以下两个。

（1）满足眼前需求，没有更进一步考虑。即使后续增加功能也没有进行适当重构。

（2）低质量代码（最简单的表现是硬编码、魔术数字、混乱的命名、重复代码、较高的代码圈复杂度）。这些都属于与代码相关的技术债。

对持续交付模式来说，还有另外一种"技术债"，即影响软件交付速度或业务响应速度的所有重复性且需要花费较长时间的手工操作，例如手工准备测试环境、手工回归测试、手工部署与发布等。之所以定义这类操作为技术债，是因为它们在很大程度上都可以使用技术方式进行自动化，节省大量的人工时间。例如，在很多互联网公司中，当新功能上线后，产品运营人员根本无法迅速拿到用户的行为数据。他们必须提出统计需求，交由技术人员编写脚本后再去执行，通常在两三天后才能得到结果。但是，在2012年时，在Facebook内部的实时数据分析系统，从数据落到服务器开始，到它能显示在工程师的屏幕上，只需要1分钟。而每一个数据查询只需要1秒钟就会返回查询结果[①]。

如何对待上面所说的这类"技术债"，必须根据团队和产品当前的具体状态分析。就像"房贷"一样，你不必马上一次还清，但仍旧要根据自己当前的财力，以及对未来的收入预期，进行综合判断。但是，它们必须能够进入企业或团队的业务管理视野，促使他们做出决策。这不只是技术问题，而是一个业务问题。一旦决定还"债"，那么它们也应该被纳入迭代需求管理之中，成为一种特殊的"用户故事"。

6.3.3 参与需求拆分的角色

很多人认为，传统瀑布开发模式中，产品经理（或者业务分析师）是撰写需求规格说明书的人。那么，在持续交付模式下，拆分用户故事的工作也应该由产品经理自己干。然而，这是一个严重的错误认识。尽管产品经理对需求列表负有责任，但是，假如所有的用户故事都是产品经理写出来的，那么这可能就是用户故事的"坏味道"。

很多产品经理对技术实现方式了解不深，由其直接拆分出来的用户故事，在实现工作量方面，需求之间的差异可能很大，无法达到我们所希望的需求持续快速流动的目的。在拆分用户故事时，需要对拆分后的工作量有个基本的评判。如果做不到这一点，拆分后的用户故事就很可能不够小，而无法适应在迭代周期以内。或者有过多超细粒度的用户故事，导致浪费一些维护管理成本。因此，需求拆分过程必须卷入多种角色。

首先，让开发人员和测试人员参与需求拆分的第一个好处是他们能够更多地掌握产品需求上下文。这可能会令开发团队感觉到，这也是他们的产品，会产生更强的产品拥有感，比较容易缓解和消除"你对决我们"这样的对立情绪，也能够更多地增加对业务需求和用户故事的了解。

其次，如果有更多角色参与用户故事的编写，就能更多地了解产品需求和用户故事的全部意图，从不同的角色思考，找到更多更好的方式来实现这些需求。例如，第2章中"立即提现"案例，开发人员提出了最经济快速的验证方案，即便只实现了其中的一部分功能，也已经足够验证产品经理心中的假设了。

---

① 《Scuba: Diving into Data at Facebook》，Lior Abraham等

6.3.4　不平等的INVEST原则

INVEST[①]原则是用于检验用户故事是否拆分得当的6个原则，它由下面6个英文单词的首字母组成。

(1) independent（独立）：用户故事必须彼此独立，低耦合。

(2) negotiable（可协商）：在进入开发前，故事卡用来提醒团队和干系人要进行讨论，而不是直接作为产品人员与开发人员之间的契约来使用。

(3) valuable（有价值）：用户故事对用户或客户来讲必须是重要的，有价值的。

(4) estimable（可估算）：开发团队必须能够估算创建用户故事所需的工作量。

(5) small & similar size（规模小且适中）：用户故事必须足够小，尽可能要在一个迭代内完成（建议用户故事的开发工作量应该少于3个工作日）；并且多个用户故事之间的开发工作量差异不宜过大。你对足球体积的估算偏差一定远远小于对月亮体积的估算偏差。

(6) testable（可验证）：用户故事必须是可以被验证的。

在现实工作中，的确会存在一小部分非常复杂的用户需求，很难同时完全满足这6个原则。在这种情况下，可以做一些妥协，但至少要满足可估算、规模小且可验证，即EST＞INV。假如无法独立交付，但在较短时间内可以独立开发和独立验证，且不影响当前已完成的软件功能，则也是可行的。事实上，这种分解后的小需求已经成为了一个符合SMART原则的任务，即具体的（specific）、可衡量的（measurable）、可达成的（achievable）、相关的（relevant）和有时间限定的（time bound）。

6.3.5　五大拆分技法

为了帮助大家掌握更好的用户故事拆分方法，下面介绍5种技法。只要多加练习，就能掌握用户故事。

1. 路径拆分法

路径拆分法是指根据用户使用场景中的不同路径进行拆分。例如，用户在电商网站购物以后，需要支付订单，既可以选择微信支付，也可以选择使用银行卡支付。对于这样一个场景，如果同时实现两种支持方式的工作量比较大，就可以将其分成两个用户故事，如图6-10所示。

(1) 用户可以使用微信支付渠道进行付款。

(2) 用户可以使用银行卡渠道进行付款。

---

① 用于快速评估用户故事的INVEST清单来自Bill Wake在2003年写的一篇文章 "INVEST in Good Stories, and SMART Tasks"，2004年，Mike Cohn在《用户故事与敏捷方法》一书中推荐了它。

图6-10 路径拆分示意图1

假设银行卡渠道因为需要支持不同种类的银行卡（借记卡和信用卡），或者同种类但不同银行的卡（如招商银行和工商银行），而导致工作量过大，那么还可以进一步将其按照每个银行每种类型的支付卡来拆分用户故事。当然，如果你在实现第一种借记卡（如招行借记卡）支付时，就已经完成了较多的基础性工作，也可以将对其他银行的借记卡支持合并写在同一个用户故事里，如图6-11所示，此时，需求可写为："支持除招行以外的其他两个银行的借记卡通道"。并在该需求上注明：依赖于用户故事"实现招行借记卡通道"。

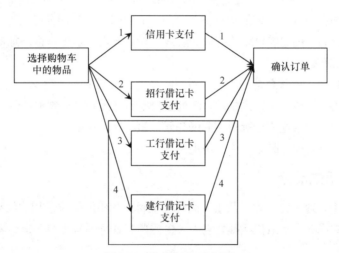

图6-11 路径拆分示意图2

2．按接触点拆分

所谓接触点就是指用户与系统之间的交互通道，例如移动端应用和PC浏览器是两种不同的接触点。而在PC浏览器上，又可以按不同的浏览器来分，如Safari、Chrome、Firefox和IE。IE浏览器的适配工作量比较大，而其他几种浏览器的适配工作量比较小，那么我们就可以分成两个用户故事，它们分别是：

（1）用户可以使用IE内核的浏览器查看；

（2）用户可以使用非IE内核的浏览器查看。

3．按数据类型或格式拆分

如果有一个软件，它是做数据统计与分析的工具。其中有这样一个需求，用户可以通过文件形式向软件系统导入数据，文件格式包括CSV、XML和Excel。那么，我们的用户故事可以直接分成3个。

（1）用户可以通过CSV格式的文件上传数据。

（2）用户可以通过XML格式的文件上传数据。

（3）用户可以通过Excel格式的文件上传数据。

4．按规则拆分

规则是指业务规则或者技术规则。假如有一个海上航运配货规划系统，其中有一个需求是：输入起点和终点，可以根据货物的种类选择最佳的配送线路。那么这个需求可以分成两部分：一是货物的种类，二是航线。当分解这个需求时，如按航线来分，可以分成两个：一个是基础需求，一个是完善需求。

- 基础需求是：用户选择起点和终点，系统可以选出一条配送航线。
- 完善需求是：用户选择起点和终点，系统可以选择一条时间最短的配送航线。

这两个需求之间会有一定的递进依存关系，但它们可以分别实现。其中，"时间最短"就是一个规则。如果用户需要新的"最佳航线"计算方式，则可以再添加新的规则。

5．按探索路径拆分

在开发过程中，团队总是遇到一些对团队来说都很陌生的事物或不确定的实现方案，例如，必须使用某种新的框架或技术，而且也找不到外援专家来帮助团队。此时可以将对陌生事物的试验性探索逐步分拆成不同的探索故事。这种探索故事有较大的不确定性，因此要作为高风险点管理，时刻关注其进展。

6.3.6　七大组成部分

目前行业中，通常以"用户故事"来称呼交付迭代中的需求。用户故事（User Story）最早来自极限编程的十二最佳实践，它为了提醒撰写者时刻从用户角度出发，设定了如下形式的一句话：

> 作为　　　……一个XXXX用户……
>
> 为了完成　　……YYYYY业务……
>
> 我希望能够……使用ZZZZZ功能……

当然，这只是用户故事刚刚诞生时的初始形式，我们需要对其进行不断地探索和完善，直到其足以胜任我们赋予它的使命，即成为各角色在迭代过程中的协作和达成共识的桥梁，直至实现其所描述的功能需求，并且达到其所要求的验收条件为止。因此，每个用户故事通常会包含以下7个组成部分。

（1）编号：方便记录与跟踪。

（2）名称：该功能及其目标概要。

（3）描述：简单介绍这个功能的上下文和业务目的与要求。

（4）技术备忘：简单记录每次讨论过程中的一些重要技术点，可能会包括一些设计信息。

（5）前提假设：在对该用户故事进行估算或启动实现时，应该满足哪些前提假设。

（6）依赖关系：该用户故事依赖哪些内外需求。

（7）验收条件：该用户故事达到交付标准的定义与描述。

6.4 需求分析与管理工具集

当我们把需求拆分以后，你会发现，我们面对的是一堆卡片，尤其是当我们面对的是一个大型复杂项目时。因此，我们需要更好的方式把它们有效地组织和管理起来。有哪些工具来组织它们呢？

我们在第2章中已经介绍过的"量化式影响地图"和"用户旅程地图"，都是可以用来进行需求分析和管理的工具。下面，我们再介绍几种常用的需求分析与管理工具。

6.4.1 用户故事地图

用户故事地图的概念来自Jeff Patton的著作《用户故事地图》，既是一种团队沟通工具，也是一种需求分析管理工具。常被用于产品版本周期中的准备期。它用结构化的二维视图统一团队成员思维模式，从用户主流程和业务紧急度两个维度共同分析，并可以定期地将该地图取出，重新审视与修订。

在每张用户地图上，横轴是该地图拥有者的活动主路径，在横轴之上是他（她）的主要活动描述，可以称为史诗故事（或者功能集）。它们按照活动发生的顺序从左到右排开。在横轴之下，每个史诗故事的下方是该史诗故事拆分出来的更细粒度的用户故事。纵轴表示根据显示目标制订的业务优先级，即非常重要或者必不可少的用户故事可以放在上面，次之的放在下面，更低优先级的用户故事可以放在最下面。这样，用户故事就会根据目标和优先级，被分成多个批次，后续可以进行分批交付。假如该产品有多种不同类型的用户（如商家和顾客），那么每个用户类型都可能有对应它的故事地图。

下面是以图书销售网站为例，给出针对购书顾客的用户故事地图示例，如图6-12所示。我们可以将所有用户故事分成3批，目标一"用户能够购买图书"对应的这组需求就可以作为一个最小可行解决方案，进行首批交付。当然，在现实业务需求中，哪些是高优先级用户故事，需要根据企业实际的产品目标、市场策略等来确定。

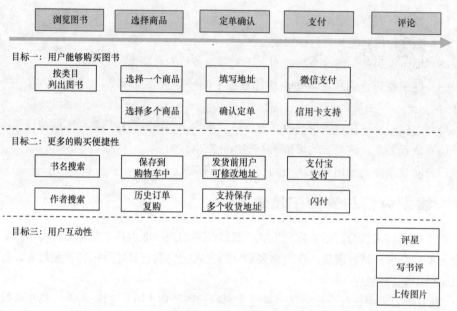

图6-12   用户故事地图

6.4.2   用户故事树

为了看产品特性的全貌，也可以使用树状方式进行用户故事的管理，即按照"产品—特性集—用户故事"或者"产品—用户—特性集—用户故事"等多种级别来组织，并且标记完成情况，使所有人了解产品的进展，如图6-13所示，带有"√"号的卡片为"已完成的需求"。

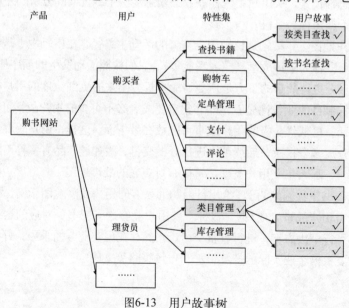

图6-13   用户故事树

6.4.3 依赖关系图

用户故事地图是从业务角度来讨论和确认用户故事，而依赖关系图是从依赖角度来建立用户故事之间的关联关系。虽然我们希望所有的用户故事之间都是相互独立的，但在现实中并不容易。我们还是会发现，一些用户故事间会有依赖关系。这种依赖关系可能是功能增强型，如在货运航线规划系统中，"找到成本最佳航线"通常会在"找到基本航线"之后实现，如图6-14所示。这些依赖的前后关系也会影响工作量的估算。

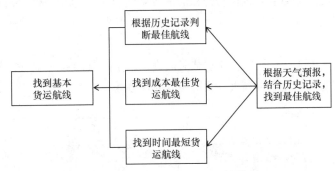

图6-14 货运航线用户故事依赖图

大型复杂项目通常会由多个团队共同完成。不同团队开发的用户故事之间也会存在依赖关系。这些依赖关系都会对产品迭代交付的周期与计划产生影响。通过依赖关系图可以让你更加容易组织和管理这些需求及其交付进度。

6.4.4 需求管理数字化平台

当需求被拆分成很多用户故事以后，为了提高团队各角色之间的协作效率，并能够更好地保存与组织众多用户故事及需求内容，甚至做到需求与源代码之间的自动关联，我们应该使用数字化需求管理系统对其进行管理。这类需求管理系统应该尽可能支持上述各种需求分析、管理和展示工具。

尤其是在分布式团队的环境中，数字化需求管理平台是提高团队协作效率的必备工具。

6.5 团队协作管理工具

无论处于产品版本周期中的哪个时期，我们通常都会应用一些方法或工具，以便让多种角色提升协作效率。我们的目标不但要聚焦于个人工作效率提升，更要关注整个团队的工作效率提升。这些协作管理工具最重要的特征就是信息透明和可视化。下面是我曾使用过的一些通用方法与工具。

6.5.1　团队共享日历

当多人共同完成一项任务时，如何高效协调团队中每个人的时间，是一个非常大的挑战。共享日历是一种有效的团队时间管理方法。共享日历可以分为两种：一是团队时间表；二是个人非工作时间表。

团队时间表是指对多角色参与的常规活动提前进行时间安排，它可以让所有角色都根据这一固定时间表来规划个人的工作时间与节奏，减少不必要的协调成本，团队时间表中规定了在一个迭代周期中的各种例行协作时间点和内容。这个时间表的制订需要多角色共同商定，尽可能满足每个角色的时间需求，避免因经常发生事件冲突而导致时间表失效的问题。

图6-15就是某团队交付期的团队迭代时间表，该团队以每两周为一个迭代周期，其中的每一个事件都明确定义了参与人、目标以及时间要求等。

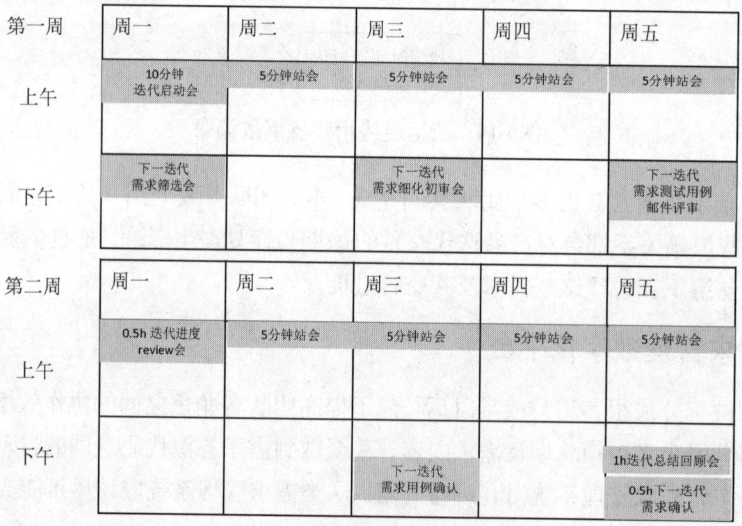

第一周	周一	周二	周三	周四	周五
上午	10分钟迭代启动会	5分钟站会	5分钟站会	5分钟站会	5分钟站会
下午	下一迭代需求筛选会		下一迭代需求细化初审会		下一迭代需求测试用例邮件评审

第二周	周一	周二	周三	周四	周五
上午	0.5h迭代进度review会	5分钟站会	5分钟站会	5分钟站会	5分钟站会
下午			下一迭代需求用例确认		1h迭代总结回顾会　0.5h下一迭代需求确认

图6-15　团队时间表

个人非工作时间表是指一个团队的工作日历。团队中的每个人都将其可预期的非工作时间提前标记下来，如自己已计划的年假，或者可预期的事假，如图6-16所示。这个时间表发挥作用的一个重要前提是"及时更新"。

图6-16 个人非工作时间表

6.5.2 团队回顾

除针对"事"的各种协作流程与会议之外，我们还要介绍一种面向"人"的管理工具，即团队回顾（Retrospecitve）。团队回顾是指所有团队成员在一起共同对过去一段时间中的团队协作状态进行总结，以便继续保持那些良好的协作习惯，同时持续发现协作中存在的可提升空间，共同探索改进方案。

团队回顾会议的参与者应该包括在过去一段时间中参与产品准备或交付活动的所有成员。这种针对改善团队协作方面的会议也应该周期性举行，并且避免经常有人缺席的现象。这是"持续交付2.0"的"持续改善"工作原则的体现。由于团队所有人都需要参加这个会议，因此最好能够邀请非本团队成员帮助主持会议。如果条件不允许，则可以团队成员轮流主持，每次选择一名成员。

在团队还没有理解和掌握回顾会议的精髓时，对主持人的主持技能要求较高。在会议开始前，主持人应该让参与者感到"安全"，并在会议过程维持这种"安全感"。由于在讨论过程中，总会讨论到一些协作不顺畅的问题，因此此时要求意见表达者使用正确的表达方式，例如"我看到了……我的感受是……我想……这么做是不是会更好……你觉得呢？"一旦发现表达者或信息接收者过于情绪化，主持人应该及时提醒，并设法解决情绪上的矛盾。

回顾会议的产出是一个团队达成共识的可执行的改善行动列表，并且每一个行动项都要指定一个跟踪者，负责跟踪该行动的执行情况，并在下次回顾会议时呈报执行结果。需要注意的是，这个改善行动列表不宜过长，每次都应该聚焦于少量最重要的改进项，以确保能够切实执行。否则，很容易使回顾会议流于形式，对日常工作没有任何影响。

在第4章中我们讨论过，回顾会议的氛围直接反映了组织文化。然而，它也是构建组织文化的重要手段。因此，每一位管理者都应该重视这一针对团队协作的改进活动。我们甚至可以认为，回顾会议的质量是团队协作质量的指示器。

6.5.3　可视化故事墙

目前很多团队都采用卡片墙方式对需求进行管理，即将用户需求写到卡片上，并根据其当前的状态或者所处的阶段，放置于对应的位置。常见的有两种基本形式：（1）根据任务状态（to do/doing/done）进行简单分类，如图6-17a所示；（2）根据迭代需求的研发状态（待开发/开发中/待测试/测试中/测试完成/待上线）进行分类管理，如图6-17b所示。

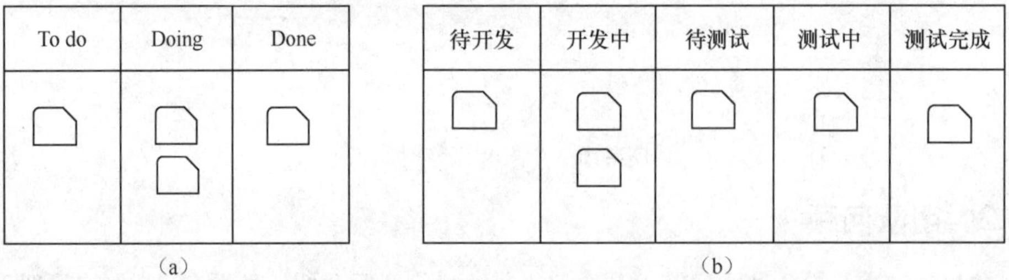

图6-17　团队工作可视化

精益思想强调价值的流动，消除各环节中的等待。图6-17中的两类任务墙都没有体现出完整的价值流，图6-17a展现的是每个任务的完成情况，没有体现出价值流；图6-17b体现了局部价值流，因此很容易让团队只关注当前迭代的内容，"只见树木，不见森林"。事实上，软件开发活动中的价值流如图6-18所示，包含从需求产生到功能上线的全过程。

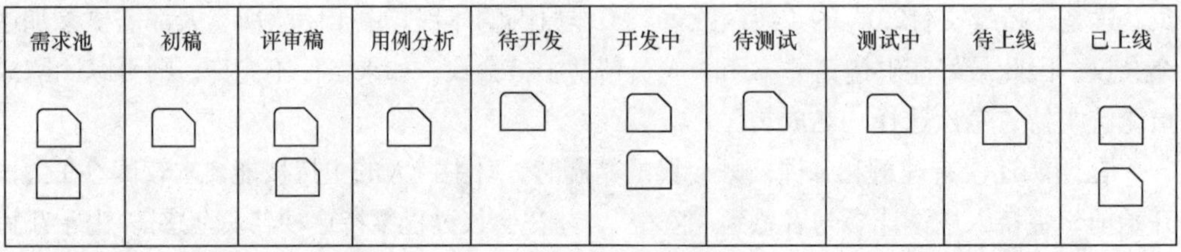

图6-18　全流程故事墙

只有将所有人的工作可视化出来，才能更容易识别团队协作流程中的问题，并加以解决。这种可视化任务墙的使用不仅可以用于软件产品开发过程，还可以用于日常运维工作。

6.5.4　明确"完成"的定义

多人协作过程最容易出现的就是理解不一致。因此，团队应该尽可能对每类任务都定义"完成"（Done）的标准，这也是验证环质量内建原则的一种体现。例如，团队成员需要完成哪些活动，交付物要达到怎样的标准，才能将墙上的卡片从一个状态栏移动到另一个状态栏。通过对"完成标准"的定义，我们可以强化团队成员的质量意识，规范团队质量行为，以减少不必要的返工。这些"完成"的定义不但应该让大家都知道，而且应该显式张贴出来，以便在工作中时刻受到提醒。

在第15章的实战案例中，团队就是将"可视化任务墙"与"明确定义'完成标准'"这两种工具相结合，以精益思想为指导，形成非常强大的改进推动力，对团队协作流程进行多次改造，从而提高了协作效率。

6.5.5　持续集成

将需求分解成更细粒度以后，团队多人可以并行开展工作，同时也应该将工作成果持续集成在一起，并确保达到质量标准。更多有关持续集成的信息，详见第9章。

6.5.6　故事验证

在迭代过程中，团队各角色是围绕用户故事展开协作的。当开发人员准备开发前，应该与产品人员和测试人员共同对该用户故事的7项内容进行快速审查，并达成共识。开发人员开发完成后，应该进行自测，再让产品人员在自己的开发调试环境上做快速验收（也被称为mini-showcase，迷你演示）。若产品人员没有发现明显问题或严重问题，再转交给测试人员对这个用户故事马上进行全面验收，如图6-19所示。

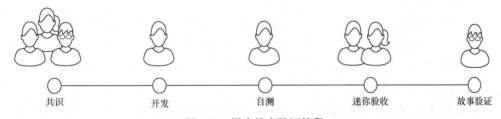

| 共识 | 开发 | 自测 | 迷你验收 | 故事验证 |

图6-19　用户故事验证流程

6.6　小结

本章具体阐述了产品版本周期准备期、交付期的重点内容，以及需求拆分带来的收益与随之而来的固定成本。如果无法降低这些固定成本，那么很难收获更大的价值。为了能够真正获得拆分带来的收益，在做需求拆分时就要尽可能遵守INVEST原则（INV< EST）。为了帮助读者更好地掌握拆分技术，本章还总结了五大拆分技法，以及每个用户故事应该包含的7个组成部分。

需求分析与管理的方法与工具有很多，本章介绍的用户故事地图、用户故事树和依赖关系图是较为常见的需求梳理工具。

另外，本章还介绍了迭代过程中提高团队协作的工具与方法，包括共享时间表、回顾会议、持续集成和故事验证。

第 **7** 章

部署流水线原则与工具设计

部署流水线（deployment pipeline）是持续交付1.0的核心模式。它是对软件交付过程的一种可视化呈现方式，展现了从代码提交、构建、部署、测试到发布的整个过程，为团队提供状态可视化和即时反馈。部署流水线的设计受到软件架构、分支策略、团队结构以及产品形态的影响，因此每个产品的部署流水线均有所不同。

本章将重点介绍产品团队设计和使用部署流水线的基本原则，以及企业开发部署流水线平台工具链时，需要构建的平台能力要求，以及相关子系统的服务逻辑架构。

让我们先从一个简单的部署流水线案例开始吧！

7.1 简单的部署流水线

我们以2008年商业套装软件产品Cruise为例，来解释持续交付部署流水线的概念。该产品思想最早来源于开源软件CruiseControl的企业版本。Cruise自2008年第一个版本发布以后，每3个月发布一个商业化版本，供全球企业用户试用和购买。截至2010年，代码行数约为50000行，自动化单元测试和集成测试用例约为2350个，端到端功能测试用例约为140个。后来更名为GoCD，并将社区版开源后，放到了GitHub网站上。以下均以"GoCD"之名进行描述。

7.1.1 简单的产品研发流程

GoCD系统是典型的服务器/代理（server/agent）架构，服务器和客户端各自可独立启动运行。服务器本身曾是一个典型的巨石应用，包含关系型数据库和Java应用服务器。用户可以通过浏览器访问其Web服务，同时它也提供REST风格的API接口，方便用户进行程序扩展，架构示意图如图7-1所示。

服务器和代理的代码（包括自动化测试代码）全部保存于同一个代码仓库，版本控制软件使用的是Mercural（与Git类似的分布式版本管理工具），团队成员均有权修改代码库中的任何代码。产品研发团队的总人数保持在12人左右。在产品版本交付期中，迭代周期为一周。团队自身也使用该产品进行持续集成与持续交付实践。在每个迭代结束后，用最新版本替换团队自己正在使用的旧版本。每两个迭代将试用版本部署到公司内部的公用服务器上，供公司其他团队使用。若公司内部试用版本运行质量达标，一周后再将该版本交付给该产品的试用企业，进行外部企业用户早期体验，如图7-2所示。

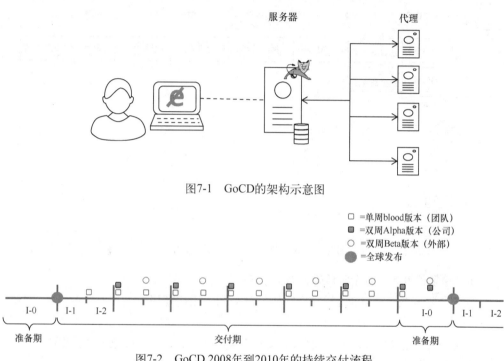

图7-1　GoCD的架构示意图

图7-2　GoCD 2008年到2010年的持续交付流程

由于团队使用测试驱动开发方法，因此开发人员编写所有的自动化单元测试用例与功能自动化测试用例，并负责维护它们。单元测试的行覆盖率在75%～80%波动。

7.1.2　初始部署流水线

GoCD团队遵守持续集成六步提交法（参见第9章），任何人提交代码后，立即自动触发一次部署流水线实例化，该部署流水线如图7-3所示。

第一个阶段是"提交构建"，包括7个并行自动化任务，分别是编译打包、代码规范静态扫描和5个不同的自动化单元/集成测试用例集合，使用自动触发机制。产品的自动化集成测试也使用单元测试框架编写，并在提交构建阶段与单元测试一起执行。由于GoCD支持多种操作系统，因此在这一阶段会同时构建生成对应不同操作系统的软件包，如.deb文件、.exe文件、.zip文件等。这些安装文件生成以后，可供后续所有阶段使用。后续所有阶段不再重新编译打包。

第二个阶段是"次级构建"，包括两个并行自动化功能测试集任务，分别运行于两类环境，即Windows系统/IE浏览器和Linux系统/Firefox浏览器，并且两个环境中所用的测试用例集相同。使用自动触发机制。

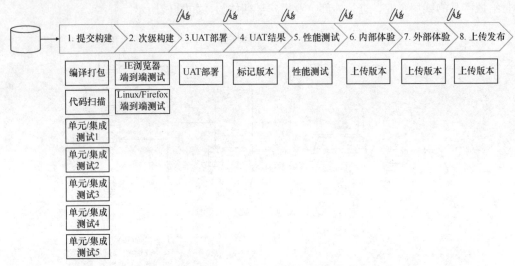

图7-3　GoCD在2008年的部署流水线

第三个阶段开始，每个阶段都只有一个任务。

第三个阶段是"UAT部署"，将软件包部署到手工UAT环境（用户验收环境，User Acceptance Environment）。

第四个阶段是"UAT结果"，测试人员手工验证完成后，将其标记为"验收通过"。

第五个阶段是"性能测试"，就是做自动化性能测试。

第六个阶段是"内部体验"，就是将Alpha版本部署到企业内部服务器，给内部其他团队试用。

第七个阶段是"外部体验"，就是将Beta版本发给外部的企业用户体验。

第八个阶段是"上传发布"，就是上传版本。将确定的商业发布版本上传到指定服务器，供用户登录产品网站自行下载。

每次提交代码后，部署流水线的提交构建都会被自动触发。提交构建成功后会自动触发次级构建。提交构建阶段的7个任务中，执行时间最长的是单元测试，其中JavaScript和Java单元测试用例与集成测试用例共有2350多个，被分成5个测试集，最长的一个测试集持续时间约为15分钟。次级构建的两个并行任务，端到端功能验收测试140多个，执行时间最长需要约30分钟。

第三个阶段（UAT部署）由测试工程师手工触发。测试工程师根据具体需求完成情况，在已经通过次级构建阶段的那些构建中，选择一个被测版本，向UAT环境部署软件包，用于手工验收测试。如果该版本通过了手工验收测试，则测试人员会手工触发第四个阶段，系统自动标记该版本为已测试通过版本。

第五个阶段的性能测试也是手工触发。

7.1.3 流水线执行状态解析

开发人员每次提交代码都会触发一次部署流水线。测试人员只从通过次级构建的那些版本中选择包含新功能的版本进行UAT部署，并进行手工测试。验收结束后，触发"UAT结果"。团队会定期触发性能测试。这个部署流水线的运行实例示意图如图7-4所示。

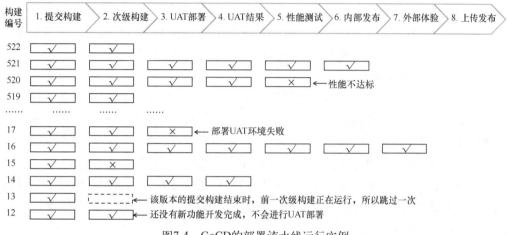

图7-4　GoCD的部署流水线运行实例

团队开发工程师每人每天都会提交一次。因此，这个部署流水线每天都会启动多次。当然并不是每次提交的变更都会走到最后的"上传发布"。也不是每次提交都会走到UAT部署，因为开发人员并不是完成一个功能需求后才提交代码，而是只要做完一个开发任务，就可以提交。每个功能可能由多个开发任务组成，开发工程师需要确保即便提交了功能尚未开发完成的代码，也不会影响已开发完成的那些功能。

7.2 部署流水线的设计与使用

上面介绍的GoCD团队的部署流水线虽然是一个简单的部署流水线，但其设计及运作方式体现了团队使用部署流水线的设计原则与协作纪律。

7.2.1 流水线的设计原则

流水线的设计遵循以下原则。

1. 一次构建，多次使用

当某个部署流水线的一次运行实例构建出制品（如二进制软件包），如果需要，它就应该直接被用于该流水线后续阶段的构建过程，而不是在后续阶段中被再次重复构建。如果该部署流水线实例触发了下游流水线，并且下游流水线也使用该制品，那么，部署流水线工具应该确保它来自上游部署流水线的同一个实例。只有这样，我们对该制品的质量信心才能随着部署流水线的前进而增加。例如，在图7-4中，构建号为521的部署流水线实例中，其内部发布阶段所用的软件包就是同一构建号521的提交构建阶段生产出来的二进制产物。

2008年GoCD的所有代码和构建安装脚本及配置信息都保存在同一个代码库中。每次触发部署流水线后，如果该实例后续各阶段需要前面阶段的构建产物，则均从构建产物仓库中取出，而非再次重新构建。

即使有同一个部署流水线的多个实例正在同时运行，每个实例中后续各阶段所用的制品和源代码也应与同一部署流水线实例前面阶段的版本和出处保持一致。

2．与业务逻辑松耦合

部署流水线工具应该与具体的部署构建业务相分离。我们不应该为了方便实现自动化，而将软件代码的构建和部署过程与所选择的部署流水线工具紧耦合，例如将一些软件部署时所用的脚本或所需信息由部署流水线平台保存。相反，我们应该提供单独的脚本，并将其放入该产品的代码仓库中。这样就可以轻松对这些脚本的修改进行跟踪和审核。

也就是说，仅仅将部署流水线平台工具视为任务的调度者、执行者和记录者，它只需要知道部署流水线中各种任务触发与调度流程，而不必知道我们如何构建和部署软件。

3．并行化原则

在部署流水线的设计中，我们也应该尽可能考虑并行化。在GoCD的部署流水线中，很多阶段都有并行任务。例如，提交构建阶段中有5个自动化测试任务，它们各自包含不同的测试用例，在不同的计算节点上运行。简而言之，应该尽早提供质量反馈信息，从而及时修正发现的问题。

如果任何资源都是无限且免费使用的，那么我们希望每一次变更都会同时触发所有类型的测试，而且所有自动化测试用例都是并行执行。如此一来，整体的反馈时间就会大大缩短。

4．快速反馈优先

在资源不足的情况下，部署流水线应该让那些提供快速反馈的任务尽早执行。例如GoCD的部署流水线中，单元测试放在了端到端功能自动化测试和性能自动化测试的前面。这是反馈速度与反馈质量之间的一种权衡。为了确保能够更快地得到反馈，我们可能会冒一些风险，优先执行那些运行速度快的自动化验证集合，而将那些运行较慢、消耗资源较多的自动化验证集合放在后面执行。

5．重要反馈优先

对于反馈机制，不能只因其执行速度慢，就把它放在后面执行。这一条与前面看似矛盾，但在某些情况下却是必要的质量手段。

例如，软件安装包的安装测试虽然运行速度比单元测试速度慢，但其反馈更加真实有价值，也应该放到流水线的前面阶段来执行，以免所有的单元测试都通过以后才发现软件无法部署启动。

7.2.2　团队的协作纪律

团队协作有以下几条原则。

1．立即暂停原则

立即暂停原则是指当部署流水线运行时，某个环节一旦出了问题导致执行失败，团队应该立即停下手中的任务，安排人员着手开始修复它，而不是放任不管。并且，在问题被修复之前，除因修复这个问题而提交代码以外，禁止其他人再向代码仓库提交新的代码变更。

立即暂停原则是质量内建理念的具体体现，它借鉴丰田生产系统中的stop the line原则。在丰田汽车生产线上，无论什么原因，只要操作者无法高质量地完成他的工作任务，他就可以拉下警示灯，让整个生产线停下来，直到问题被解决，详见第4章的相关内容。

GoCD团队在实践部署流水线时，也采用了类似的做法。为了不妨碍团队其他成员提交代码，若提交构建阶段失败，提交者在10分钟内无法修复问题的话，应该回滚代码。

2．安全审计原则

角色协作时，如果要传递代码或软件包，那么它们应该来自受控环境。受控环境是指对该环境的一切操作均被审计，并且在该环境中的任何组件（如源代码、二进制代码包或者已安装的程序）均已通过审计。每个部署流水线实例（以唯一实例编号为标识）的任何环节均应使用部署流水线所提供的制品，其产生的任何产物也应该接受受控管理。例如，测试人员不应该私自拉取代码，自己手工构建软件包进行测试，也不应该接受开发人员通过各种方式（如即时通信工具）传递的软件包进行测试。每个角色对交付物进行验证时，都应该确保该交付物来自公共受信源，即统一的版本控制仓库或制品库。

尽可能早地对部署流水线产物进行安全审计，包括在构建过程中所使用的第三方软件包以及企业内其他团队提供的类库或软件服务。

7.3　部署流水线平台的构成

企业或团队需要一个灵活且强大的工具平台，才能快速建立自己的部署流水线。那么，这个工具平台应该包含哪些部分，需要具备哪些能力，才能称为灵活且强大呢？接下来我们就讨论一下部署流水线平台工具链的主要组成部分，以及应当具备的基本能力。

7.3.1　工具链总体架构

部署流水线几乎贯穿于整个持续交付"8"字环中的验证环，涉及从代码提交到生产环境部署的整个流程。支撑部署流水线的平台通常由一系列工具组合而成。这个部署流水线工具体系主要分为3部分。第一部分是"唯一受信源"，它是部署流水线的基础，为部署流水线的运行提供原材料（即代码和第三方组件），也用于保存部署流水线运行过程中的产物。第二部分是部署流水线工具本身，负责各种任务的调度与结果统一展现，通过与其他专项工具或系统相互协作，完成整个交付流程，如图7-5所示。第三部分是基础支撑服务层，由多种专门工具组成，提供软件的构建、测试和部署等基础能力。

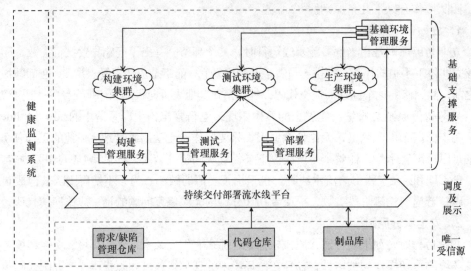

图7-5   部署流水线平台的架构图

1．唯一受信源

唯一受信源是团队日常工作过程中所需信息的权威仲裁者。在图7-5中，底部的3个仓库（图中灰色方框）就是企业软件生产中的唯一受信源。当不同角色对某一信息产生质疑时，都应该能够追溯到唯一受信源，并以其为标准。唯一受信源应该对信息之间的关联关系进行持久化。例如，制品库中的任意制品都可以在代码仓库源找到其对应的源代码。而代码仓库中的信息应该能在需求/缺陷管理平台中找到其对应的需求出处。

对于任何环境中安装并运行的软件（甚至包括操作系统本身），我们都应能在制品库中找到与其对应的二进制安装包，以及它所依赖的其他二进制包。即使由于存储空间限制，也应该能够找到它的准确出处，如下载的URI。

代码仓库中的代码也应该从需求/缺陷管理平台上找到相应的关联关系。也就是说，当不同角色对源代码是否满足需求验收条件产生分歧时，都应该可以在需求/缺陷管理平台上找到正确无二义性的答案。

2．部署流水线平台

根据产品团队在平台上对其自身产品流水线的定义，部署流水线平台通过一定的形式连接受信源与不同基础服务，并能够协调和调度不同任务，完成整个交付流程运作，并能够展示所有部署流水线进展与历史信息。

3. 基础支撑服务层

一个有历史的软件企业，很可能已经具备相应的基础服务（构建、测试、部署），并且根据原有职责的划分，这些基础服务已经分布于不同的职能部门，很可能还会有重复建设的问题。

例如，测试部门管理着多套测试环境，运维部门则严格控制着生产环境。与此同时，每个职能部门都定义各自的验证体系与规范。例如，开发团队要求自测和代码规范；测试部门建立了自己使用的自动化测试体系，并建设自动化测试用例集，同时使用这种自动化测试体系来要求和验证开发团队的软件提测质量标准；运维部门也会建设运维内部的工具体系平台，达到提高运维效率、降低工作强度的目标。

当我们的软件交付模式向持续交付模式改变时，要求这些服务管理能力必须与部署流水线形成连通，从而使持续交付模式的收益最大化。因此，我们需要对原有支撑平台进行一系列改造，以适应部署流水线模式。

7.3.2 平台应当具备的基本能力

部署流水线平台是团队多角色协作的中枢系统，其关注点是软件自身的价值流动效率，包含从代码提交到部署上线的全流程活动信息，能够准确展现部署流水线各环节的状态，并在不增加团队负担的情况下自动收集各环节产生的衡量数据，并对价值流动的效率进行度量。例如，度量某一功能的开发周期时间（development cycle time），即从某一功能特性的第一行代码提交，到该功能特性发布到生产环境（或者交付到客户手中）的时间长度，如图7-6所示。

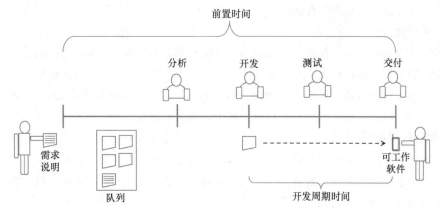

图7-6 某个需求的开发周期时间示意图

平台要具备可追溯能力。一是对事件的追溯能力，即部署流水线中发生的任何事件都应该能够追溯，包括：什么人？在什么时间？执行了什么操作？为什么执行？以及操作过程与相应的脚本是什么？只有这样，才能支持良好的安全审计工作。另外，也有利于快速定位和缺陷分析，或者帮助诊断线上问题。二是对部署流水线产物的追溯能力。这些信息包括部署流水线的任意产物、其对应的源、构建时的脚本与环境，以及其所依赖的其他组件及相应的版本信息等。

平台要具有对历史构建进行重建的能力。一个极端的场景就是当一个旧的软件版本出现了生产问题以后，即便在产品仓库中已经找不到对应的二进制安装包，只要唯一受信源的内容无损，部署流水线平台就可能马上找到当时的部署流水线配置，并再次重建这个旧版本。另外，我们经常会遇到需要重新执行部署流水线中个别环节的场景。例如，如果你怀疑某次的自动化测试失败是由于运行环境相关因素导致的，那么你可能就希望重新运行这个环节。

7.3.3　工具链建设策略

虽然图7-5是以较高的抽象层次来描述持续交付部署流水线平台架构，但并不是说它是一个巨石架构。事实上，它由很多不同的工具与子系统整合而成。由于每个公司所使用的技术架构、开发语言、运维方式等都有所不同，因此所用的工具也会有所差异。

对创业公司或小型公司来说，由于团队人员规模小，业务场景相对单一，软件架构不是特别复杂，因此通过相关领域的开源工具拼装，就可以建立适合自己团队的部署流水线平台。

对有一定历史的中型公司来说，遗留系统和代码增多，并有一定的工具基础，可能就需要自己开发一些工具实现一些定制化需求，从而解决某些领域的特定问题，以便提高管理效率。例如，当自动化测试用例数量较多时，就可能需要增加自动化测试用例的管理与分发系统。GoCD团队自动化测试用例较多后，就自行开发了一个自动化测试用例自动分组插件，由该插件自动将所有测试用例分配到不同任务里，并将这些任务分配到多个测试环境中并行执行。

但对大型公司来说，其软件产品的运行环境更加复杂，各产品组件之间的关联关系更加复杂，数量规模也比较大，因此定制化需求会更高。为了发挥持续交付的威力，各类支撑服务的云化管理也成了必选项。例如，亚马逊、谷歌、Facebook和网飞公司等都开发了自己的持续交付部署流水线平台工具链，甚至将其中的部分工具贡献给了开源社区。

部署流水线平台本身只是用于软件部署流水线的定义与任务调度，以及当前状态的展现，具体任务的执行均应由基础支撑服务承担。而这些基础支撑服务之间也有相互的关联关系，一个系统的输入可能就是另一个系统的输出。下面让我们从部署流水线中流动的内容来理解这些系统之间的关联关系。

7.4　基础支撑服务的云化

业界领先互联网公司的服务端程序部署频率都非常快，如表7-1所列。这些公司都建立了自己的云化基础支撑服务，以便支持公司内的大规模持续交付实践，并鼓励使用统一平台和工具，在提升交付效率的同时，也提高资源利用率，降低管理成本。有些公司认为，内部工具反正是给内部员工用的，只要能用就行，使用体验如何、是否需要统一都不重要。然而，在持续交付模式下，不好用的工具会对效率产生很大的影响。亚马逊早在2006年就认识到了这一点，在功能性和易用性方面，其公司内部的支撑工具平台在业界也可以算数一数二，让亚马逊电商这个超级庞大复杂的网站流畅运行。其所有工具在全公司范围内统一使用，更新及时且统一，有专门的团队负责开发和维护。

表7-1　业界TOP互联网公司的网站部署频率

（资料来源：《凤凰项目：一个IT运维的传奇故事》）

公　司	部署频率	部署效率
亚马逊	23000次/天	分钟级
谷歌	5500次/天	分钟级
网飞（Netflix）	500次/天	分钟级
Facebook	2次/天	分钟级
Twitter	3次/周	小时级

7.4.1　基础支撑服务的协作过程解析

为了能够更好地了解各类基础支撑服务系统的定位与职责，让我们先以一个简单部署流水线（如图7-7所示）的运行示例来说明持续交付部署流水线平台工具链中各种基础支撑服务之间的协作过程。

图7-7　部署流水线示例

这个部署流水线只包含3个阶段，分别是"提交构建阶段""次级构建阶段"和"部署生产环境阶段"。其中，提交构建阶段包括构建打包、单元测试和代码规范检查；次级构建阶段包括端到端自动化测试；部署生产环境阶段就是直接将成功通过前两个阶段的代码部署到生产环境中。各阶段之间为自动触发关系，如图7-7所示。

平台中所有相关系统的协作信息都会经部署流水线平台展示出来。但是，为了让示意图更简洁，图7-8中没有画出部署流水线平台的调度操作。粗线箭头的方向就是部署流水线的推进方向，带圈的序号表示部署流水线中不同的阶段活动，"0"表示各种基础环境的初始准备活动。所有配置与描述信息及代码都来自代码仓库，二进制包在第一次构建生成后就被放入二进制管理库，并被后续两个环节重复利用，不必再次构建生成。

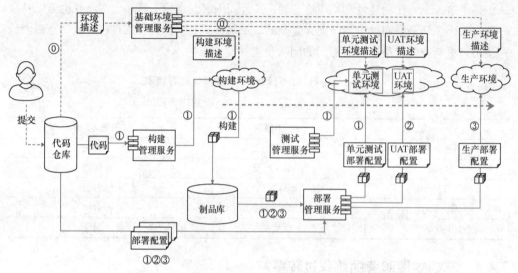

图7-8 部署流水线的一次执行过程示意图

- **第0步：环境准备。**运维部门提供的基础环境管理服务从代码库中获取某产品基础环境要求后，自动为团队准备部署流水线运行所需的基础环境，如用于编译打包的构建环境、单元测试用的测试环境、手工验收测试的UAT环境，甚至生产环境。

- **第1步：提交构建。**提交构建阶段不但包括软件的编译打包，还包括基本的软件包验证，如单元测试、代码规范扫描和安装包验证测试等。因此，构建包管理服务从代码库中取出源代码，在构建环境中构建打包后，放入制品库。然后，部署包管理服务根据流水线的定义将编译好的产物放到测试环境中。若测试过程需要一些特殊配置，则同时从源代码库中拉取测试部署配置。部署成功后，执行流水线指定的测试任务，最终返回测试是否成功的信号。

- **第2步：次级构建。**部署包管理服务从制品库中取出第1步生成的二进制包，并从代码库中取出UAT部署配置信息，将二者结合后，部署到UAT环境，运行端到端自动化测试用例。结束后，返回是否成功的标记。

- **第3步：部署生产环境。**部署包管理服务从制品库中取出第1步生成的二进制包，并从代码库中取出生产部署配置信息，将二者结合后，部署到生产环境。

> ### 最简流水线——IMVU每日50次部署
>
> 　　IMVU是一个以3D人物为特性的陌生人社交与游戏应用创业公司，成立于2004年，截止到2009年，其开发工程师约为50人，但其每日生产部署次数达到50次。其部署流水线只有两个阶段，即"提交构建"和"生产环境部署"，并且都是自动触发。自动化测试套件在30~40台机器上并行执行，一共需要运行9分钟，生产环境部署需要6分钟。这两个步骤是连续进行的，这也意味着每9分钟就会向网站推送一次新的代码修订版本，即一个小时之内可以部署6次。平均每天部署50次之多。

　　现在，我们已经了解了各基础支撑服务之间的协作过程，接下来我们分别讲解不同系统的逻辑结构。

7.4.2　编译构建管理服务

　　构建管理服务包括构建的任务管理、调度、构建集群管理及构建执行器，如图7-9所示。

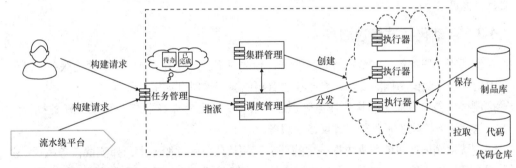

图7-9　构建管理服务架构示意图

　　任务管理服务包括两个子服务，一个是接收子服务，另一个是通知子服务。接收服务是指从开发者个人或者部署流水线（或持续集成服务器）向其发送构建任务请求，记录构建请求的相关信息（请求者、请求任务内容与类型），并将其加入待构建队列中。通知服务是指从已构建完成任务列表中取出相关信息，及时通知任务发起人有关构建任务的结果信息。

　　调度服务负责从待构建任务列表中，根据一定的调度算法选择构建任务，并将其发送到相应的构建机上执行构建，例如C++代码的构建任务应该发送到有对应C++编译环境的机器上。

　　集群管理服务负责对各类构建环境的管理，包括编译各类构建环境的建立与销毁、环境的状态管理（繁忙、空闲、失去连接）。

执行器是执行构建任务的代理，在集群中有很多个执行器，甚至一个计算节点可以有多个执行器。每个执行器需要根据接收到的信息从对应的代码仓库URI检出代码，并根据要求进行编译构建。当构建任务完成之后，根据任务信息将指定的产物放到构建描述中指定的位置（通常为企业的制品库），并向调度服务汇报执行结果。执行器本身并不真正执行任务，而是调用专门的构建工具来执行，例如对应Java语言项目的构建工具有Ant、Maven、Gradle等。

目前很多开源持续集成服务器（如Jenkins、GoCD）都提供相应的调度管理功能，大部分情况下已能够满足中小企业需求。只有当企业比较大、构建任务比较多的情况下，才需要自己定制构建管理系统。您可能注意到，在图7-9中，构建请求既有来自部署流水线的请求，也有来自工程师的请求。这表示，该构建管理服务也支持工程师在未提交代码前，就利用它进行个人构建。这令工程师在本地编写代码期间，就可以利用这种强大的服务能力。在第16章的案例中，就使用了类似做法，用于提升持续集成六步提交法中个人构建的反馈速度。

事实上，每种基础支撑服务都应该支持这种工作模式，从而最大化利用资源，提升质量反馈速度。

7.4.3　自动化测试管理服务

测试管理服务包括测试任务管理服务、测试用例调度服务、测试集群管理服务。对于有大量自动化测试用例的公司，可能还要有用例健康管理自动化服务。

测试任务管理服务与构建任务管理服务类似，也是用于接收任务和反馈任务执行结果，包括任务接收子服务和任务反馈子服务。

测试用例调度服务负责根据一定的调度算法从任务管理服务中选择测试任务执行。这个调度服务有两种工作模式：一种是顺序执行测试用例，即将所有测试用例分配到符合测试条件的一台测试设备上执行；另一种是并行执行测试用例，即将测试用例分成数个子集，将其分发到多台测试设备上执行。

测试集群管理服务与构建管理服务中的集群管理服务职责类似，包括测试环境的建立与销毁、测试环境的状态管理（繁忙、空闲、失去连接）。但是，其管理的集群类别会更多一些，如单元测试集群、功能测试集群、性能测试集群等。另外，由于每条产品线所需的测试环境可能存在差异，因此还需要按产品线再进行细分。

对执行大量自动化测试用例来说，测试用例本身不稳定也会成为一个比较严重的问题。一些公司会建立测试用例健康管理服务。例如，按照一定的规则来自动判断某个用例是否为不稳定测试用例。若被判定为不稳定用例，就将其从健康测试用例集中移出，放入不稳定用例池。那么，当下次正常调用原测试用例集时，该不稳定测试用例会被自动排除在外。

与此同时，用例健康管理服务还会对不稳定用例池中的用例以不同的策略进行检查

（例如，将该用例在不同的网络节点、不同的节点资源的条件下，连续重复执行100次）。如果仍旧有超过一定数量的失败次数，就认定该用例为非常不稳定用例，通知该测试用例的归属团队进行处理，如图7-10所示。

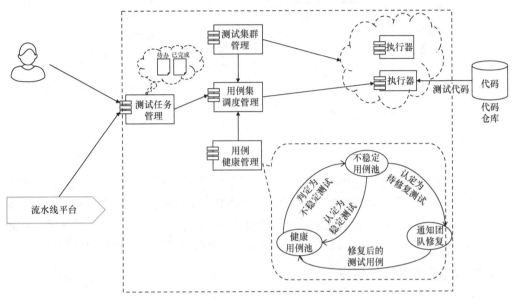

图7-10　自动化测试管理服务架构示意图

7.4.4　软件部署管理服务

我们常会遇到"软件在测试环境和预生产环境中的测试都没有问题，但是到了生产环境就会出错"的现象。其中一个主要原因就是生产环境与测试环境的差异导致的。例如，十几年前，国内很多大型企业的生产环境中用的J2EE应用服务器都是商业软件。由于它们过于笨重，使得开发人员和测试人员在调试或测试期间都喜欢使用Tomcat作为服务器。而Tomcat对语法检查并不严格，但商业软件却非常严格。因此，Web应用上线之后，总是有一些页面因Html标签不匹配而报错。这就是由于环境不一致导致的。

另外，运维部门与产品研发团队之间的责任冲突由来已久。运维部门负责生产环境的稳定性，产品研发团队负责开发新功能。他们之间的接口是一个正式产品仓库。产品研发团队将验收合格的软件包放入这个正式产品仓库，即算完成了研发任务。接下来由运维部门从这个生产仓库中取出该软件包，并根据研发团队提供的上线部署清单，将其部署到生产环境中，如图7-11所示。

在持续交付工作模式下，所有人应该使用相同的工具集。任何人只要获得授权，他就可以一键发出部署指令，而部署管理服务接收到指令后，根据其中描述的不同环境部署配置信息，在指定的环境部署指定的软件包，这些环境包括开发测试环境、测试环境、预生产环境和生产环境。

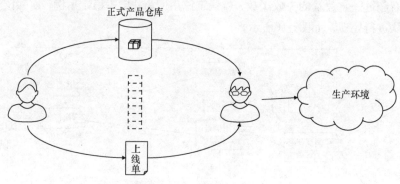

图7-11   开发与运维的部门墙

此时，部署管理服务负责接受来自不同方的部署请求，分别从制品库中获得指定软件包，从代码仓库中获取部署脚本与配置文件，并根据其中的部署描述，将该软件包分发到指定运行的节点上，将其正确安装后，启动服务。目前市场上已有很多部署管理工具如Puppet/Chaf/Ansible/SaltStack等，能够与部署流水线平台协同工作，完成环境部署任务。

7.4.5   基础环境管理服务

基础环境管理服务为上面3种管理服务（构建管理、测试管理、部署管理）提供环境准备、管理和监控服务。它会接受来自构建、测试和部署管理服务的请求，根据请求描述为其准备相应的基础环境，如图7-12所示。环境管理服务接到3个前端服务的请求后，根据

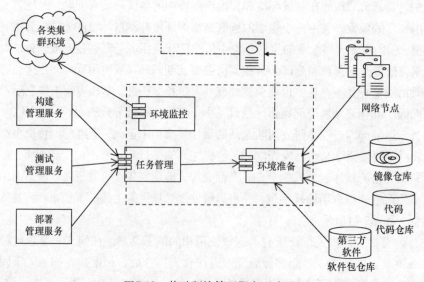

图7-12   基础环境管理服务示意图

相关的信息，从代码仓库、镜像仓库、软件包仓库获取所需内容，经过加工后得到所需环境。将其放到对应的集群中，并发出通知即可。

基础环境管理服务由技术运维团队负责，且不直接为研发团队提供服务。研发团队仅与构建服务、测试服务和部署服务打交道。

随着Docker技术的成熟，越来越多的公司开始使用这一技术，使得环境准备工作大为简化，可以直接将软件应用、配置与基础环境构建为一个Docker镜像，在部署时直接拉取并启动已经生成的Docker镜像即可。

7.5 企业制品库的管理

企业制品库是部署流水线工具链中的企业受信源之一，也是企业信息安全管理中很重要的一个节点。只有通过安全审计的二进制软件包才能被纳入企业制品库，而且安全审计部门应当定期对其中存储的内容进行安全扫描，及时清理存在安全隐患的二进制软件包。

7.5.1 制品库的分类

制品库（artifact repository）的类型如表7-2所示。

表7-2 企业内制品库的分类

制 品 库	企业内部		企业外部
	临时	正式	
软件包库	A	B	X
镜像库	C	D	Y

1．临时软件包库A

企业内部的临时软件包库用于存储企业内部团队开发的通过部署流水线生成代码的所有软件包，例如每次触发构建后产生的二进制包。该仓库中的二进制包不能被直接部署到生产环境。如果存在存储空间的限制问题，则临时软件包库的内容可以被清理。

2．正式软件包库B

正式软件包库用于存储那些经过部署流水线验证，被确认能够且将要被发布到生产环境（或用户手中）的软件包。一旦经过确认，这些软件包就应该从临时软件产物库移动到正式产品库中。正式软件包库中所存储的软件包应该被一直保存，直至退市。

3．外部软件包库X

外部软件包库是指该软件包的源代码不是由企业自身团队管理和维护，但是企业在研发自己的软件产品过程中所用到的软件制品。这些软件制品由企业从互联网或第三方机构获得，并保存到外部软件包库中。

外部软件包库中的存储形式可能包括3种：第一种是直接以二进制形式保存；第二种是以源代码副本的方式保存；第三种是以外部链接地址的形式保存，即仅记录该外部软件包的互联网下载地址，当有人需要时，通过该外部链接地址获取。

在企业内部建立统一管理的外部软件包库，其目的有3个：一是方便快捷，在企业内部保存这些软件包后，内部人员可以比较方便从内网获取，而不需要连接外网；二是统一审计，内部团队仅从该库中获取外部软件包，容易管理控制，避免同一软件的多种版本却有很多种不同来源，也避免内部人员违规使用不安全的版本；三是保证安全，由于所需的外部软件包全部在这里，因此企业可以对其进行安全检查，以确保企业自己的软件产品不会因不安全的外部包而出现问题，即使市场上发现某个外部软件包存在安全隐患，也能够立即采取措施，通知内部团队打补丁或替换。

4．临时镜像库C、正式镜像库D与外部镜像库Y

这3个镜像库与上面的软件包库的职责类似，只是保存的内容有所不同。我们可以将其中保存的镜像看作是一种特殊形态的软件包，使用相同方式进行管理即可。

7.5.2　制品库的管理原则

在企业制品库中，每一个制品都应该有唯一标识，并且连同其来源、组成部件以及用途等，一起保存为该制品的元信息。所有制品都可以追溯至源头，包括临时制品库中的制品。无论何时何地，通过制品的唯一标识，任何人从制品库获取的制品都是相同的。如果制品库中的制品本身被删除或丢失，那么企业可以根据其保留在制品库中的元信息描述，通过原有的部署流水线再次生成与原来相同的制品。

7.6　多种多样的部署流水线

由于软件产品所在行业不同，产品本身的形态不同，负责研发的团队人员组成不同，源代码的版本管理分支策略不同，使用的部署流水线形式也会各不相同。

7.6.1　多组件的部署流水线

如果一个软件产品由多个组件构建而成，每个组件均有独自的代码仓库，并且每个组件由一个单独的团队负责开发与维护，那么，整个产品的部署流水线的设计通常与图7-13相似。每个组件的部署流水线成功以后，都能触发下游的产品集成部署流水线。这个集成部署流水线的集成打包阶段将自动从企业软件包库中获取每个组件最近成功的软件包，对其进行产品集成打包，并触发集成部署流水线的后续阶段。

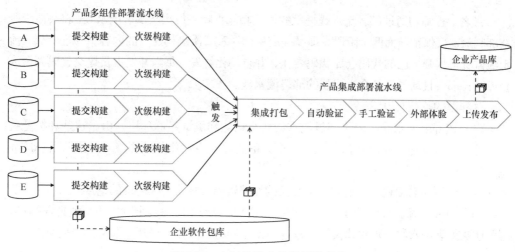

图7-13　多组件聚合的部署流水线

7.6.2　个人部署流水线

GoCD使用分布式版本管理工具Mecurial以后，每名工程师都创建了自己专属的部署流水线，用于个人在未推送代码到团队仓库之前的快速质量反馈。个人部署流水线并不会部署到团队共同拥有的环境中，而是仅覆盖个人开发环节，如图7-14所示。

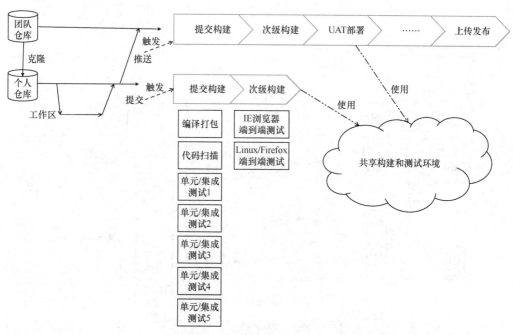

图7-14　通过个人部署流水线加快反馈速度和反馈质量

每名工程师均通过部署流水线提供的模板功能克隆一份团队部署流水线，将其他阶段全部删除，仅保留前面两个阶段，即"提交构建"和"次级构建"的内容。令这个部署流水线监听工程师自己的代码仓库代码变化，并自动化触发。每当开发人员提交代码到个人仓库时，都会自动触发其个人专属的部署流水线。

这样做的收益有以下3个。

（1）该部署流水线与团队部署流水线共享构建和测试集群环境。由于这些环境是统一管理的，因此能够确保任何时刻，每个人的构建与自动化测试环境均与团队所属的环境一致。

（2）保证每名工程师都能利用更强大的测试资源，加快个人验证的速度。

（3）个人部署流水线运行的测试用例与团队部署流水线前两个阶段的验证集合相同，假如团队部署流水线出现构建失败，则容易定位问题，例如工程师遗漏文件未提交。

7.6.3　部署流水线的不断演进

如果你认为GoCD团队的部署流水线一直是本章开始介绍的那样，没有任何变化，你就错了。随时间的推移，部署流水线也应该随着产品的发展而演进。截止到2018年4月，GoCD的社区版本每个月发布一次正式版，其部署流水线设计也已经发生了很大的改变，如图7-15所示。

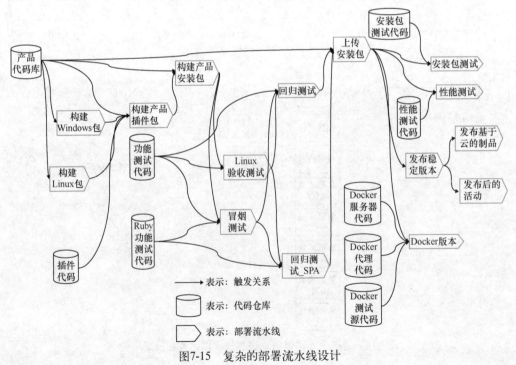

图7-15　复杂的部署流水线设计

在图7-15 "构建Linux包" 这个部署流水线中，包含两个阶段。第一个阶段是 "build-no_server"。在这个阶段，一共有39个任务并行执行，既并行构建组成Server所需的多个Jar包，也并行执行Java测试用例和JavaScript单元测试用例。这体现了部署流水线 "尽量并行化" 原则。第二个阶段是 "build-server"，使用经第一个阶段已初步验证通过的多个Jar包组装成Server包。

在图7-15 "Linux验收测试" 这个部署流水线中，也包含两个阶段。第一个阶段是运行高优先级的功能测试，第二个阶段是对插件部分的自动化功能测试，这体现了部署流水线的 "快速反馈优先" 原则。

而在后续的各类测试（如验收测试、回归测试或者功能测试）中，被测试的二进制包均来自前面各部署流水线的产出物，而且确保其使用同一源代码版本。

在性能测试部署流水线中，共包含8个阶段，它们分别是生成测试用脚本、准备测试环境、启动Server、启动Agent、配置用例、等待就绪、运行和停止。

7.7 为开发者构建自助式工具

在很多企业中，每个职能部门构建的工具都是为自己部门服务的。例如，测试团队开发的自动化测试集主要是为了减少测试人员的手工回归测试工作量，并且常常将其中一部分核心用例集作为提测的门槛，用于验收开发部门提交测试的软件包质量。

另外，还有下面这类场景。在某大型互联网公司中，测试部门开发的测试平台只能在浏览器表单中编写测试用例，而且必须手动提交保存，一不小心就会丢失刚刚写到一半的测试用例。这样差的易用性怎么可能让习惯于本地集成开发环境的开发人员喜欢使用它呢？又怎么能让开发人员喜欢运行这些测试呢？运维部门更是为了生产环境的稳定性，建立起复杂的审批流程，一步步设卡。其负责开发的生产环境配置管理中心非常适合生产环境的管理，可能还非常强大。但是，如果为了践行持续交付中的环境一致性原则，让开发工程师和测试工程师也来使用这套系统，那么，你一定会遇到很多困难，因为这样的系统并不是为日常调试和测试环境使用的。

世界优秀的互联网公司却采用了另一种工具平台的设计理念，即 "为开发工程师设计他们认为好用的工具"。在2006年，亚马逊公司的首席技术官Werner Vogels对工程师提出 "谁构建，谁运营"（you build it, you run it）的工作指导原则。他说：

> 无论从客户的角度还是从技术的角度来说，让开发工程师承担一部分技术运营的责任，都有利于大大提高服务质量。传统方式下，开发人员把软件隔 "墙"（指部门墙）扔给运维工程师就完事儿不管了。在亚马逊，情况却不是这样的。谁构建，谁运营。这不但让开发人员每天都与他们自己的软件打交道，而且也让他们在日常工作中经常与客户联系。而客户反馈环对改进服务质量至关重要。

这种方式要求创建强大的工具平台，能够很好地支持开发工程师做产品服务的技术运营工作。亚马逊也的确投入了大量的人力和物力，创建了一整套支撑系统。同时，也要求改变工具建设的思路，即所有的DevOps工具除审查性服务以外，都应该提供自助式服务。

例如，在Facebook公司，开发人员可以通过他们内部平台看到自己的代码已经发布到哪个阶段，有多少用户在使用（如图7-16所示）。此时，开发工程师在不需要任何人帮助的情况下，就能够了解他的代码已经发布到哪个阶段了。

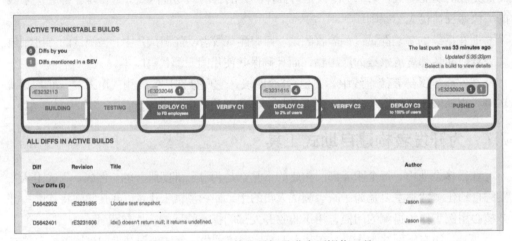

图7-16　Facebook的代码部署进度可视化工具

在互联网电商公司Etsy，开发工程师可以查看到自上次生产部署以后，每次的代码变更数量，并且非常方便地查找代码差异，如图7-17所示。

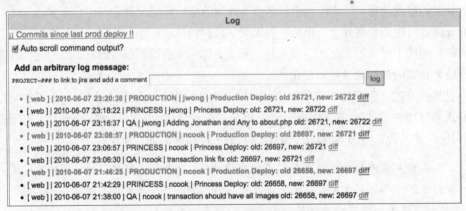

图7-17　Etsy的代码diff与生产环境对比查找工具

（资料来源：《Ops Meta-Metric：The currency you pay for change》，John Allspaw，2010）

　　综上所述，为了实现"谁构建，谁运营"，企业对于DevOps工具的建设，应该坚决从开发工程师的工作场景出发，为其构建强大的DevOps工具。不仅是生产环境的运维工具，而且是整个工作流程中的业务软件监控工程基础设施，它包括：

- 基础的研发流程自助平台，如各类运行环境（构建、测试、生产）的自助平台；
- 数据自助平台（包括三层监测数据）；
- 用于业务快速试错的实验测量平台；
- 针对移动设备，建立用户触达平台。

　　当我们以这种思路来建设基础工具平台，我们的组织才能成为由多个真正自驱动、自服务的业务导向型全功能团队的学习型组织。

7.8　小结

　　我们在本章中介绍了团队设计和使用部署流水线的原则，以及企业定制开发私有部署流水线工具链的设计要点和工具平台的能力要求。同时，还对四大基础支撑服务（编译构建服务、自动化测试服务、部署管理服务及基础环境服务）的逻辑组件进行了简要介绍。同时，还介绍了三大受信源（需求管理仓库、源代码仓库和制品库）之间的关联关系，以及对它们的管理要求。

　　本章中我们还列举了几个不同的产品场景，以及相应的部署流水线设计方案，供大家参考。要想让部署流水线发挥最大的作用，研发团队需要尽可能遵守以下5条原则。

　　（1）任何软件包的取用皆须通过受控源，各角色之间禁止通过私有渠道（如电子邮件、即时通信工具等）获取。

　　（2）尽可能将一切流程自动化，并持续优化执行时间。

　　（3）每次提交都能够自动触发部署流水线。

　　（4）尽可能地少用手动触发方式。

　　（5）必须执行立即暂停原则（stop the line）。

第**8**章

利于集成的分支策略

我们已经讨论过如何将需求拆分成多个可交付、可验收的用户故事，以及如何将它们安排到我们交付迭代的过程中。接下来，本章将介绍研发团队通过源代码仓库，高效组织团队多人开发协作的方法，即代码分支策略。分支策略的选择对持续交付的成本与效果有很大的影响。

8.1　版本控制系统的使用目的

版本控制系统（Version Control System）主要用于存储及追踪目录（文件夹）和文件的修订历史（这里的修订操作包括3类：新增、修改和删除），从而让你能够回溯那些被纳入其管理范围之内的任意对象的任意一次修订。其最本质的作用是回答"4个W"，即在什么时间（When）、修改了什么内容（What）、是谁修改的（Who）以及为什么要修改（Why）。其中最后一个"W"是通过用户提交代码变更时书写提交注释（Comments）的方式提供的。

现在，版本控制系统已经成为团队合作共同交付软件过程中所用到的重要协作管理机制，是软件公司的基础设施。其目标是支持软件配置管理活动，追踪和记录多个版本的开发和维护活动。

根据版本控制系统的运作方式，目前市面上的主流版本管理系统被划分为集中式版本控制系统和分布式版本控制系统两种类型。

8.1.1　集中式版本控制系统

集中式版本控制系统的出现，解决了多人如何进行协同修改代码的问题。这类版本控制系统，都有一个单一的集中管理的版本控制管理服务器，保存所有文件的历史修订版本记录。团队成员之间的代码交换必须通过客户端连接到这台服务器，获取自己需要的文件。每个人如果想获得其他人最新提交的修订记录，就必须从集中式版本控制系统中获得。此时，客户端并没有整个集中式仓库保存的所有内容，而是根据用户的指定命令，一次仅能获取仓库中的某一次代码文件快照。集中式版本控制系统示意图如图8-1所示。

当工程师修改了部分代码，但尚未完成全部工作时，如果希望将这个中间成果保存成临时版本，做个备份时，则他通常只有两种选择：一是复制一份到另一个本地目录中；二是直接提交到中央仓库。而直接提交未经过质量检验的半成品到中央仓库，可能会影响原有的功能，妨碍团队其他人工作。这种类型版本控制系统的典型代表是Subversion，简称为SVN。

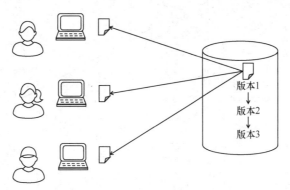

图8-1 集中式版本管理系统结构示意图

集中式版本控制系统有两点劣势。

首先，在网络环境不佳的情况下，同步大量文件时会经常失败。2007年底，GoCD团队使用Subversion作为版本管理工具。软件产品研发团队主要在北京工作，销售人员在美国，售后支持人员在印度班加罗尔，源代码仓库所用的Subversion服务器部署在美国芝加哥。有一次，开发人员从北京到班加罗尔出差，找了一台新计算机，想在当地公司办公室修改并提交代码，但手上没有源代码。于是，打算将源代码库从版本控制库检出到这台新计算机上。然而源代码库稍大，印度办公室的网络不稳定，前后花了数个小时，也没能将代码从中央服务器拉取到这台计算机上。

其次，集中式版本服务器具有单点故障风险。假如Subversion服务器宕机一小时，那么在这一小时内，谁都无法提交更新，也无法从服务器获取文件。最坏的情况是，如果服务器的硬盘发生故障，并且没有做过备份或者备份不及时，则还会有丢失大量数据的风险。那次事件以后，GoCD团队将源代码仓库从Subversion迁移到了Mercurial，它是一款分布式版本控制系统，简称为Hg，Facebook也在使用它。

8.1.2 分布式版本控制系统

分布式版本控制系统与集中式版本控制系统的区别在于多个服务器共存，每个人的节点都是一个代码仓库，所有的节点都是平等的。在团队协作过程中，通常会指定某个节点作为团队的中央服务器，如图8-2所示。

分布式控制系统的特点是：提交（commit）操作都是在本地进行而无须经过服务器，因此提交速度也更快。只有当需要向其他人或远程服务器做文件提交或同步时，才通过网络将其推送到远程仓库或从远程仓库拉取。因此，即使在没有网络环境的情况下，你也可以非常愉快地频繁提交更新。当有了网络环境的时候，再推送到远程的团队代码仓库。目前主流的分布式版本控制系统是Git。

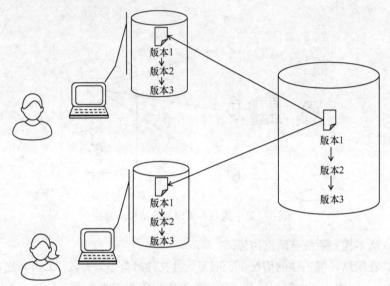

图8-2   分布式版本控制系统的结构示意图

前面提到GoCD团队工程师在印度遇到的情况，如果使用分布式版本管理仓库，即使网络不稳定，也可以比较方便地完成代码拉取操作，如图8-3所示。

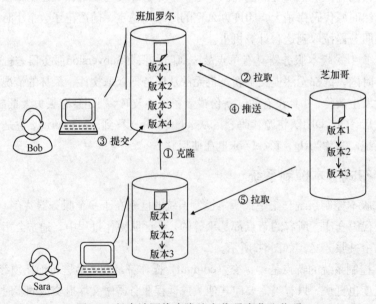

图8-3   经本地网络克隆他人代码库获取代码

（1）Bob通过班加罗尔办公网络克隆（clone）一份Sara的代码仓库（Sara也在班加罗尔办公室）。

（2）Bob从芝加哥的中央仓库中拉取（pull）与本地仓库有差异的代码。

（3）Bob修改代码文件，并提交（commit）到本地仓库，产生一个新的文件版本。

（4）Bob将这个新的版本推送（push）至中央仓库。

（5）Sara即可从中央仓库拉取（pull）所有的差异代码。

8.1.3　版本控制系统中的基本概念

版本控制系统要解决的核心问题是多人协作过程中的文件版本管理问题。目前所有的版本控制系统中都有几个相似的概念，用于协调多人协作。在具体讨论多人协作模式之前，因为有多种版本控制系统，所以有必要对这些概念进行统一定义，以方便后续的讨论。

- **代码仓库**（codebase）是指一个包含一组文件所有历史修改信息的逻辑单位，通常用于保存有关一个软件产品或某一组件的所有文件信息记录。

- **分支**（branch）是指对选定的代码基线创建一个副本。人们可以对这个副本中的文件进行操作，而这些操作与原有代码基线的文件操作是互不影响的。

- **主干**（trunk/master）是一个具有特殊意义的分支（branch），通常在创建代码仓库时即由版本控制系统默认创建，每个代码仓库有且仅有一个这样的分支。其特殊意义在于其与软件的开发活动和发布方式紧密关联，例如，在SVN中以"trunk"命名的分支和Git中以"master"命名的分支都是主干分支，我们将在分支模式进一步讨论它们的特殊意义。

- **版本号**（revision）对应在某个分支（branch）上的一次提交操作，是系统产生的一个编号。通过这个编号，你可以获取该次提交操作时点的所有文件镜像。在SVN中，它叫作revision，是一个连续变化的正整数。而在Git中，它是一个40位的散列值，类似于"734713bc047d87b……65ae793478c50d3"这样一段字母与数字的组合。为了方便使用，Git可以使用该散列值的前几个字符来识别某次提交，只要你提供的那部分 SHA-1不短于4个字符，并且没有歧义即可。

- **标签**（tag）是某个分支上某个具体版本号的一个别名，以方便记忆与查找。你可以通过版本控制工具自身提供的命令来创建这个别名。

- **头**（head）是指某个分支上的最新一次提交对应的版本号。

- **合入**（merge）是指将一个分支上的所有内容与某个目标分支上的所有内容进行合并，并在该目标分支上创建一个新版本号。

- **冲突**（conflict）是指在合入操作时，两个分支上的同一个文件在相同位置上出现不一致的内容。通常需要人工介入，确认如何修改后，方可合入目标分支。

依据上面的定义，通过下面的字串记录方式可以唯一确定某个代码镜像：

{代码仓库名}:{分支名}:{版本号}或者{代码仓库名}:{分支名}:{标签}

8.2   常见分支开发模式

目前基于版本控制系统的开发模型，根据新功能开发以及版本发布所用的分支进行分类，主要有3种，它们分别是：

（1）主干开发，主干发布（Trunk-based Development & Release）；

（2）主干开发，分支发布（Trunk-based Development & Branch-based Release）；

（3）分支开发，主干发布（Branch-based Development & Trunk-based Release）。

下面我们分别介绍一下它们各自的特点。

8.2.1   主干开发，主干发布

顾名思义，"主干开发，主干发布"是指工程师向主干上提交代码（或者每个分支的生存周期很短，如数小时，或少于1天），并用主干代码进行软件交付（如图8-4所示）。也就是说，所有新特性的开发，代码均提交到主干（trunk）上；当需要发布新功能时，直接将主干上的代码部署到生产环境上。

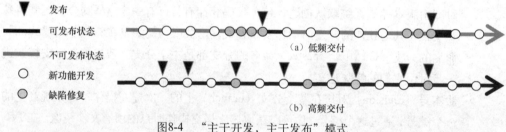

图8-4   "主干开发，主干发布"模式

根据交付频率不同，可以分为低频交付和高频交付两类。低频交付类型常见于一些周期比较长的大型软件开发项目，也是一种最古老的软件开发模式，当时的IT行业是以数年或数月为一个交付周期。在低频工作模式下，其主干代码总是长时间处于不可用状态，只有在项目内所有功能的代码开发完成后，才开始进行软件联调和集成测试工作。在开发期间，版本控制系统的作用仅仅是确保代码不丢失，是纯粹的代码备份仓库。

高频交付子类型是指代码库中的代码发布频率较高，通常每天都会发布一次，甚至多次。高频交付子类型常见于具有比较完备的交付基础设施（自动化配置构建、自动化测试、自动化运维、自动化监控与报警等）的互联网产品团队，通常也有快速缺陷修复能力，尤其适用于后台服务端产品形态（如Web网站或SaaS软件的后台服务）。

这种模式的优点在于分支方式简单，因此分支管理工作量较少（如代码合并成本），但也存在弱点。例如，针对低频交付模式，其项目后期的缺陷修复阶段，并不是团队所有

人都需要做缺陷修复，会有一定的资源浪费。针对这种情况，很多团队会采用后续介绍的"主干开发，分支发布"模式，下面会详细介绍。

针对高频交付模式，由于多人向主干上频繁提交代码，其代码变动非常快。假如某个开发人员拉出一个私有开发分支，并在该开发分支上进行开发，开发完成后再合并回主干。此时，他只有两种工作方式。一是每天从主干上更新代码到他自己的分支上。此时该开发人员很可能每天需要一两个小时将主干上的代码与自己分支上的代码进行合并。二是不做每日更新，而是一段时间后（例如在分支上开发完成特性）之后，再向主干合并。此时，很可能由于主干上的代码变化太大，导致自己这个分支上的代码已经无法再合并回去了。

> **无法完成的"合并任务"**
>
> 2011年，百姓网（一个生活分类服务网站）的研发团队只有12名工程师。他们使用高频交付模式，每天早上7点做一次生产环境发布。为了对某个重要模块进行重大重构，其技术负责人曾经创建了一个专有分支。然而，一周以后，他不得不宣布放弃该分支的所有代码，因为其他工程师在主干上已经做了太多的改动，专有分支已经无法合并回主干。

"未开发完成的功能代码不能带入将要发布的版本里"曾被认为是一种最佳软件质量管理实践。然而，在这种高频交付模式下，很难再遵守这一实践。相反，应该允许提交未完成功能的代码，前提是不影响用户的正常使用和发布。为了使未开发完成的功能不影响发布质量，可以使用一些特殊技术管理手段（如开关技术或抽象分支方法等）来处理这类问题，当然，这些手段也会产生一定的管理开销。详细方法参见第12章。与此同时，高频交付模式也要求质量保证活动能够做到既快速又全面。

8.2.2 主干开发，分支发布

"主干开发，分支发布"这种开发模式如图8-5所示。

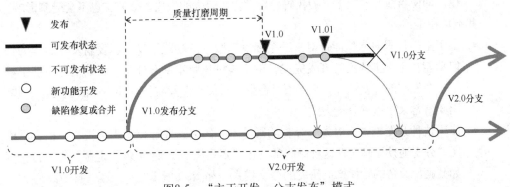

图8-5 "主干开发，分支发布"模式

这种开发模式是指：

- 开发人员将写好的代码提交到主干；
- 当新版本的功能全部开发完成或者已经接近版本发布时间点的时候，从主干上拉出一个新的分支；
- 在这个新的分支上进行集成测试，并修复缺陷，进行版本质量打磨。当质量达标后，再对外发布该版本。

其特点如下：

- 主干代码提交活动频繁，对保障主干代码质量有较大的挑战；
- 分支只修复缺陷，不增加新功能；
- 新版本发布后，如果发现严重缺陷，而且必须立即修复的话，只要在该版本所属的分支上修复后，再次发布补丁版本，然后将分支上的修改合并回主干即可。也可以在主干上修复缺陷，然后将针对该缺陷的修复代码挑出来（cherry-pick）合并到该缺陷所在的分支上。Facebook的移动端产品开发流程就使用后面这种方式。

通常，发布分支的生命周期不应该持续时间过长，一段时间后应该终止该分支上的任何操作活动，例如，图8-5中V1.01发布点之后，V1.0分支应该结束。

在"主干开发、分支发布"模式下，从拉出发布分支开始，到分支代码达到可交付状态的时间周期可以作为评估主干代码质量的指示器，我们称之为"质量打磨周期（Branch Stabilization Time）"。打磨周期越短，说明主干代码质量越好。当质量打磨周期极短时，就可以转换到高频的"主干开发，主干发布"模式。当然，做到这一点并不容易，需要结合本书其他部分所描述的原则、方法与实践，方能游刃有余。

该模式的优势在于：

- 与将要发布的新功能无关的人员可以持续工作在开发主干上，不受版本发布的影响；
- 新发布的版本出现缺陷后，可以直接在其自己的版本发布分支上进行修复，简单便捷。即使当前开发主干上的代码已经发生了较大的变化，该分支也不会受到影响。

其不足在于：

- 主干上的代码通常只能针对下一个新发布版本的功能开发。只要新发布版本的任何功能在主干上还没有开发完成，就不能创建版本发布分支，否则很有可能影响下一个发布的开发计划，开源项目在发布时间点以及特性功能方面的压力小一些，因此常常采用这种分支方式；
- 使用这种开发模式，对发布分支的数量不加约束，并且分支周期较长，很容易出现"分支地狱"倾向，这种倾向常见于"系列化产品簇+个性化定制"的项目，例如某硬件设备的软件产品研发的分支模式，如图8-6所示。

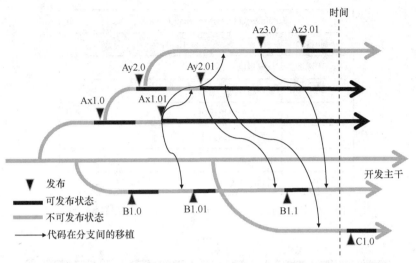

图8-6 分支地狱

该硬件设备最初只有一种类型，其类别定义为A，型号是x，对应软件的发布版本为Ax1.0。发布以后，客户提出了同类别不同型号的紧急需求，公司为了能够快速响应客户需求，从Ax1.0的产品分支上又拉出一个产品分支，名为Ay分支，其发布版本为Ay2.0。然后又在Ay的基础上开发了一个增强版Az，对应的分支及时间点如图8-6所示。随后在Ax1.0上发现了一个严重缺陷，需要增发A1.01补丁版本。该缺陷在Ay分支和Az分支上也同时存在。因此就要将修复缺陷的代码移植到主干及Ay和Az两个分支。

该公司以这种管理模式支持了更多类别和型号的产品。如图8-6中，公司开发了硬件产品B，而其软件版本是从主干分支上拉出，并先后发布了B1.0和B1.01。客户需要在B类型上也具有Ay2和Az3上的部分新功能特性，于是，公司决定从Ay2.01和Az3.0的分支上移植该新功能的代码到B分支上。

随着硬件类别和型号的不断衍生，研发团队效率越来越差。如图8-6中的虚线处所示，团队终将疲于在分支间移植代码和测试。

这与《大规模敏捷开发实践：HP LaserJet产品线敏捷转型的成功经验》一书中描述的HP激光打印机固件团队在2008年的状态相似。该团队仅有5%的资源用于新功能的开发，而各分支间移植代码会占用团队25%的时间，如图8-7所示。

8.2.3 分支开发，主干发布

"分支开发，主干发布"模式是一种最为广泛应用的工作方式，如图8-8所示。

HP LaserJet Firmware team（2008年）	
时间占比	工作任务
10%	代码集成
20%	做详细计划
25%	在分支间移植代码
25%	已发布产品的技术支持
15%	手工测试
约5%	新功能开发

图8-7　HP激光打印机固件团队2008年的研发资源分布

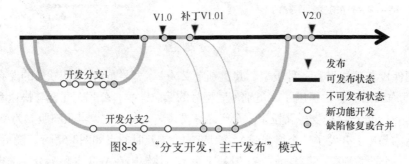

图8-8　"分支开发，主干发布"模式

这种模式是指：

- 团队从主干上拉出分支，并在分支上开发软件新功能或修复缺陷；
- 当某个分支（或多个分支）上的功能开发完成后要对外发布版本时，才合入主干；
- 通常在主干上进行缺陷修复，质量达标后，再将主干上的代码打包发布。

这种模式的优势在于：

- 在分支合并之前，每个分支之间的开发活动互相不受影响；
- 团队可以自由选择发布哪个分支上的特性；
- 如果新版本出现缺陷，可以直接在主干上进行修复或者使用hotfix分支修复，简单便捷，无须考虑其他分支。

它的优势也会导致不良后果，即为了分支之间尽量少受影响，开发人员通常会减少向主干合并代码的频率，从而推迟了发现各分支中代码冲突的时间，不利于及时进行代码重构，如图8-9所示。

该主干上的代码中原有一个方法签名为handleY(int b)。Alice和Bob各自领取了一个新功能的开发任务，并创建了对应的一个分支A和B，而且，在新功能开发完成之前，两人都没有向主干合并代码。为了完成自己的新功能，Alice对handleY方法进行了修改，将其签名变更为handleY(int[] b，boolean c)。同时，Bob在自己的分支上也修改了handleY(int b)的内部实现。主干上发生了两次hotfix，两人都将主干的修改合入了自己的分支上。在这之后，Bob又从handleY(int b)中抽取了一个方法，签名为findX(int[] a)。此时Alice开发完成了自己的新功能，将代码（从a1到a4）合入主干。当Bob打算提交代码到主干时，他需要将Alice的4次代码变更与自己的5次变更合并在一起。由于Alice修改较大，这个合并很可能成了非常大的包袱。Bob发现，Alice不但修改了很多文件，而且对方法handleY()进行了较大的重构。然而，这些还只是文本上的冲突，比较容易发现和修正。风险更大的则是语义上的冲突，即程序运行时的逻辑冲突。这类情况的发生会令团队成员进行代码重构的意愿大大下降，从而令代码的可维护性越来越糟糕。

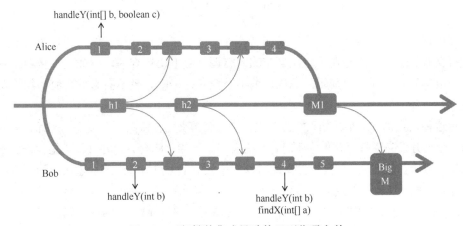

图8-9　不频繁的集成导致的巨型代码合并

如果分支过多，那么衍生出来的问题是：当某个分支的生命周期（即从主干拉出分支那一时刻至将其再次合入主干这段时间周期）过长，代码合并及验收成本会快速增加。成本增加的数量与其生命周期中合入主干的分支数量成正比。

若想成功使用这种模式，其关键点在于：

- 让主干尽可能一直保持在可发布状态；
- 每个分支的生命周期应该尽可能短；
- 主干代码尽早与分支同步；
- 一切以主干代码为准，尽可能不要在各特性分支之间合并代码。

另外，根据分支的存在周期和目的，"分支开发，主干发布"模式还可以进一步分为两种子类型，它们分别是特性分支模式和团队分支模式。

1. 特性分支模式

在开发过程中，允许多个开发分支同时存在，且每个分支对应一个功能特性的开发工作。当该特性开发完成后，立即合入主干，其他尚未合入主干的特性分支需要从主干拉取主干代码,与自己分支上的代码进行合并后,才能再合回主干。这种模式为特性分支模式,如图8-10所示。

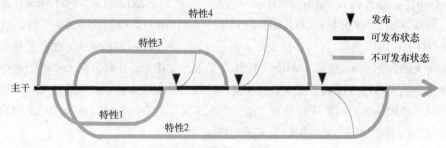

图8-10   特性分支模式

该模式的目的是:让团队更容易在"特性"这个层次上并行工作,同时保持主干的稳定可发布状态。其优势在于每次发布的内容调整起来比较容易。假如某个新功能或者缺陷在版本发布时间点之前无法完成,则不必合入主干中,也不会影响其他功能的发布时间点。

但这种模式也有不足:如果特性分支过多,会带来比较多的合并成本。例如,每当某个特性分支开发完成打算合入主干时,都需要与主干的代码合并,并进行质量验证。一旦主干代码的质量验证通过,其他分支此时都应该从主干上拉取最近的通过质量验证的新代码。否则,如果在特性开发完成后再与主干合并,那么这种一次性合并会带来较大的工作量和质量验证工作。如图8-10所示,特性2分支需要合并特性1、3和4的代码。

假如有多个特性同时开发完成,怎么办?下面是两种极端的做法。

(1)所有已完成的特性分支一同向主干合并,然后再共同设法让主干代码达到可交付状态。这种方式通常会被特性团队排斥。因为共同合并后,多方代码交织在一起,出现的缺陷可能很难快速定位和快速修复。

(2)所有已完成的特性分支排成队列,以顺序方式合入主干。每个特性分支向主干合入代码后,必须使主干上的代码达到可交付状态后,下一个特性分支才可以合入。这种方式通常是特性分支的常见做法,也是特性分支的优势所在。但所带来的问题是,多个特性分支按排队顺序进行合并,会导致排在队尾的特性分支等待较长的时间。

如果想让特性分支方式更好地工作,需要做好下面的管理。

(1)每个特性分支的生命周期都应该很短,分支上的开发和测试工作尽量在3天内完成。这要求尽可能将"特性"拆分成小需求。关于需求拆分的方法,参见第6章。

(2)开发人员每天从主干上拉取最新的可交付代码,与自己的分支合并。

(3)不要从其他特性分支上拉取代码。

某互联网公司的特性分支与排队上线

某互联网公司在2011年主要采用"分支开发，主干发布"的代码分支策略，如图8-11所示。主线为发布主干，而尚在开发或测试的特性代码都在各自的项目分支上。当项目在配置管理平台上立项，并获得一个3位版本号（如1.2.1）后，即可在当前主干的最新版本处拉出特性项目分支，进行功能开发工作。当开发完成后，进入联调自测阶段。该阶段由开发人员自行负责。当开发人员完成联调后，即可在配置管理平台上申请提测。

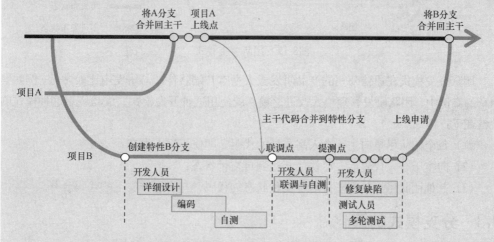

图8-11　某互联网公司的分支发布策略示意图

申请提测时，平台会自动生成一个4位版本号（如1.2.1.1），并自动通知测试负责人。测试负责人马上安排测试人员进行测试。发现缺陷后，测试人员通知开发人员进行修改。开发人员修改完成后，再次申请提测，生成一个新的4位版本（如1.2.1.2）。

重复这个过程，直到质量达标，就进入等待合入的队列。如果等待队列中没有其他项目，那么开发人员即可将代码合入主线，再次进行测试，质量达标后即可整理上线部署文档，编写上线操作步骤，上传到运维平台，交由业务运维人员进行操作。

根据运维部门的规定，每周只有两个工作日可以进行上线操作。并且每次只允许一个项目上线。因此，曾出现过14个项目分支排队等待上线的情况。这14个已经开发完成的特性分支最快也需要7周的时间才能合并上线完成。还要祈祷每个分支的代码质量都非常好，每个分支上线时都不出现任何严重问题，不需要回滚和修改。

2.　团队分支模式

团队分支可以看作是特性分支的一种特殊情况。也就是说，一组人一起在同一个分支上进行开发工作，而且该分支上通常包括一组相近或相关的特性集合的开发。由于是一组特性集合的开发，因此其分支存续时间比特性分支的存续时间长。

这种分支模式通常出现于规模较大的团队（40人以上）共同开发同一款产品，团队被分成多个组，每组开发不同的系统组件。只有当一系列功能特性开发完成后，才对外发布新的软件版本，很容易成为典型的瀑布开发流程，如图8-12所示。

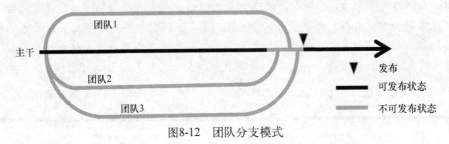

图8-12　团队分支模式

团队分支模式在通信公司的产品研发或大型客户端软件产品研发中比较常见，例如第14章的案例中，团队研发管理模式改进之前，就使用这种开发模式。成功应用这种模式的关键在于：

(1) 每个团队尽早向主干合入高质量的代码，即使不马上发布；

(2) 向主干合入代码后，尽快使其达到可交付状态；

(3) 其他团队尽早从主干拉取可交付状态的代码，与自己分支上的代码合并。

8.3　分支模式的演化

基于前面3种基本分支模式，在实际工作中，根据不同的软件项目特点，以及不同团队各自工作习惯及软件演进历史，还衍生了很多其他形式的分支模式，例如常用于客户端套装软件的三驾马车分支模式，以及常见的Gitflow分支模式、GitHubFlow分支模式等。

8.3.1　三驾马车分支模式

三驾马车分支模式是指软件开发团队仅维护3个分支，分别是开发分支、预发布分支和发布分支，如图8-13所示。在2010年时，Chrome浏览器就使用这种分支开发模式。

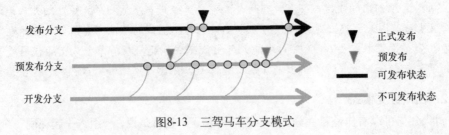

图8-13　三驾马车分支模式

开发分支就是所有开发人员提交代码的目标分支。当开发分支上有足够多的新功能（或者即将接近既定的发布日）时，将该分支中准备发布的那些功能分拣到（Cherry Pick）

预发布分支上。在这个预发布分支上只做缺陷修复、文档生成及与发布相关的工作，不做新功能开发。当团队认为该分支代码达到Alpha版本发布质量时，会发布一个Alpha版本。Alpha版本只给极少用户进行体验。然后再进一步发布Beta版本，它主要是为了让尝鲜用户进行版本体验，以便尽早发现存在的质量问题，及时修正。当预发布分支上发布的Beta版本代码基本稳定后，即将这部分代码合入发布分支，并发布一个RC版本（Release Candidate）给一部分用户。如果RC版本质量稳定，即可作为正式版本发布。

8.3.2　Gitflow分支模式

Gitflow分支模式是目前很多企业所应用的分支模式，如图8-14所示。

（1）Master分支是正式版本的发布分支。

（2）Release分支是用于质量打磨的预发布分支。如果Release分支的质量达标，就可以将其合入Master分支，同时也需要将代码合入Development分支。

（3）Development分支是对新功能进行集成的分支。

（4）Feature分支是为了开发某一功能特性，开发人员从Development分支上拉出的分支。当特性开发完成后，合入Development分支。

（5）如果已经发布的版本（如V0.1）出现了严重的缺陷，从Master分支上V0.1版本标签处拉出Hotfix分支，在这个分支上修复缺陷，验证后再次合入Master分支，并发布新的补丁版本V0.2。与此同时，由于Development分支上也有同样的缺陷存在，因此开发人员还要将Hotfix分支的代码移植到Development分支上，以修复Development分支上的缺陷。

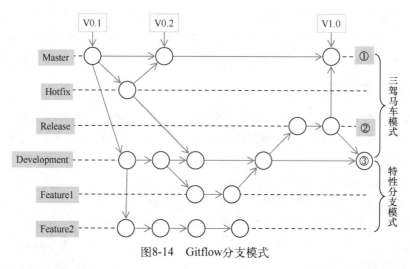

图8-14　Gitflow分支模式

Gitflow分支模式是特性分支模式和三驾马车分支模式的组合。它的优点是每个分支的定义都明确且清晰，而带来的问题是分支较多，具有特性分支的不足。

8.3.3   GitHubFlow分支模式

GitHubFlow分支模式如图8-15所示。这种开发分支模式的名称来源于GitHub团队的工作实践。它对开发者的开发纪律要求比较严格，对质量保障手段的要求也比较高。一个开发人员在开发新特性或修改缺陷时，其工作步骤如下。

(1) 从Master上创建一个新的分支，以这个特性或缺陷的编号命名该分支。

(2) 在这个新创建的分支上提交代码。

(3) 功能开发完成，并自测通过，创建Pull Request（简称为PR）。

(4) 其他开发人员对这个PR进行审查，确认质量合格后，合入Master。

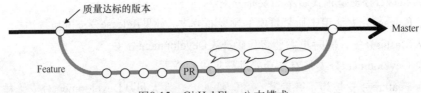

图8-15   GitHubFlow分支模式

如果特性分支的存在时间很短，则该模式可被认为是高频的"主干开发，主干发布"模式。

8.4   分支策略的选择

企业需要根据开发或维护的软件产品类型，结合发布频率，并考虑自身团队成员能力和基础设施水平如自动化测试程度、程序运行环境的管理水平、团队纪律性等，来确定适合自己的分支方式。

8.4.1   版本发布模式

版本发布的基本模式有3种。分别是项目制发布模式（Project Release Mode）、发布火车模式（Release Train Mode）和城际快线模式（IntercityExpress Mode）。无论哪种发布模式，都有相同的3个约束变量，即交付时间点（schedule）、特性数量（features）和交付质量（quality）。在团队资源相对固定的情况下，只能对其中的两个因素提出固定的要求。例如，对发布的交付时间点和交付质量提出固定要求后，那么该版本的特性数量也就相对固定了，如图8-16所示。

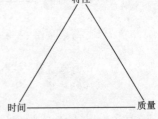

图8-16   版本发布模式三要素

1. 项目制发布模式

项目制发布模式是指在软件研发规划中，预先确定某一版本所需包含的功能特性数量，只有当该集合内的所有特性全部开发完成并且达到相应的发布质量标准后，才能发布该版本。前后两次发布之间的时间间隔并没有明确的规定，而是在根据新版本要求的特性集合开发完成并达到发布标准后，对所需时间进行评估确定的。

这种模式是最古老的发布方式，其目标是：针对一个特定版本，在确定了版本中的特性数量和质量标准以后，再估计版本交付周期，这相当于固定了特性数量和质量要求，那么团队可能交付的时间点也就相对固定了。

项目制发布的好处在于：可以确切地知道每个版本包括哪些具体功能，有利于商业套装软件的售卖模式（卖版本副本和授权，收取软件维护费用，当包含有新功能的版本发行后，再向客户收取新版本的升级费用）。同时，这也符合人们的安全生产习惯，即绝对不能把未完成的功能带到即将发布的版本中。

不足之处在于：通常项目整个交付周期较长，参与人员众多。在版本研发周期中由于某些原因导致需求变更（如增加需求、修改原有需求实现方式或者进行需求置换）时，需要重新确定项目的交付时间，这会影响那些原本能够按期交付的需求。因为，这种项目制发布模式需要等所有需求全部实现完成后才能一起发布。

2. 发布火车模式

发布火车模式常见于大型套装分发类软件。大型传统软件企业通常有多条产品线，各产品线之间存在非常复杂的相互依赖关系。为了能够使各产品线协同发布，这些企业通常会为每条产品线都制订好每个版本的发布周期，即每个版本都像一列火车，事先计划好什么时间点发车。为了能够准时发布，要求所有参与到该版本开发的团队必须对齐该版本的各个开发阶段。这种严格的时间一致性要求是因为该产品线的时间变更会引起其他产品线的变更，而这些更改很可能影响共享的系统集成测试环境的分配。在大多数情况下，由于计划和集成依赖关系，因此发布火车设置为季度交付窗口，但通常不会超过10个月。

当公布这种火车时间表时，发布管理团队通常与负责各产品开发的团队进行提前沟通，讨论要发布哪些内容，有时甚至需要提前几个月的时间，并将其结论发布在企业版本表中，类似于图8-17中LiberOffice的发布火车的时刻表。提前几个月制订发布火车的时间表，目的是让各种业务和技术部门有足够多的时间进行预计划，以便做出依赖和影响的相关评估工作。

制订发布计划的活动是一个非常正式和结构化的过程，需要一些格式化数据，以确保参加发布火车的团队能够对正式发布的可行性做出判断。这些数据包括发布详细信息（相对标识、名称、部署日期、风险级别、发布类型-企业、计划或投资组合）、整个生命周期中各个阶段及预定日期（如图8-18所示）、每个阶段要完成的活动和任务、里程碑时间和质量要求以及负责管理发布火车的主要负责人。

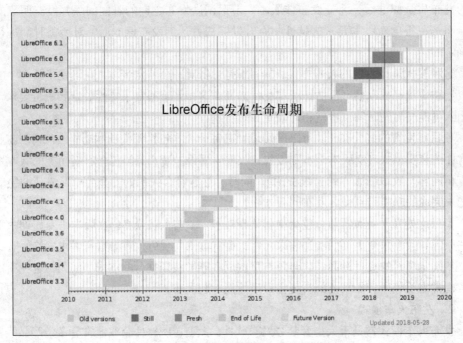

图8-17　LiberOffice的发布火车的时刻表

6.0 release

Basic dates for the initial and bugfix releases

Release	Freeze	Publishing
6.0.0 (freeze: week 2)	Week 42 , Oct 16, 2017 - Oct 22, 2017	Week 5 , Jan 29, 2018 - Feb 4, 2018
6.0.1	Week 6 , Feb 5, 2018 - Feb 11, 2018	Week 6 , Feb 5, 2018 - Feb 11, 2018
6.0.2	Week 8 , Feb 19, 2018 - Feb 25, 2018	Week 9 , Feb 26, 2018 - Mar 4, 2018
6.0.3	Week 11 , Mar 12, 2018 - Mar 18, 2018	Week 14 , Apr 2, 2018 - Apr 8, 2018
6.0.4	Week 16 , Apr 16, 2018 - Apr 22, 2018	Week 19 , May 7, 2018 - May 13, 2018
6.0.5	Week 22 , May 28, 2018 - Jun 3, 2018	Week 25 , Jun 18, 2018 - Jun 24, 2018
6.0.6	Week 28 , Jul 9, 2018 - Jul 15, 2018	Week 31 , Jul 30, 2018 - Aug 5, 2018
6.0.7	Week 40 , Oct 1, 2018 - Oct 7, 2018	Week 43 , Oct 22, 2018 - Oct 28, 2018
End of Life	November 26, 2018	

图8-18　LibreOffice 6.0发布火车的时间表

　　该模式的好处在于：对企业来说，可以通过并行多列火车的方式，将突发需求排入某一列发布火车。用户可以提前体验最新产品版本所提供的新特性，而不必影响原有生产线上正在使用的旧版本。体验之后再决定是否将其应用于自己的生产环境中。即便已经决定将这个新版本用于自己的生产环境中，也可以等到这个新版本成熟稳定之后再这么做。在这种模式下，如果参与团队的人数较多，沟通协调成本就会较高。

3. 城际快线模式

城际快线模式是指在发布模式三要素中，固定其中的时间和质量两个维度，且时间周期相对较短（如一周，甚至一天或更少），针对那些在发布时间点已达到固定质量标准的特性进行一次发布。它与发布火车模式的区别在于两点：一是发布周期间隔较短，通常在两周以内；二是负责特性开发的团队可以自己选择搭乘哪列城际快线，而不必提前很长时间确定下来。

这种模式常见于提供互联网服务或SaaS服务的软件公司。其好处在于减少了团队及角色之间的协调成本。因为每个人都事先知道每次发布的具体时间点，所有工作任务都可以按这个时间点提前进行协调。而且，即使某个特性没有及时赶上最近的一次版本发布，团队也确切地知道这个特性是否可以在下一次发布时间点对外发布。例如，Facebook的Web网站在2013年的部署推送频率已达到每天发布两次，每周发布一次大版本。其分支发布策略如图8-19所示。

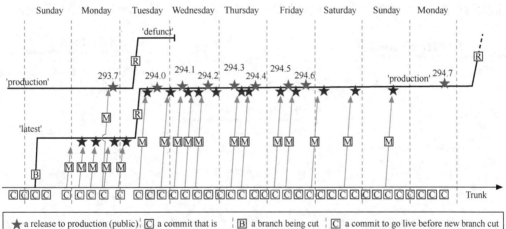

图8-19　Facebook 2013年的分支发布策略

每个周日从主干上拉一个发布分支，自动化测试验证通过以后，即在公司内部人员开放（在公司内访问，直接重定向到latest.facebook.com）。运行过程中如果出现缺陷，可以在主干上修复，然后分捡到（CherryPick）发布分支上。发布分支上的代码每天两次更新latest.facebook.com，供公司员工开发使用。如果版本稳定，就向外部用户发布，同样是每天两次。据报道，自2017年开始，Facebook公司网站的分支发布策略已经从一天发布两次的"主干开发，分支发布"模式改变为平均每天发布9到10次的"主干开发，主干发布"模式。

这种城际快线模式的优点有两个，一是每个人都非常清楚各个时间点，二是更加聚焦于生产质量。

当然，也有其不足之处，由于发布频率较高，因此未完成功能的代码也会一同发布出去，对于代码提交质量的要求较高，需要强大的质量基础设施保证。

使用这种城际快线模式，间隔多长时间发出一趟合适呢？我的建议是：在不影响用户体验、不增加成本且合规的前提下，让发布周期尽可能缩短到令你感到有些紧张的节奏。例如，原来每个月发布一个版本，现在可以把两周作为一个目标。

8.4.2　分支策略与发布周期的关系

分支策略与版本发布周期之间有一定的相关性，如图8-20所示。通常，软件开发周期极长的"项目制"团队和软件发布频率极高的"城际快线式"团队会使用"主干开发，主干发布"的分支策略。而次之的团队会使用"主干开发，分支发布"的分支策略。它们之间的团队会使用"分支开发、主干发布"的分支策略。当然，这并不是绝对的，其中会有很大的重叠部分，通常会受团队成员人数、产品架构和质量保障基础设施状况的影响。

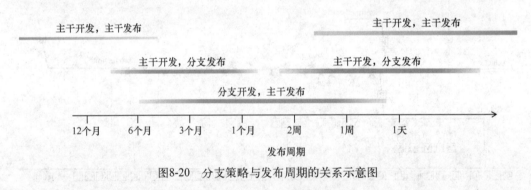

图8-20　分支策略与发布周期的关系示意图

项目制发布模式不会消失。毕竟每个新产品在完成第一个可推广的1.0版本前，都需要这样一个首次启动过程。目前仍旧有很多传统IT企业采用项目制发布模式。

城际快线模式是"持续交付2.0"所提倡的模式。越来越多的企业开始使用这种城际快线模式。即使在那些目前的版本发布周期较长的企业中，也常常在项目制发布模式中套用城际快线模式，即在项目周期内加入固定时间的迭代，并要求在每个迭代结束时都能得到可交付状态的产品。这里的可交付状态是指软件可以正常运行，且已完成的软件特性达到发布质量标准，并非商业化发布。

一般来说，当发布周期缩短到一定程度后，主干开发模式更具有优势，因为分支开发模式的合并成本会成为短周期发布的障碍。如果发布周期短于两周，软件团队就应该毫不犹豫地转向"主干开发模式"。

8.5　小结

　　每种分支策略都有其各自的优点和挑战。并且，它对发布频率和每次发布的效率也有较大的影响。目前的发展趋势是：软件发布频率越来越高，发布周期越来越短。硅谷顶级互联网公司多采用"主干开发"或高频的GitHubFlow分支模式。一个企业到底选择哪种分支策略，需要根据团队的具体情况来决定。如果相关的配套条件（如软件架构、人员能力和工具平台的成熟度）不足，那么，盲目提高发布频率、缩短发布周期会造成不必要的损失。

　　"持续交付2.0"提倡鼓励持续集成的分支策略，因此，选择分支模式的原则有以下几条。

　　（1）分支越少越好，最好只有一条主干。

　　（2）分支生存周期越短越好，最好在3天以内。

　　（3）在业务允许的前提下，发布周期越短越好。

　　企业管理者应该遵循"持续交付2.0"的思想、理念与原则，制订合理的改善目标，促进公司IT交付能力不断提升，才能够跟上时代的发展。

8

第**9**章

持续集成

自1999年起，"持续集成"作为一种软件开发实践，随着敏捷运动的兴起而走入软件行业的大众视野。在敏捷运动所提倡的众多原则、方法与实践中，"持续集成"也是第一个被广泛接受和认可的工程实践，甚至有些人误将"持续集成"与"敏捷软件开发"画上了等号。

本章主要讨论持续集成的源起与定义，团队与个人的持续集成工作流，不同分支策略下持续集成和部署流水线的联系，以及在实施持续集成过程中经常遇到的问题与应对方法。

9.1 起源与定义

说到"持续集成"的起源，就必须回忆一下20世纪90年代末的一个著名软件项目，它就是Chrysler Comprehensive Compensation System（简称C3项目）。这个项目并不算成功。之所以"不算成功"，是因为该项目的投资回报率很低。之所以"著名"，是因为我们现在用到的很多软件开发实践在这个项目中都有所应用，包括"持续集成"。

C3项目于1993年启动，1994年用Smalltalk开发，终极目标是在1999年支持87000雇员的综合人事与工资系统。直到1996年，这个软件系统还无法运行。因此，Kent Beck受邀挽救这个项目。随后，Kent Beck又邀请了Ron Jeffries。该软件团队在1996年3月进行了项目估算，这个系统预计还需要一年的时间才能上线使用。在1997年，Kent Beck已经在开发团队中全面使用了新的软件开发方法（也就是极限编程方法）。虽然也有所延期，但是一年交付的目标达到了。延期的主要原因是有一些业务需求没有说清楚。软件发布之后，这个版本仅能支持10000人使用，后续虽然进行了优化，但是最终也没有第二个版本上线使用，直到2000年这个项目被取消。

有趣的是，这个项目孕育了很多软件开发实践，其中之一就是持续集成。当Kent Beck刚刚接手这个项目时，有一个非常令人头疼的问题，那就是"把项目代码集成在一起，启动并运行起来"。这一集成联调的过程非常痛苦，常常一两周才能搞定。于是他们决定经常做系统集成工作，集成频率逐渐提高。虽然在刚开始提高集成频率时，团队感觉比较痛苦，但是每次集成所花费的时间显著减少，而且集成过程中发现的问题比之前更容易定位修复。

于是，团队人员有了更加疯狂的想法："既然提高集成频率可以让问题更早且更容易发现，修复时间更少，那么，为什么不做得更频繁一些，在每次提交代码以后就做代码集成呢？"于是，团队的开发人员就写了一系列的shell脚本，其用途是：通过定期访问代码仓库，只要发现有新的代码变化，就将代码自动拉取到一台事先准备好构建环境的干净机器上（事先在这台机器上已安装好编译所需的工具或库），进行构建。一旦结束，就会将构建结果通过屏幕显示出来。

尽管在那个年代里，持续集成服务器这种软件工具还没有出现，但这并不妨碍持续集成实践的开展。在这个C3项目中，还实施了极限编程方法的其他一些实践。与持续集成密切相关的实践是测试驱动开发（Test-driven development，TDD）。之所以说"密切相关"，是因为在持续集成的构建过程中，一定要对软件的质量进行验证，而运行自动化的单元测试集就是质量验证的一个重要手段。

9.1.1　原始定义

早在20世纪80年代，微软Office产品研发团队就使用一种开发实践，称作每日构建（daily build），也叫每晚构建（nightly build）。它是指每天定时自动执行一次软件构建工作，也就是将当前版本控制系统中的源代码检出到一个构建环境（即没有安装集成开发环境的干净机器）中，对其进行编译、链接、打包的过程。

执行每日构建有助于确保开发人员明确了解他是否在前一天的代码编写过程中引入了新的问题。每日构建通常包含少量的自动化冒烟测试，这可以帮助团队确定是否新的变更破坏了原有的功能。其关键部分在于，每次构建一定要包含新的代码修改和测试。"冒烟测试"这一术语来源于电子硬件测试。硬件样品只要通电后没有冒烟，就说明该硬件最基本的质量要求达到了。

而"持续集成"实践来自1996年Kent Beck提出的极限编程方法（eXtremeProgramming，XP），并在《解析极限编程——拥抱变化》的第10章给出了一个简短说明："持续集成——每天多次集成和生成系统，每次都完成一个构建任务。"

其相对正式的定义来自Martin Fowler在2000年写的一篇博客文章，并在2006年对它又做了进一步的分析和说明，其定义如下所述：

> 持续集成是一种软件开发实践，团队成员频繁将他们的工作成果集成在一起（通常每人每天至少提交一次，这样每天就会有多次集成）；每次提交后，自动触发运行一次包含自动化验证集的构建任务，以便能尽早发现集成问题。

由此可见，持续集成是一种质量反馈机制，其目的是"尽早发现代码中的质量问题"。

9.1.2　一次集成过程

到目前为止，能够提供持续集成功能的平台或工具不少于35种，既有商业收费软件（如

TeamCity等），也有开源的软件（如Jenkins、goCD、Buildbot），还有SaaS类工具平台（如TravisCI），但是持续集成的一次执行流程都是相同的，如图9-1所示。

（1）开发人员将代码提交到代码仓库。

（2）持续集成服务器按一定的时间间隔（如每隔1分钟）对代码仓库进行轮询，发现有代码变更。

（3）持续集成服务器自动将最新代码检出到已准备好的专用服务器上（如果应用规模不大，可以与持续集成服务器是同一台机器）。

（4）在专用服务器上运行由持续集成服务器指定的构建脚本或命令，对最新代码进行检查（如代码动静态扫描、编译打包、运行单元测试、部署并运行功能测试等）。

（5）运行结束后，将验证结果（成功或者失败）反馈给开发团队。

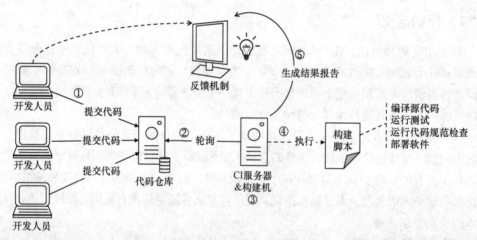

图9-1 持续集成过程

为了能够做到"省时省力"，可以通过自动化方式运行大量的质量检验项（包括自动化测试、代码规范检查、代码安全扫描等）。"持续集成"这一实践直接体现了快速验证环的基本工作原则，即"质量内建，快速反馈"。每当工程师完成一项开发任务后，必须通过运行一系列的自动化质量检查，验证其所写代码的质量是否达到了团队能接受的软件质量标准。

9.2 六步提交法

极限编程方法非常强调纪律，持续集成实践也不例外。尤其当团队成员较多，且同时在代码主干上进行开发工作时，纪律更是团队高效协作的保障。持续集成对每个人的工作步骤要求是什么样的呢？作为团队需要改动代码的人（无论是开发人员、测试人员还是运维人员），每个人都应该遵循下面6个工作步骤，简称"六步提交法"，如图9-2所示。

（1）**检出最近成功的代码**：工程师开始工作时（例如工作日早上刚刚开工认领了一个新的开发任务），就要将最近一次构建验证成功的代码版本从团队的开发主干上检出（check out）到自己的开发工作区中。

（2）**修改代码**：在个人工作区中对代码进行修改（包括实现产品新功能的代码，甚至编写对应功能的自动化测试用例）。

（3）**第一次个人构建**：当开发工作完成并准备提交时，首先执行一个自动化验证集，对自己工作区的新代码执行第一次个人构建（有时也被称为本地构建），用于验证自己修改的代码质量是否达标。

（4）**第二次个人构建**：从"检出代码"到"第一次个人构建完成"这段时间内，很可能在开发主干上有其他成员已提交了新代码，并通过了持续集成的质量验证。此时，就需要将这个版本的代码与自己本地修改的代码进行合并（merge），然后再次执行一次质量验证，确保自己的代码与其他人的代码都没有问题。

（5）**提交代码到团队主干**：当第二次个人构建成功以后，提交代码到团队开发主干。

（6）**提交构建**：持续集成服务器发现这次代码变更，立即开始执行提交构建，运行自动化质量验证。如果这次构建失败，则应该立即着手修复，并马上通知团队成员，禁止其再向团队开发主干提交代码，并且不要检出这个版本。

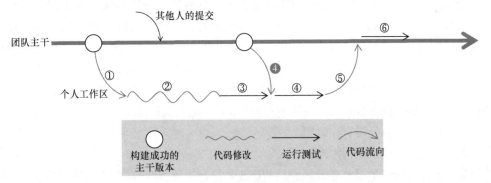

图9-2　持续集成六步提交法

其中，**团队开发主干**是指团队成员共同拥有的一个代码仓库分支，即每个开发人员完成任务以后，需要将代码提交到该分支上，与团队其他人的代码合并在一起；**个人工作区**是指每个团队成员自己用于修改代码的本地工作目录；**个人构建**是指团队成员在提交代码变更到代码仓库之前，对自己的变更集进行质量验证的活动，其目标是确保自己的代码修改符合功能预期，同时也不会破坏原有功能。有时它也被称为"本地构建"或"本地验证"，这是一种历史传承下来的叫法，因为这个验证活动过去通常是在自己本地的开发机就可以执行。现在，由于软件规模变大，架构变得复杂，所需资源增加，因此很多组织已经提供云基础设施，而这些未提交的代码也可以放到云基础设施上进行构建与测试了。因此，更准确的叫法应该是"个人构建"。

9.2.1　4个关键点

下面具体介绍六步提交法的4个关键点。

1. 六步提交法中的3次验证有什么作用

在持续集成六步提交法中，有3次质量验证活动，分别是第3、4和6步。首先要确保这3次验证都执行相同的命令和脚本。例如，对使用gradle进行构建的Java项目来说，你可以使用类似"gradle test"这样的命令。

命令相同，脚本一致，为什么还要执行3次呢？第3步的个人验证目标是验证开发者自己修改过的代码是否正确。第4步的个人验证是确保其他人的代码与自己的代码合并后，两部分的代码质量都没有问题。第6步的提交构建验证是在一个干净且受控环境中执行与第4步个人构建相同的内容，以确保开发人员的本次提交是完整且无质量问题的，没有遗漏。

第3步和第4步的验证内容可能是不一样的。第3步的个人构建所验证的内容主要是开发者自己最初检出和修改的代码。第4步的个人构建所验证的内容则增加了团队其他成员刚刚提交的那部分内容。

第4步的个人验证与第6步提交构建验证之间的区别在于构建的执行环境不同。第4步的个人验证在开发人员自己的机器上执行，验证自己修改但尚未提交的代码。第6步提交构建验证的运行环境是团队标准化环境，验证的代码来自团队代码仓库的最新版本。假如第4步的个人验证成功，而第6步提交构建验证失败，那么很快可以判断原因。只有3种可能性，它们是（1）自己这次代码提交并不完整，有一部分代码修改被遗漏了；（2）自己的机器环境与整个团队标准化验证环境有差异；（3）团队其他成员在自己提交前再一次提交了新的代码，但自己没有注意到。

2. 个人验证一定要做两次吗

第一次个人验证的目标是验证自己的修改是符合质量预期的。第二次个人验证的目标是验证自己改动的代码和其他人提交的代码合并在一起，也符合质量预期。假如第一次个人验证通过，而第二次个人验证失败，说明从主干上合并回来的代码对自己的修改产生了影响。因此，做两次验证比较容易定位问题。

作为自信心爆棚的工程师，你可能只进行一次个人验证，那么就应该保留第二次个人验证。因为只有这次验证成功后，才能保证提交后提交构建阶段的那次验证失败的可能性最小，以保证能高效地集成。

3. 如何确保在提交前执行个人构建

很多工作流程管控的负责人会问：我们如何保证每个开发人员在提交前都已经执行了个人验证呢？一种方式是在提交代码之时，由持续集成平台通过钩子（hook）捕获提交事件，在代码合并到主干之前，强制进行第二次个人验证。当然，我们也可以通过团队口头约定的方式，要求团队成员遵守这一要求。通过对过去一段时间内提交构建验证的失败次数、分布以及失败原因的统计，我们也很容易知道团队每个成员所采用的行为模式。

4．每次构建应该包含哪些质量验证内容

自动化单元测试并不能覆盖软件的所有运行场景。因此，除单元测试以外，我们仍旧希望在个人验证环节和提交构建验证中能够运行更丰富的质量验证集合，如代码动静态扫描、代码规范检查、构建验证测试等。在条件允许的情况下，如果能够运行所有的自动化质量保证手段，就更棒了！构建验证测试（build verification test）是指检查如下内容。

（1）构建结束后生成的二进制包是否包含了正确的内容，例如配置文件的完整性。

（2）这个构建结果是否能够正确安装并正常启动运行起来。

（3）启动后最基本的功能是否可以使用，如用户登录等。

代码规范检查的工具相对丰富且成熟，而且最容易执行。它与自动化测试相比，执行成本较低。不需要团队自行编写大量代码，只需要制订团队的编码规范，并在规范检查工具中配置相应的扫描规则，即可使用。但是，对有大量遗留代码的代码库来说，代码规范扫描很可能存在一个问题，那就是：对存量代码来说，经过规范扫描可能发现数量巨大的已存问题。如何应对这样的问题呢？需要立即全部清除？此时可以采用以下两种措施。

（1）减少规范，关注重点。大部分规范检查工具都会将问题分为多种类型，如严重、重要或警告。团队应该一起讨论，提取最重要的代码规范，早期只关注严重类型的问题，以后再逐步增加代码描述规则。

（2）执行"童子军营地原则"。假如遗留代码量比较大，并且在生产环境中已经运行很久，且最近不会修改它们，那么可以暂时不修改它们。即使不能立即将问题全部清除，也要保证每次提交代码时，都不让问题的数量继续增长，假如每次都能够递减就更好了。

童子军营地原则

童子军是美国社会针对未成年人的一种教育实践制度，加入童子军的小朋友都要学习并遵守一些规则，然后获得各种各样的勋章。其中有一条是离开宿营地前进行清扫活动的原则，简洁明了："离开营地前，确保营地和你使用之前一样干净，能再干净一点就更好了。"

9.2.2　同步与异步模式

六步提交法有两种不同的模式，它们分别是"同步模式"和"异步模式"。它们之间的区别主要在于第五步"代码提交到主干"以后开发人员的行为差异。

在同步模式下，开发人员必须等待第六步"提交构建"结束并返回结果以后，再决定下一步的行动，即"每个开发人员编程一段时间后就立即进行一次集成，集成时间不应该

超过10分钟。等待这次构建结束，并且整组自动化测试运行完成，确认质量达标，无须回退后，再开始下一项工作"。

在异步模式下，开发人员在完成第5步"代码提交"后，并不需要等待提交构建阶段结束，就可以着手开始下一项工作任务。而持续集成服务器也不一定马上就开始执行提交构建任务。它很可能是每隔30分钟（或者更长间隔），才触发提交构建任务。

Kent Beck认为，与每日构建相比，虽然异步模式的持续集成是一大改进，但不建议这么做。因为可能存在"浪费"。例如，直到开发人员已经开始下一个任务了，才被通知半小时前提交的代码质量验证失败了。此时，开发人员就要花一些时间回想刚才做了什么，再定位和解决这个问题，并再次提交。然后还要再花一些精力回到刚刚新任务被打断的地方。这种任务之间的切换，也被精益管理理论看作是一种不必要的"浪费"。

9.2.3　自查表

如果读者想知道自己的团队是否达到了持续集成的最佳状态，则可以从下面6个方面进行自我检查。

1．主干开发，频繁提交

主干开发是指参与开发同一软件项目或服务的所有团队成员向该软件项目代码仓库的主干分支上提交代码，或者其他分支的生命周期不超过3天。频繁提交是指每人每天至少提交一次，最好每工作几小时就进行提交。

2．每次提交应该是一个完整的任务

每次提交的内容应该是有意义的，而不只是为了达到提交频率的要求而随意提交代码。我们希望每次提交的代码都围绕同一个工作任务，同时能够提交该任务对应的自动化测试代码。

3．让提交构建在10分钟以内完成

工程师通常是没有什么耐心等待的，因此每次构建验证的时间越短越好。尤其是当团队使用"同步模式"时，构建验证的运行时间尤其重要。如果运行时间过长，无疑会降低质量反馈速度。假如提交构建验证失败，那么开发人员需要更大的精力去回忆那次提交的工作上下文，去分析可能的问题所在。

4．提交构建失败后应禁止团队成员提交新代码，也不许其他人检出该代码

当某个团队成员提交代码引起提交构建验证失败时，说明软件整体质量可能存在问题或风险。此时，整个团队不应该再继续提交新的代码变更。这正是应用了丰田式生产管理系统（Toyota Production System，TPS）中的"立即暂停原则"（Stop the Line）。其指导思想是：当生产线上已经发现了问题，就要马上停下来立即解决。如果在问题没有得到解决之前仍旧使生产线保持运行，则只会提高生产残次品的比率。

同样，对软件团队来说，如果提交构建验证已经失败，那么在未修复之前，其他人若

再次提交新的代码，就一定会引起提交构建验证失败。那么，这次失败是由上次失败的原因导致的呢，还是新的代码本身就有问题呢？这会使问题的解决变得更加复杂。

5. 立即在10分钟内修复已失败的提交构建，否则回滚代码

根据之前的讨论，提交构建失败后，在问题被修复之前，团队成员不能提交代码。这会打破团队其他人的开发节奏，甚至令整个项目进度受阻，因此应该立即着手修复。现实中，常见的现象是：正在修复问题的开发者通常声称可以在很短的时间内修复问题，但实际上花费的时间往往比实际预期的时间要长。因此，团队需要制订类似的工作原则：如果x分钟之内无法修复，就应该回滚代码。这样既让修复问题的开发人员有足够的时间思考并解决问题，以免忙中出错，也能让团队可以继续前进。如果修复时间过长，会令整个团队未提交代码的数量积累过多，那么潜在的集成问题可能会更多，问题修复后，积攒的大量代码提交引起提交构建失败的概率更大，修复时间更长，如图9-3所示。

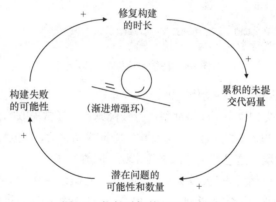

图9-3　修复时间的系统思考图

6. 自动化构建验证通过后，对软件质量有比较大的信心

持续集成的真正目的是得到快速有效的质量反馈，即只要自动化构建成功，对软件质量就有信心。我曾经遇到过一个实施持续集成实践的团队，它完全做到了前面的5项要求。在听到团队负责人的描述时，我觉得这个团队的持续集成实践做得不错。然而，真实的情况却恰恰相反。团队并不觉得他们的持续集成有什么用处。经过详细了解情况后才知道，他们虽然有很多自动化测试用例，但新增的自动化测试用例很少。当原有的自动化测试用例失败时，如果修复比较困难，他们就会删除它。

9.3　速度与质量的权衡

为了能够更全面地反馈软件质量，我们可以增加更多的自动化功能测试用例。而随着自动化测试的不断增加，我们终将会遇到自动化测试运行时间太长，无法在10分钟内反馈执行结果的问题。那么，如何解决这个问题呢？

9.3.1　分级构建

随着产品的发展,自动化测试数量一定会越来越多,运行时间迟早会超过我们能够忍耐的极限。那么,如何既能得到质量反馈,又能兼顾开发人员的工作时间效率呢?一种方法就是Martin Fowler在《持续集成》一文中提到的次级构建(Secondary Build),如图9-4中⑦所示。

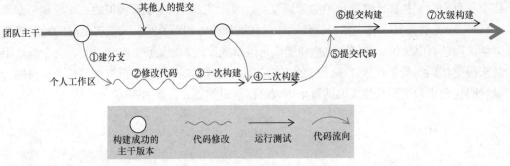

图9-4　持续集成的分级构建

在图9-4中,团队将所有自动化验证分成两部分。将那些运行速度较快、反馈质量高的测试用例,放入提交构建中,而将那些运行较慢或者不经常失败的测试用例放在次级构建环节,作为次级构建验证的内容。当提交构建验证成功之后,马上触发次级构建的执行。细心的读者一定会发现,这已经是"部署流水线"的雏形了。

当在有次级构建的情况下,开发人员只要提交构建验证成功,即可开展其他工作任务,而不需要等待次级构建验证完成返回结果。但是,一旦次级构建验证失败,应该立即发出通知。相应的开发人员收到通知后应当立即进行修复。与此同时,需要通知团队所有人,在问题修复以前,不能再次提交代码。

那么,团队如何决定次级构建的验证内容呢?通常应该把运行时间较长或失败可能性比较低的用例放在次级构建验证中,而将运行速度快或者容易失败的自动化测试用例放入提交构建中。当然,构建集合中的测试用例并非一成不变。团队成员应该定期评估每个构建阶段所包含的测试内容,以确保在提交构建时间足够短的前提下,尽可能提供较高的质量反馈效果,提升团队对提交构建反馈的信心。

9.3.2　多人同时提交的构建

如果次级构建运行时间长(例如30分钟以上),当多人连续提交代码时,很容易出现提交构建均已经运行完成,但前面的次级构建还没有结束,仍旧在运行的情况。这时候,应该如何处理呢?

在计算资源不受限的情况下,我们可以在每次提交构建成功以后,立即触发相应的次级构建，这种做法会有资源浪费情况。例如，在图9-5中，当Sara提交的Rev121所触发的次级构建在10:40失败时，Bob和Martin两人的提交所触发的次级构建已经在运行中了。此时Sara还没有来得及修复，因此Bob、Martin和David的次级构建一定会失败。

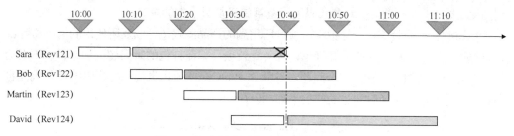

图9-5　每次提交后都有相应的次级构建

当资源受限，或者为了提高资源有效利用率，次级构建验证可以包含多人提交的内容。例如某团队的提交构建需要运行10分钟，次级构建需要运行30分钟。当Sara在10:00提交代码（版本为Rev121）后，提交构建开始执行。当Bob在10:10提交代码Rev122时，Sara的代码刚好完成提交构建，触发了Rev121的次级构建。Rev122的提交构建也启动了，以此类推，Martin在10:20提交了代码Rev123，David在10:30提交了代码Rev124。当Rev124的提交构建完成时，Rev121的次级构建也刚好完成。此时，包含Rev122、123和124内容的次级构建会被触发，如图9-6所示。

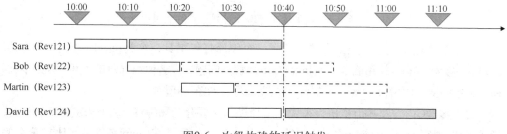

图9-6　次级构建的延迟触发

因为计算资源有限，而且尚未知道Rev121的质量结果，所以图9-6中Rev122和Rev123的次级构建没有被触发。当Rev121的次级构建成功之后，为了节约时间与资源，可以直接触发最新版本Rev124的次级构建。如果Rev124的次级构建失败，那么为了分析问题原因，可以手工触发Rev122或Rev123的次级构建，以方便定位引入问题的版本。

9.3.3　云平台的威力

云计算基础设施的发展为持续集成提供了更强大的资源支持和便利性。我们可以将那些比较耗时和耗资源的步骤放入云平台中执行，执行结束后将验证结果通知构建的所有者。很多验证都可以使用这种方法，无论是自动化单元测试，还是自动化功能测试，或者其他质量验证内容。这里我们仅讨论与编译优化相关的问题。

并不是所有项目都会遇到编译优化问题，但是这个问题的确存在，尤其是在大型C/C++项目中，更加常见。虽然有动态库和静态库这类手段，但是由于语言本身的特点，为了达到高度受控，C/C++项目中对源代码进行全量编译是很平常的事。

所谓源代码全量编译，是指将该项目所用到的产品源代码，以及所使用的第三方库源代码都放在一起，从头开始编译打包，这会导致项目编译打包的时间超过10分钟。本书后续讲解的两个案例都遇到了这个问题。谷歌公司的C/C++项目也使用源代码编译，因此也遇到了同样问题。编译时间过长的后果如图9-7所示。

图9-7   同步模式下编译时间过长的后果

为了解决这个问题，还开发并开源了一个编译打包工具，名为Bazel。当然，可以像第14章的案例那样，使用商业工具IncrediBuild解决问题，或者像第16章的案例中的团队那样，利用一套开源解决方案，定制自己的编译云，如图9-8所示。

对大多数C语言及其衍生语言来说，编译过程主要分为预编译、编译和链接3个步骤。能通过并行执行来提高速度的主要是第二个环节，即编译。在Linux环境下，比较著名的免费工具是distcc。它的作用就是将第二步（编译环节）通过集群方式，将编译任务分配给集群中的很多机器，每个机器完成编译任务以后，将结果回传，用于第三步链接环节。但是，其速度提升的极限阈值是3倍。Distcc的3.0版本以后，引入了基于Python的新工具pump。它可以将第一个步骤中的部分预编译工作进行分布式处理，从而提升编译效率。官方网站指出，它对文件传输、编译过程最高有10倍的效率提升。

distcc仅根据服务器指定的顺序来分配编译任务，无法根据编译池中服务器的负载情况进行动态的编译任务分配。而免费工具dmucs做简单的负载均衡。

既然不能无限提高编译速度，我们如何进一步解决问题呢？在C/C++领域，与distcc配合使用的免费工具是ccache。它的作用是将编译过程中产生的中间文件根据预编译结果，通过hash表缓存下来，以便下次使用。当然，只有命中缓存，才能提升编译速度。对C/C++项目而言，这种增量编译有一定的出错风险，因此通常在最终正式交付前都会做一次源代码全量编译。

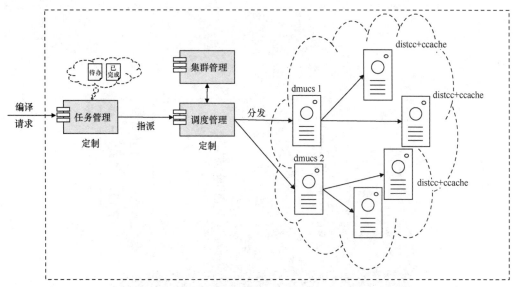

图9-8 利用开源工具建设Linux下的C/C++编译云平台

Java也同样有一些工具支持编译构建加速。例如，Facebook公司的开源项目Buck就是参考谷歌公司的C/C++分布式编译系统，为Java量身定制的编译构建版本，而Gradle工具现在也有增量编译功能。

如果上述方法都已应用，但编译时间仍旧不满足需求，那么，就需要对编译构建脚本和产品代码进行优化了。例如，对C++项目而言，尽量不要把代码的实现函数体部分写到头文件中。因为，每个包含这个头文件的.cpp文件在编译时，都会把这个头文件中的函数实现体编译到对应的.obj文件中。而在"链接"时，会再把这些重复的编译结果过滤出来，仅保留一个就够用了。

对于Windows平台的应用软件开发，你可以通过重新组织Solution文件，来优化一部分编译时间。而对于Java项目，你也可以将一个大项目分解成多个小的子项目，如第7章中所讲的GoCD团队那样，将一个Java大项目拆分成多个组件，先对各种组件分别进行编译打包，再组装在一起。

9.4 在团队中实施持续集成实践

随着IT基础设施及其技术的发展以及工具链的不断完善，持续集成实践的门槛已经越来越低。那么，如何快速开始持续集成实践呢？

9.4.1　快速建立团队的持续集成实践

下面介绍需要维护遗留代码库的团队建立持续集成实践的5个步骤，如图9-9所示。

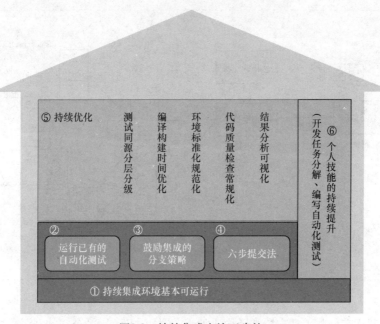

图9-9　持续集成实施五步法

1. 构建脚本化，搭建持续集成框架

（1）选择一款持续集成工具，并完成安装部署。大多数持续集成工具都与软件开发语言无关，因此可以放心选择。目前国内比较流行的工具是Jenkins。如果你的项目是原生云应用，也可以使用持续集成云化服务。

（2）在该持续集成工具上建立一个构建任务，可以从你的代码仓库拉取代码。

（3）写一个脚本文件，可以自动完成软件项目的编译、构建和打包工作。

（4）修改刚刚在该持续集成工具上创建的构建任务，使其可以调用写好的这个脚本文件。

（5）向仓库提交一次代码，验证该持续集成工具可以发现有新代码提交，并拉取正确的代码版本，运行指定的构建脚本。

2. 向构建中添加已有的自动化验证集合

（1）向构建中添加自动化测试用例。通常来说，很多具有遗留代码的大型团队通常都会有一些自动化测试用例集。如果情况的确如此，那么想办法尽快将至少一个自动化测试用例放到这个构建任务中，使其能够在触发后自动执行。

（2）向构建中加入代码规范扫描。市场中有很多代码规范和健康度自动化扫描工具（如SonarQube、Android Lite、CCCC、cppcheck、Clang、Pclint等，当然也有很多商业化工具，如Coverity等）。如果团队已有相关编程语言的代码编写规范，就可以选择其中一种工具，将其加入前面创建的构建任务中，执行代码的自动扫描工作。

3. 选择利于持续集成的分支策略

前面两个步骤完成后，团队已经具备持续集成的基础。现在需要选择一种利于持续集成的分支策略。每个分支都应该建立对应的持续集成环境。而且，如果分支过多，则不利于团队的持续集成效果。因此，团队应该根据实际情况，选择一种利于持续集成的分支策略，并为之建立相应的自动化部署流水线。

4. 建立六步提交法

团队现在已经将整个持续集成流程跑通。虽然构建任务中还只包含少量的质量验证活动，但是一个不错的起点了。如果项目的编译时间过长，可以参考本章的"编译优化"相关讨论来解决时间问题。如果因为代码库过大，代码规范扫描需要时间较长，此时可以退一步使用增量扫描的方式，来缩短时间。

当基本达到六步提交法的时间要求后，就可以对团队成员进行培训，指导团队成员按照持续集成六步提交法的方式进行日常的开发工作。

5. 持续优化

接下来的工作是对其进行优化。通常对那些有很多遗留代码和大量自动化测试用例的企业来说，很难做到六步提交法所设定的时间要求，而且还会有很多原来不成为问题的问题。例如，某测试团队开发了数十个自动化测试用例，但是由于自动化测试编码质量不好，在非人工干预的情况下，批量执行这些自动化用例，其运行结果非常不稳定，经常会出现一些随机失败。随机失败是指在一切条件都没有发生变化的情况下，重复执行自动化测试用例集两次，其运行结果不一致，例如有一些测试用例在第一次运行时结果是"成功"，在第二次运行时的结果是"失败"，其总体运行稳定性只有80%。在这种情况下，团队是无法进行持续集成实践的。由于这种构建结果不可信，如果支持使用六步提交法，那么会浪费很多时间。

如果项目持续时间较长，可能会增加更多的自动化测试。此时就要求团队能够有意识地主动优化，才能不断收获持续集成带来的收益。优化的内容包括但不限于以下几项。

（1）编译打包时间。通过引入各种工具，或者重新组织和优化编译找包脚本，系统模块拆分与组合等。

（2）代码分支策略。随着持续集成的深入，团队会进一步选择利于持续集成的分支策略。

（3）自动化测试用例的分层分级。随着自动化测试用例的种类及数量增多，需要对不同类型的自动化测试用例进行分层分级管理。分层是指按测试目标分层，如单元测试、集成测试和端到端的测试。分级是指按反馈速度和反馈质量进行分级，在资源不充裕的情况下，将各种测试用例放入不同的级别中（如提交构建任务和次级构建任务），并按线性方式顺序执行。

（4）测试验证环境的准备。有时测试环境的准备时间较长，耽误持续集成的时间，我们就需要将测试环境的准备工作进行梳理，减少人工参与，保证测试环境的准备时间。如果测试用例较多，我们可能需要同时准备多套测试环境，此时测试环境的自动化准备工作更是非常重要。

（5）优化编码规范扫描。之前我们可以使用了最少量的编译规范。随着实践的深入，团队可以逐步增加、修改和调整编码规范，使其符合团队代码质量的要求。

（6）生成数据报告。让每个人随时都能够方便地掌握当前的代码质量状态。

6. 工程师改变习惯，并提升技能

持续集成是一个积极的团队协作实践，要求工程师主动提前集成，而不是推迟集成。这与人们"推迟风险"的心理相违背，需要工程师改变工作习惯，将大块任务尽可能拆分成细粒度的工作。同时，频繁运行的自动化测试套件依赖于自动化测试用例的稳定性与可靠性。因此，需要工程师投入一些时间来学习相关的方法与技巧。关于自动化测试的实施方式与编写要求参见第10章。

9.4.2　分支策略与部署流水线

细心的读者已经发现，持续集成实践中的提交构建和次级构建已经组成了一个简单的部署流水线。正如第1章所述，最早提出部署流水线的概念时，也是基于持续集成实践。但是，如果需要多个团队协作共同开发大型复杂软件（例如手机操作系统）时，就需要仔细设计团队之间的持续集成方式。

一般来说，团队间的持续集成方式与团队所采纳的代码分支策略密切有关。可以确定的是，每创建一条分支，都应该立即创建与其对应的部署流水线，直至该分支的生命周期结束（被弃用或者合并回去）。

1."主干开发，主干发布"策略

如果软件产品只有一个代码仓库，并且团队采用"主干开发，主干发布"的方式，那么，团队只需要对该代码主干做持续集成。也就是说，开发该产品的团队只需要架设一个持续集成服务，关注代码主干的代码变更即可。GoCD团队在产品未正式发布以前，就是采用这种方式做持续集成，如图9-10所示。

2."主干开发，分支发布"策略

如果软件产品只有一个代码仓库，并且团队采用"主干开发，分支发布"的方式，那么，团队每当准备发布时应该创建新的发布分支，并为这个发布分支创建对应的部署流水线，因为团队成员会在该分支上修改缺陷，提交代码，如图9-11所示。

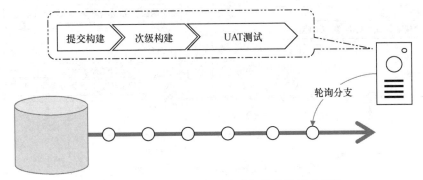

图9-10　"主干开发，主干发布"的持续集成策略

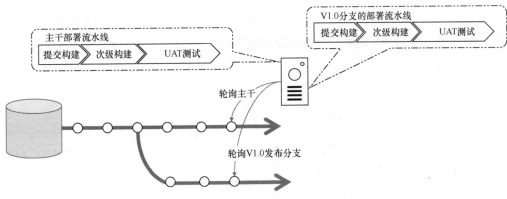

图9-11　"主干开发，分支发布"的持续集成策略

3."分支开发，主干发布"策略

如果软件产品只有一个代码仓库，并且团队采用"分支开发，主干发布"的方式，那么团队需要为每个开发分支架设一条对应的部署流水线，并且每当有分支向主干合入代码时，立即触发主干对应的部署流水线。当分支上的代码提交不再活跃，或者分支直接被删除后，其对应的部署流水线也可以被删除，如图9-12所示。这种持续集成方式多见于大型复杂软件产品的"团队分支"开发方式。

4."多组件集成"策略

本策略是指软件产品由多个服务或组件构成，并且每个服务（或组件）有独立的代码仓库，每个仓库由多人贡献代码。此时，每个独立代码仓库可能都有自己不同的分支策略。此时，根据前面讲述的3种不同策略，为每个独立代码仓库建立各自的部署流水线。然后，再创建一条集成用的部署流水线，该流水线并不轮询任何代码仓库，而是由上游的多个部署流水线触发。一旦上游的部署流水线成功完成，这条负责集成的流水线就应该对获取上游流水线生产的软件包进行集成构建验证。

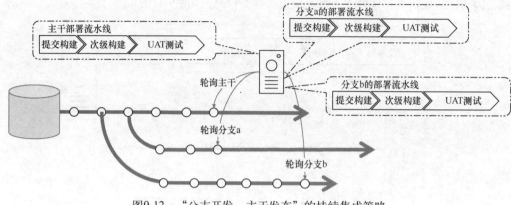

图9-12   "分支开发,主干发布"的持续集成策略

例如,每个组件都使用"主干开发,主干发布"策略,那么,该产品的多组件集成策略如图9-13所示,每个代码主干对应一条部署流水线,所有主干部署流水线均对应同一条集成部署流水线。

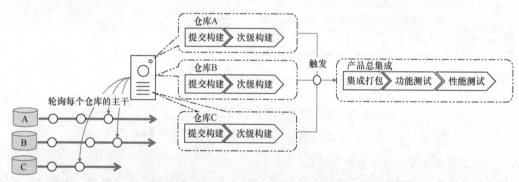

图9-13   多组件"主干开发,主干发布"的部署流水线集成模式

当然,上面讲述的4种持续集成模式仅是最基本模式,在实际软件产品生命周期中,根据团队规模、产品形态、组件化程度与发布策略的不同,真实的部署流水线通常是上述4种模式的组合。

9.5 常见的实施问题

在实施持续集成实践的过程中,我们通常会遇到很多困难,而这其中有一部分来自团队原有的工作习惯(例如,开发人员在自己的开发任务完成之前不希望与别人的代码进行集成、测试人员希望在一批特性开发完成之后再集中进行测试等),还有一部分是由于技术研发管理的缺乏导致的,例如开发、测试和运维环境没有分离或分离不彻底,多人共用测试环境,各类测试环境的准备工作很复杂等。我们在本章中只讨论下面3个关于工作习惯的问题，其他问题在后续章节讨论。

9.5.1 工程师的开发习惯

在没有进行持续集成实践之前，很多公司对开发工程师的代码提交粒度和频率并没有太多要求，尤其是使用传统瀑布开发方法的组织。2009年，我在某通信公司做咨询时发现，在两个月的开发阶段里，团队成员将SVN代码仓库仅仅作为一个防止代码丢失的仓库，每次提交之后是否能够编译通过也没有人关注。一些工程师甚至两个月都不提交代码，一直将代码保存在自己的开发工作站上。到了最后团队集中联调，甚至是马上要进入提测阶段时，才将代码提交到SVN仓库中。

如果工程师习惯于长时间不与其他人的代码进行集成，则在刚刚开始使用持续集成实践时，很难立即达到前面所说的"持续集成最佳状态"，如小步提交、代码完整、不影响已有功能等。但是，如果能够遵循第6章中对需求拆分的实践，则有助于加快质量反馈速度，达成良好的持续集成效果。强调开发质量和质量打磨周期的持续缩短是影响工程师习惯的入手点。

9.5.2 视而不见的扫描问题

持续集成的一个重要工作就是"能够快速验证当前构建产物的质量"。通常我们会有一系列的手段来完成这一质量验证，其中"打包测试"（build verifaction test）、"代码规范扫描"和"代码动静态扫描"这3个是相对投入成本比较低、执行成本不高，比较容易实施，各团队可以从这里入手。

但是，值得注意的是，扫描的结果常会被工程师忽视。其原因可能有两个：一是团队成员对扫描规则没有达成一致，部分工程师对其中的问题有异议，但这种异议被管理者所忽视；二是扫描出来的问题太多，无从下手修复。

第一个问题的原因是团队技术管理问题，代码规范没有统一标准。此时，首先应该由团队技术负责人与团队一起学习代码规范，讨论并制订团队的代码标准，并记录达成一致的检查项，再进行自动化扫描。

第二个问题通常发生在产品研发进度紧张的时候。此时应该执行"童子军营地法则"，即保持质量指标不再恶化，例如，"每次提交代码都让问题数减少，至少不能增加"；或者限期整改，如"3个月内将严重问题清零"。同时，也可以开发一些方便易用的工具，工程师可以用它方便地发现相关的编码规范问题，并及时修正。

9.5.3 自动化测试用例的缺乏

测试活动是目前团队最重要的质量保证活动之一，而由测试人员进行集中性手工测试是一种"慢反馈"，也就是说，只有当代码功能开发完成，并且软件可运行之后，才能执行测试用例，而且需要协调开发人员与测试人员的工作时间表。

假如有自动化测试用例，我们就可以想办法在每次集成构建之时自动执行它，在不需要其他人的帮助下，每个工程师自己都可以随时执行这些自动化测试用例，那就更棒了。

目前的大部分自动化测试用例仍旧是由人编写的代码，因此需要有良好编码技能的工程师。在持续集成实践中，这些自动化测试用例扮演着重要的角色，需要非常稳定且正确地执行，否则，其反馈的结果（如随机失败）很容易产生误导，浪费工程师的宝贵时间。

关于如何制订测试策略，做好测试管理，以及如何编写好的自动化测试，我们将在第10章中介绍，本章不再展开讨论。

9.6 小结

本章主要讲述了持续集成的起源，团队实施持续集成的原则，介绍了持续集成6步提交法，以及快速建立团队持续集成实践的5个步骤。并不是安装部署了一个持续集成服务器，每天用它进行自动化编译打包，就说明团队正在使用持续集成实践。要真正做到持续集成，获得最大的持续集成收益，需要做到以下6点。

（1）主干开发，频率提交代码。

（2）每次提交都是完整有意义的工作。

（3）提交构建阶段在10分钟之内完成。

（4）提交构建失败后，立即修复；且其他人不得在修复之前提交代码。

（5）应该在10分钟内修复失败，否则回滚引起失败的代码。

（6）自动化构建成功后，团队对软件质量比较有信心。

第 **10** 章

自动化测试策略与方法

在上一章中，我们讨论了"持续集成"的定义、六步提交法和团队持续集成模式。要想发挥持续集成的真正作用，一个至关重要的部分就是自动化测试策略。

在本章中，我们主要讨论软件进入生产环境之前的自动化测试管理，包括自动化测试的自身定位、传统自动化测试的困境、利于反馈的自动化测试实施策略以及如何编写易维护的自动化测试用例。

10.1 自动化测试的自身定位

一般来说，测试领域有4类基本活动，它们分别是问题认知、分析、执行和决策。其中，"问题认知"是指对业务问题本身的理解和认识。其主要信息来源于持续交付"8"字环中的探索环。"分析"是指"测试分析和设计"，通过对业务问题的认知，分析并设计能够验证是否成功解决业务问题的方式和方法，通过不断优化，在确保验证质量的前提下，使测试成本最低。"执行"是指执行由测试分析环节产生的测试用例，得到测试结果或数据。而"决策"是指根据测试结果做出下一步行动判断。

在这4类活动中，只有"执行"环节存在大量重复性的劳动，其中很多都可以由机器来承担，而自动化测试就是发挥机器的优势，将人从重复的手工劳动中解放出来。那么，到底有哪些类型的测试可以被自动化呢？根据Brian Marick提出的敏捷测试的四象限分类法（如图10-1所示），我们可以将不同类型的测试放入其中。"面向业务专家"是指能够与业务专家无障碍沟通；"面向技术人员"是指容易与技术人员达成共识。"支持编程"是指它的第一目标是为了帮助产品研发团队自己检查功能需求是否开发完成；"评判项目"是指用于找出产品是否有缺陷。

第二、三象限中的测试类型都可以被自动化，包括功能验收测试、单元测试、组件测试和系统集成测试。其中，功能验收测试是从用户的角度来验收软件功能，而单元测试、组织测试和系统集成测试都是软件研发团队对于自我软件技术实现的验证。第四象限中的非功能验收测试（包括安全测试、性能测试等）中，有一部分可以被完全自动化，但大多数都至少可以半自动化。第一象限中的测试类型通常都只能通过手工方式运行，例如软件演示、用户体验测试和探索性测试。本章主要讨论第二象限和第三象限中的测试类型。

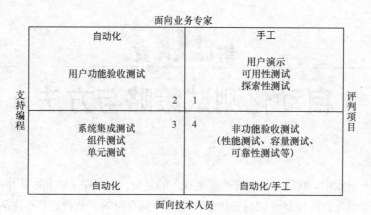

图10-1　Brian Marick测试四象限

10.1.1　自动化测试的优势

与手工测试相比，自动化测试在以下方面有较大的优势。

- **减少失误率，提高准确性。**自动化测试每次执行时都会执行相同的步骤，并且每次都会记录详细的执行结果，且不受"人"的因素影响。而人在执行重复性工作时，由于个人经验和当时的个人情绪不同，很可能会对执行结果产生不同的影响。
- **节省时间和执行成本。**在软件的整个生命周期中，测试活动需要经常重复，以确保质量。当每次源代码被修改时，软件测试都应该重复进行。而在每次软件新版本的发布之前，都要在所有支持的操作系统和硬件配置上进行测试。自动化测试用例一旦被创建，就可以做到无人值守地运行，它们甚至可以在不同配置的多台电脑上并行运行，而且可能比手动测试快。自动化的软件测试可以将重复的手工测试的时间从几天缩短到几小时。尤其是在软件生命周期较长且发布频率较高的情况下，时间成本的节省非常明显。
- **提升测试覆盖度。**自动化测试可以增加测试的深度和范围，以帮助提高软件质量。例如，自动化测试可以查看应用程序内部的运行情况，如内存使用、内存中的内容及数据表、文件内容和内部程序状态，以确定产品是否按预期运行。自动化测试可以在每次测试运行中轻松执行数千个不同的复杂测试用例，从而提供手动测试所不及的覆盖范围。
- **做手工无法完成的测试。**即使是最大的软件质量保证部门，也无法手工模拟成千上万的用户同时受控的网络应用测试。而自动化测试却可以模拟数千个虚拟用户，与网络、软件和Web应用程序进行交互。
- **为开发人员提高质量反馈速度。**在将软件提交到质量检查部门进行验证之前，开发人员就可以使用这些共享的自动化测试，快速发现问题。无论何时检入源代码更改，测试都可以自动运行，并通知团队或开发人员是否失败。这会大量节省开发人员的时间，同时也增加他们对自己编写的软件代码质量的信心。

- **提高团队士气**。尽管士气很难衡量，但可以感受到。使用自动化测试执行重复性任务，可以让团队将时间花在更具挑战性和更有价值的活动中，如探索性测试。团队成员可以提高自己的技能和信心，同时技能与信心的提升也回馈给他们的团队。

10.1.2 自动化测试所需的投入

事物都具有两面性。自动化测试带来收益的同时，也会产生成本，同时也无法覆盖。其成本包括以下几方面。

- **工具投入成本**。由于自动化测试需要工具支持，因此需要进行相关测试工具的研发投入。同时，还需要对团队成员进行专有测试架构和工具的使用培训。
- **用例维护成本**。软件在其整个生命周期中，通常都会不断地进行功能的添加、删除和修改。此时，原有的自动化测试用例代码也需要进行相应的改动，带来一定的修改成本。
- **专业技能人员的成本**。创建自动化测试用例，必然要编写代码。要求自动化测试用例的创建者掌握软件设计与代码编写能力。
- **设备资源的投入**。由于自动化测试无法完全代替手工测试，因此，我们不但需要保留手工测试所需要的测试环境，同时还要为自动化测试用例的执行准备相应的测试环境。

与手工测试相比，其不足在于"无法观察执行过程"。自动化测试用例在执行时，只做执行脚本要求它做的事情，并没有任何主动观察、认知和分析能力。

因此，自动化测试用例最擅长回答的问题是"软件系统是否按照我们预先设计的方式正确运行了？"，而这里的"预先设计"也是由工程师编写代码完成检查条件的设定的。因此，自动化测试主要用于软件功能的批量回归验证，是一种机械式且重复性的验证工作，而这正是机器所擅长的。相反，手工测试的最核心价值在于回答"我们是否正在开发一个正确的、满足用户期望的软件系统？"，因为在手工测试过程中，我们可以主动观察、学习和分析，进行更具有创造性的工作，例如探索测试、用户友好性验证或者用户体验的改善。这种类型的工作是机器不擅长的，目前也无法由机器来做。

假如一款软件仅需要一次执行质量验证工作，那么，此时一定是手工测试的收益最大，因为它完全发挥不了自动化测试的优势。然而，在现实情况下，这个假设基本上是不成立的。我们总是需要做回归测试工作，而且随着交付周期的缩短，回归测试工作的频率也在不断增加。如果我们依赖自动化测试，则自动化测试的执行次数增加，会使其投入产出比也增高，如图10-2所示。两条曲线的交点到底在哪里，取决于多种因素，如平均人力成本、时间成本、设备成本、测试执行的频率以及产品生存周期等。

10

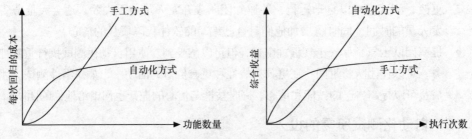

图10-2 自动化测试与手工测试的成本收益对比示意图

10.2 突破传统自动化测试的困境

自动化测试本身并不是一个新事物。自从软件诞生以来，很多软件团队都会为了消除手工重复劳动而投入对测试用例的自动化活动。这些测试用例主要集中于覆盖软件的最基本功能，由测试部门负责编写、维护和使用。一个常见的用途是作为提测前的一个自动化检验标准，也就是说，当开发部门完成开发以后，在提交给测试部门进行手工测试之前，必须运行这些自动化回归测试用例，并达到测试通过的标准，而这些自动化测试用例的创建流程通常如图10-3所示。

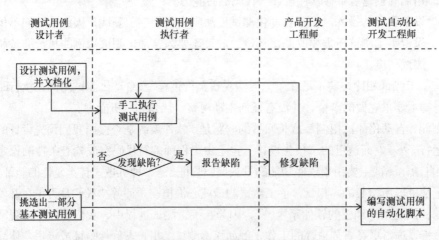

图10-3 传统自动化测试用例的生产流程

- 第一步：测试分析者设计测试用例，并文档化。
- 第二步：测试执行者执行测试用例，并报告bug。
- 第三步：开发人员修复bug。
- 第四步：测试执行者再次执行测试，直至验证通过。
- 第五步：测试自动化专家从测试用例文档中选出一些重要且变动可能性较小的测试用例。

- 第六步：对挑选出来的重要测试用例编写自动化脚本，并归入自动化回归测试用例库。

10.2.1 传统自动化测试的特点

这种流程产生的自动化回归测试用例通常有以下6个特征。

（1）**测试用例执行成本高**。多为黑盒自动化测试用例，而且通常是以模拟界面操作来驱动的系统集成测试。这种测试用例需要模拟真实用户的界面操作，同时要在界面捕获系统返回的结果。除启动被测系统时所需的初始数据以外，每个用例运行前都要为其准备数据，运行结果后要清理脏数据。而因为处理流程较长，需要为每个用例准备的数据较多，因此花费时间和精力较多。

（2）**自动化测试执行频率低**。自动化测试用例通常只在软件开发完成之后，作为进入测试阶段的准入标准，以及系统回归测试时使用。

（3）**质量反馈滞后**。大部分测试用例是对软件应用主要操作流程的回归用例，无法覆盖当前版本正在开发的新功能。另外，在用例运行过程中，为了能够安全运行，经常会通过类似Sleep这样的指令，令流程暂停，以等待系统处理完毕，再继续下面的操作流程。因此，非常消耗时间。

（4）**测试环境准备成本高**。由于这些自动化测试用例通常都是端到端的自动化测试用例，因此需要准备完善的测试数据集和整套的运行环境。测试环境的搭建过程中手工操作比较多，甚至需要多人参与，成本较高。

（5）**测试结果可信度低**。受机器硬件配置、网络状况、用例的处理流程长度等多种因素影响，端到端的自动化测试用例可能会随机失败，也就是说，在一切条件不变的情况下，多次运行同一个自动化测试用例，运行结果不同，有时成功，有时失败。正是由于这种自动化测试用例自身的不稳定性，令测试结果的可信度大大降低。另外，大型团队协作也会给端到端测试带来困难。例如，界面需求的改动未能及时通知测试团队，导致没有及时更新原有的自动化测试用例，最终导致与改动相关的测试用例因未及时更新而运行失败。以上这些因素会促使软件研发团队更倾向于忽略这些自动化测试用例的存在。

（6）**人员依赖性强**。编写自动化测试用例很大程度上依赖于少数测试开发专职人员。

这类自动化测试用例编写和执行方式适合于版本发布周期较长、使用传统瀑布开发方法的团队。随着软件需求多变性的增加、软件功能复杂性的不断提高以及人机交互要求的提高，软件版本迭代速度越来越快，这种自动化测试用例的投资回报率越来越低。

10.2.2 自动化测试的分层

将图10-1中第二象限和第三象限的自动化测试类型按照其所覆盖的被测对象范围自大向小进行分层，如图10-4a所示，我们会发现，传统自动化测试方式产生的测试用例类型多为用户验收测试和系统集成测试，其测试用例的被测对象范围也较大，单个测试用例运行时间也较长。同时，用例数量也较多。而由于开发人员通常不参与自动化测试的建设，因此下面两层的自动化测试数量较少，从而形成了"头重脚轻"的情况，被形象地称为"容易融化的测试蛋筒冰淇淋"，如图10-4b所示。

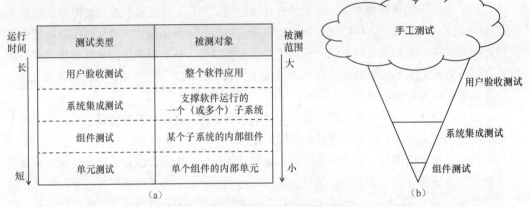

图10-4　测试类别与被测对象范围的对应关系

这种"蛋筒冰淇淋"模式不利于持续集成。在第9章中，我们要求在提交代码前后都要执行自动化测试用例，并且强调自动化测试要对被测软件提供快速且高质量的验证反馈。因此，"快、捷、时、信"成为持续集成实践对自动化测试建设的4个基本衡量维度。

（1）**快速**。"快速"是指自动化测试用例的执行速度要快。假如一组自动化测试用例需要30分钟才能执行完成，那么它能提供的质量反馈周期就一定会超过30分钟。因为还至少需要编译、打包、部署操作。对那些编写大量端到端自动化测试用例的团队来说，30分钟是远远不够的，但是持续集成的要求却是"最好在10分钟之内，不要超过15分钟"。

（2）**便捷**。"便捷"是指团队中的每名工程师都能够随时随地很方便地执行自动化测试用例，而且不需要他人帮助，也不会影响到他人。如果无法做到"便捷"，人们就会倾向于"推迟反馈"，直至其认为执行一次自动化测试用例的收益足以抵销"测试准备工作"的成本。

（3）**及时**。"及时"是指一旦功能发生了改变，就能够通过自动化测试用例的运行，告知本次代码变更对软件质量的影响，包括对原有功能的影响，以及新增功能的质量情况。如果工程师已开发完成新功能，但没有自动化测试用例及时验证新功能和这次改动对其他功能的影响，就可能会导致反馈速度的降低。

（4）**可信**。"可信"是指自动化测试用例运行后的结果可以信赖，不存在随机失败（或成功）的现象。这种随机失败现象是由于测试用例运行不稳定所致。持续集成实践要求一旦自动化测试用例失败，必须立即修复。这种随机失败现象会大大增加工程师的"无效投入"，也会令工程师对持续集成的结果失去信心，从而导致他们对真正失败的测试用例视而不见，这就会失去持续集成的重要意义。

　　传统自动化测试的生产和执行方式很难满足以上4个基本要求。为了达到"快速"和"可信"，就必须改变自动化测试用例在不同层次中的测试数量。正如Mike Cohn在《Scrum敏捷软件开发》一书指出，针对被测对象范围较大的上层测试用例，数量应该越少，而被测对象粒度较细的下层测试用例数量应该增加，形成稳定的正三角形，如图10-5所示。

　　下层测试用例的成本（包含代码维护成本、测试准备成本和执行时间成本）低于上层测试用例，例如，在某J2EE Web软件应用项目中，其各层自动化测试用例数量分布如图10-6所示，下层的单元测试数量远远多于上层的系统集成测试和用户验收测试的数量，但其运行时间却非常短。因此，我们应该鼓励使用下层测试用例来验证功能逻辑，这样更容易满足持续集成对自动化测试的4个基本要求，从而形成良性的工作循环。针对某一软件应用或服务，并不是所有层次的测试都必须齐备，而是要根据软件应用本身的特点、软件交付的要求以及团队能力来选择。而且，下层测试用例不可能完全取代上层测试用例。但是，假如可以选择（如那些下层测试用例可以覆盖的逻辑与场景），为了提高测试运行的速度和降低成本，应该尽可能使用下层测试用例。

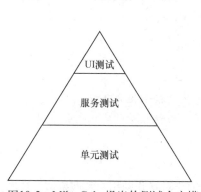

图10-5 Mike Cohn提出的测试金字塔

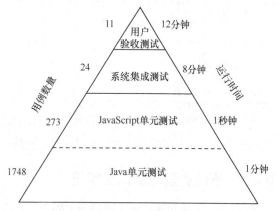

图10-6 某J2EE软件应用的自动化测试数量与运行时间

谷歌公司的自动化测试金字塔

　　谷歌公司的软件产品开发过程严重依赖于自动化测试用例。每次代码提交前，都会自动运行很多自动化测试用例。如果自动化测试用例没有通过，则通常无法进入流程的下一个环节，即"代码评审"。而且，谷歌公司对自动化测试用例也有其内部的"金字塔"划分方法，也就是说，自动化测试用例被分为3种类型，分别是大型（large）、中型（medium）和小型（small），如图10-7所示。

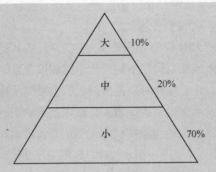

图10-7 谷歌公司测试金字塔

这3种类型自动化测试的具体区别如表10-1所示。

表10-1 谷歌公司自动化测试的分类方法与定义

测试用例中是否会使用	小型测试	中型测试	大型测试
网络访问	否	仅访问localhost	是
数据库访问	否	是	是
文件访问	否	是	是
使用外部服务	否	不鼓励	是
多线程	否	是	是
使用Sleep语句	否	是	是
使用系统属性设置	否	是	是
运行时间限制（毫秒）	60	300	900+

当然，这在谷歌公司内部并不是一个测试用例数量上的强制性分布标准，而是一个指导性建议。谷歌公司的产品线较多，针对不同的产品，测试数量的比例也会不同。

10.2.3 不同类型的测试金字塔

随着技术飞速发展，互联网用户大幅上升。为了能够应对互联网用户和网络请求数的指数级增长，互联网企业开始将其软件架构向服务化和微服务方向过渡，掀起了大规模分布式应用服务浪潮。很多后台软件服务也逐渐开始由巨石应用架构被拆分成面向服务的架构（SOA），服务与服务之间通过RPC（Remote Procedure Call，远程过程调用）等方式进行交互。

2011年以后，各类移动设备快速崛起，移动互联网用户飞速增长，移动互联网企业数量呈现爆发性增长，而企业与企业之间通过服务接口方式进行信息交换的需求也非常大。面向服务架构进一步发展，慢慢出现了微服务架构。后台服务化模块被拆分成很多的微服务。同时，客户端软件则向组件化或微核架构发展，如图10-8所示。关于巨石应用架构、微服务架构与微核架构的更多信息参见第5章。

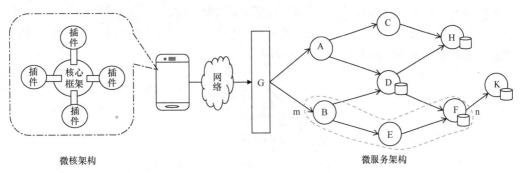

图10-8　微核架构与微服务架构示意图

1. 微核架构的测试金字塔

微核架构的测试金字塔如图10-9所示。最顶层的端到端自动化测试是指通过模拟界面操作来驱动的自动化测试；API自动化测试指在UI层之下，通过API接口来驱动下层业务逻辑的自动化测试；组件或插件间服务的接口自动化测试主要是验证两个或两个以上组件（插件）间的功能正确性；组件测试是对单个组件或框架本身进行质量验证；自动化单元测试则是最细粒度的自动化测试。

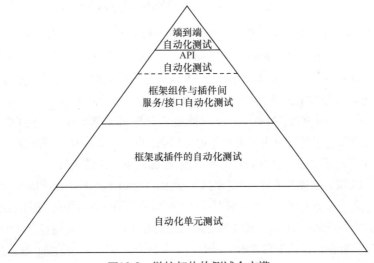

图10-9　微核架构的测试金字塔

2. 微服务应用的测试金字塔

图10-10给出的是微服务应用架构的测试金字塔。其中**单元测试**是指对软件中的最小可测业务逻辑单元进行检查和验证。单元就是人为规定的最小被测业务逻辑功能模块，一般会根据实际情况判断"一个业务逻辑单元"所指的具体含义。例如，在C语言中，单元

可能是指一个函数（如一个加密算法）。像Java这类面向对象的语言中，单元也可以是一个Class（如RequestDispatcher）。其特点是对外部依赖（如文件系统、网络等）比较少，测试运行时不需要系统处于运行状态，而且测试运行速度快。业务单元测试与原始的单元测试相比，更加强调业务逻辑单元，而非代码功能。

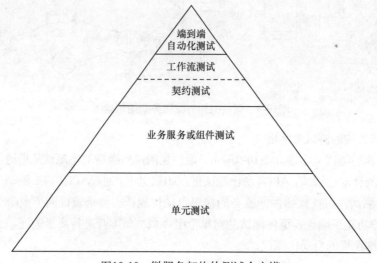

图10-10　微服务架构的测试金字塔

（1）**业务组件或服务测试**，是指对单个组件或服务的测试，以验证该组件的行为是否符合设计预期。组件是由多个最小业务逻辑单元组成的代码块，对外提供一组相关业务功能的集合。它既可能与本系统内的其他组件交互，也可能负责与外部集成点进行交互（外部集成点既可以是与外部系统交互的接口，也可以指其他团队正在开发的组件）。例如，持续集成工具GoCD中的类MaterialService就是负责与Git或者Subversion打交道的一个组件。组件测试通常也不需要应用系统处于运行状态，但有可能涉及外部依赖（如文件系统、网络、数据库等），因此测试用例的运行速度可能会比单元测试稍慢。

（2）**契约测试**，又称为消费者驱动的契约测试（consumer driven contracts test）。契约是指软件系统中各个服务间交互的数据标准格式，更多的指消费者与服务提供方之间交互的数据接口的格式，如图10-11所示。其目标是测试消费者接口与服务者接口之间的正确性，验证服务者提供的数据是否为消费者所需要的，从而将测试范围缩小到两个服务之间的契约，以更低的成本更早地发现问题，更快速地验证消费者和服务提供者之间交互的基本正确性。

（3）**业务工作流测试**，是指启动运行两个或以上微服务，进行业务流程上的测试，以验证多个被测服务之间是否可以正常工作，完成某一业务请求。关注的是多服务组合交互、测试接口连通性和流程的可用性。例如，如图10-8中所示，对于服务B、C和F的测试就是服务之间的工作流测试。对B的输入是m，那么经过B、C和F的处理，输出应该是n。

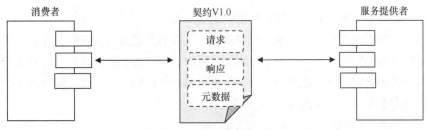

图10-11 服务间的契约

（4）**端到端测试**，指对整个软件服务的流程进行测试，以验证其工作流自始至终的执行是否符合设计预期。进行端到端测试的目的是识别系统依赖关系，并确保在各种系统（包括外部依赖以及多个内部系统）之间传递正确的信息。一种常见的端到端测试是模拟用户在可视化用户界面上执行各种操作。如果软件服务还对外提供非可视界面的服务（如API调用，甚至通过文件或数据库进行信息交换），那么，这类测试也归属于端到端的测试。它从用户的角度验证整个功能的准确性和可用性，测试的是端到端的业务流程，并不会关注某一细小功能点的实现。

10.3 自动化测试的实施策略

自动化测试是一种软件开发实践，也不是一种新鲜事物。在没有任何测试辅助框架时，很多优秀的开发者就会为自己写的代码编写自动化测试，例如，在C/C++工程中，就有一种非常古老的做法，也就是，在每个C/C++文件中都添加一个Main函数，用来验证该文件中的一些函数实现。现在，每种开发语言都有对应的自动化测试框架，常常不只一种。

如前所述，自动化测试用例也不是免费的，需要花费一定的成本，而每个公司都会考虑投资回报率。因此，我们需要更聪明地启动自动化测试实践，尤其是面对遗留系统之时。

10.3.1 增加自动化测试用例的着手点

针对一个遗留系统，开始启动自动化测试实践，要从哪里入手呢？除牢记要避免"蛋筒冰淇淋"式的测试用例分布以外，还可以从以下4个方面入手。

1. 针对代码热区补充自动化测试用例

代码热区是指那些代码改动频率相对较高的文件或函数，以及经常出问题的功能组件。对那些不经常改动又长期运行的代码来说，事实已经证明它们运行稳定，因此也不必马上为它们写自动化测试用例。只有为代码热区写自动化测试，才是投入产出比最划算的。

2. 跟随新功能开发的进度

最好能跟随开发进度，编写对应的自动化测试用例。因为这些自动化测试用例可以直接应用，给当前的功能开发提供及时的质量反馈。如果只是在补充原有功能的自动化测试用例，那么自动化测试的功能覆盖很可能一直落后于功能开发，无法及时起到保护网的作

10

用，这让你在自动化测试方面的投入价值会大大降低。

当然，这种跟随策略对团队要求比较高，必须做到沟通及时且顺畅。这也是在工程管理方面比较优秀的软件公司中，大多数的自动化测试用例是由软件开发工程师自行负责编写的原因。因为对同一个功能来说，如果一个人写生产代码，另一个人写测试代码，那么他们之间就需要沟通，产生沟通成本。

3. 从测试金字塔的中间层向上下两端扩展

如果你还没有自动化测试用例，刚刚打算开始写自动化测试用例，那么在测试金字塔中，测试最好从中间层级别开始入手，投入产出比最高。例如，前面提到的在线视频网站的例子中，对于采用微服务架构的服务端软件，最好从契约测试层开始着手。而对移动端应用来说，最好从组件级或API级的测试开始入手。

4. 自动化测试用例的质量比数量重要

自动化测试也是代码，需要维护，维护就要产生成本。因此，在达到质量目的的前提下，自动化测试用例越少越好。

首先，数量够用就行，绝不要写不必要的测试代码。客户不会为你的自动化测试代码买单。有多少个自动化测试不重要，对代码质量有信心才是重要的。好的自动化测试比测试数量重要。

其次，不要在不同层级的测试（例如单元测试层和组件测试层）中，针对相同的逻辑编写测试用例。

最后，要在实现成本最低的测试层级上进行相应业务逻辑的测试。例如，在组件和服务层级能够覆盖的业务逻辑，就不要用端到端的测试用例来覆盖。一些在单元测试层级上不容易构造的测试，也可以在其上一层级编写测试用例进行验证。

10.3.2　提高自动化测试的执行次数

一旦团队决定在自动化测试方面进行投入，为了提高自动化测试的收益，那么，提高自动化测试的执行次数是一种不错的好办法。当然，我们并不是鼓励在同一场景下重复执行多次测试用例，而是指在多个不同的场景中重复利用这些已经写好的自动化测试用例。例如，开发人员在修改代码的过程中，提交代码变更前，提交代码变更之后，多人提交代码后的集成之时，而不仅仅是正式提测时才执行一次测试用例。如何才能真正有效地提高执行次数呢？

1. 共享自动化测试用例

任何人写的自动化测试用例都是公司的资产。因此，在整个团队共享这些自动化测试用例，让所有人都能够受益，才是使自动化测试用例价值最大化的最佳方式之一。

2017年，我帮助过一家互联网创业公司，当时公司开发人员有50多人，测试人员为8人，全部做手工测试。其中一名测试人员非常好学，自己学会了Python和测试工具Postman。

于是他写了很多接口自动化测试，并且每天会运行几次自动化测试，用于验证生产环境的所有接口是否正常工作。然而，这些自动化测试用例只保存在他自己的计算机中，也只有他自己可以执行。

假如他能将这些自动化测试用例进行一定的重构，使其可以针对不同的环境（如测试环境、预生产环境）进行适配，那么这些自动化测试用例就可以在多个环境下共享。

假如他能将这些自动化测试用例放到团队的代码仓库中，就可以与其他人员共享。那么，可以让更多的人员来使用它，节省更多的人力资源。

假如他能将这些自动化测试用例集成到他们的持续部署流水线中，那么就可以自动执行，做到无人值守。

2．开发人员是自动化测试的第一用户

如果每个软件开发人员在编写代码的时候，随时都能够非常方便地运行自动化测试用例，将自动化测试用例作为开发过程中的质量保护网，快速得到修改代码以后的质量反馈，那么这些自动化测试就会每天被运行多次。因此，要真正发挥自动化测试的威力，应该将其作为开发人员日常开发中的一张质量保护网，而不是测试人员用来验收开发人员工作成果的工具。

10.3.3　良好自动化测试的特征

为了能够让所有人更好更容易地执行自动化测试，满足"快速、便捷、可信、及时"的基本要求，我们需要编写良好的自动化测试。通常来说，良好的自动化测试用例具有以下特征。

1．用例之间必须相互独立

测试用例之间应该是相互独立的，即前一个用例的执行结果对后一个用例的执行没有影响。在采用传统工作方式的自动化测试用例中，经常会见到将前一个测试用例的结果作为后一个用例的输入。这就产生了用例之间的执行顺序依赖，导致用例只能线性执行。一旦测试用例过多，会导致执行时间太长，大大降低自动化测试的反馈效率。而且一旦测试执行失败，查找测试失败的原因也比较困难。

2．测试用例的运行结果必须稳定

"稳定"是指当测试脚本和被测代码都保持不变的情况下，多次执行的测试结果应该是稳定的、不变的。不稳定的测试用例只会给出错误的质量信号，或者导致团队浪费太多的时间。对持续集成来说，不稳定的测试还不如不测试。

3．测试用例的运行速度必须快

当一个测试用例由多个执行步骤组成时，每个步骤都需要一定的执行时间。为了让测试更稳定，在写测试用例时通常都会让每一步骤有充分的执行时间，因此，经常会在一些步骤中使用类似sleep（2000）这样的语句让应用程序等待足够的时长。这种做法通常会导致测试用例执行时间变长。

我们通常有两种方式应对这种问题。一是将一个测试用例分解成多个独立的测试用例，每个用例仅测试原有测试用例的一部分，这样就可以并行执行。二是将"等待"改为"轮询"，即以很小的时间间隔来不断查询是否到达下一步执行的状态。这样可以减少等待的时间，从而缩短整个测试用例的执行时间。

4．测试环境应该统一

在编写大规模的自动化测试经验比较少的团队里，常会遇到下面的情况：编写的自动化测试用例只能在某个测试环境上执行，甚至是只能在某个开发人员的开发机器上运行。其他成员想要运行这些已有的自动化测试时，必须有他人帮助，才能把测试运行环境搞好。在这种情况下，这些已编写好的自动化测试用例无法被多人重用，就很难最大化自动化测试的收益。

10.3.4　共享自动化测试的维护职责

为了能够保持自动化测试的良好状态，保护我们在这方面的投入，团队应该共享自动化测试用例的维护职责。

由于自动化测试用例也是软件代码，因此应该由具有编码和软件设计能力的人来写。无论何时何地，测试代码都不应该是"二等公民"，同样要在测试代码的设计与编写上花费一些时间，以便使其易于维护，避免测试代码腐烂。

如果测试用例的变更无法与需求变更的速度一致，那么，虽然开发人员快速地修改好产品代码，但相应的测试用例没有得到及时更新，这个测试用例一定会运行失败。当这种情况发生较多的时候，开发人员很容易对自动化测试用例的结果视而不见，那么这个自动化测试用例集也就失去了更大的作用，也会导致越来越多的自动化测试用例失败，却没有人关注，从而产生"破窗效应"。因此，必须让自动化测试尽可能与生产代码同步变化。而最好的同步方式就是当开发人员运行自动化测试失败后，就可以自己动手修改对应的代码（可能是功能出错，也可能是自动化测试需要修改）。这也是判断自动化测试意识是否深入人心的一个指示器。

破窗效应

破窗效应是犯罪学的一个理论，此理论认为：环境中的不良现象如果被放任存在，会诱使人们仿效，甚至变本加厉。以一幢有少许破窗的建筑为例，如果那些破窗不被尽快修好，可能将会有破坏者破坏更多的窗户。最终他们甚至会闯入建筑内，如果发现无人居住，也许就在那里定居，甚至纵火。在一面墙上出现一些涂鸦，如果没有被马上清洗掉，很快，墙上就布满了乱七八糟、不堪入目的东西；一条人行道有些许纸屑，不久后就会有更多垃圾，最终人们会理所当然地将垃圾顺手丢弃在地上。

10.3.5 代码测试覆盖率

代码测试覆盖率是一个非常有趣的指标。有很多人对它做过调查研究，还得到一些相互矛盾的结果。有些人认为它是一个非常有用的指标，应该要求达到一定比例的测试覆盖度。而另一些人则认为，它是一个有用的工具，但是只能告诉你"哪些代码缺乏测试用例覆盖"，却无法告诉你"被覆盖的代码就一定是真正经过良好验证的代码"。还有一部分人认为，衡量覆盖率是有害的，因为它提供的是一种错误的安全感。

谷歌公司在GTAC 2014大会上，也公布了他们的自动化测试的语句覆盖率，它只包括使用单元测试框架编写自动化测试所达到的覆盖率。该数据来自公司内部650个项目的10多万次代码提交，数据收集的时间跨度为一个月，如图10-12所示。

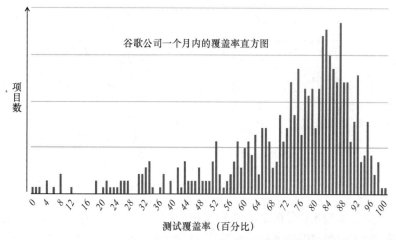

图10-12　谷歌公司2014年自动化测试覆盖率统计图

图10-12中覆盖率的中位数为78%，75分位数为85%，90分位数为90%。每个项目的测试覆盖率各不相同，而且不同的编程语言，其测试覆盖率也不相同，每种编写语言各自的平均测试覆盖率如图10-13所示。谷歌公司并没有规定测试覆盖率的统一标准，只有一个建议性标准，即单元测试覆盖率达到85%。

现实情况是，很多创业公司在初期都不写自动化测试用例。Facebook在2004年刚刚上线时，也没有写自动化测试。由于业务发展迅猛，工程师人数大幅增加，系统复杂度增加，随之而来的是软件交付质量变差，缺陷比较多，开发人员常常处于救火状态。于是，自2008年开始，Facebook正式引入自动化测试实践，其Web网站代码每次发布之前运行的自动化测试数量逐步增多，如图10-14所示，但对于需要写多少自动化测试，公司也没有统一规定，直到现在也是如此。值得关注的一点是，Facebook公司中这些自动化测试用例的大多数由开发工程师自己负责。

10

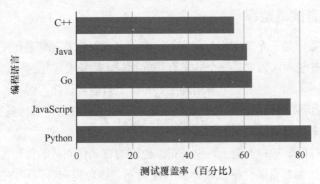

图10-13   谷歌公司不同编程语言的测试覆盖率统计

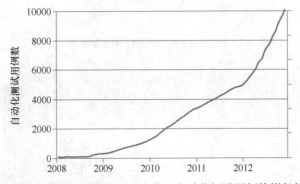

图10-14   2008—2012年Facebook公司自动化测试用例的增长趋势

虽然，经常有人问类似"测试覆盖率到底达到多少合适？"这类问题，但是从上面的各种数据看，这个问题可以说"非常重要"，也可以说"非常不重要"。写自动化测试不是为了测试覆盖率的数值，而是运行这些自动化测试以后，对自己正在开发的软件质量到底有多少信心。

10.4   用户验收自动化测试要点

用户验收自动化测试用例处于自动化测试金字塔的最高一层，也是单个测试用例的成本最高的。在开发更多的用户验收自动化测试用例之前，必须精心准备，以便尽可能以较低的成本持续维护比较健康的测试用例集。

10.4.1   先搭建分层框架

在多人同时大量开发用户验收自动化测试时，应该先做好测试脚手架。现在的通用测试工具与框架非常多，但与所有的编程语言一样，它们都不是某一特定业务领域的专属测试框架。为了能够让测试脚本更容易维护，应该先利用这些通用测试工具，在自己产品的业务领域内建立专有领域语言的自动化测试机制。这样才能使得自动化测试用例易于维护和修改，从而减少维护成本。

下面，我们以Web页面的自动化工具Selenium为例，说明特定业务领域的专属测试框架形成过程。图10-15是一个用于搜索国内机票的表单。我们要对机票搜索业务编写一些自动化测试用例，用于验证功能的正确性。

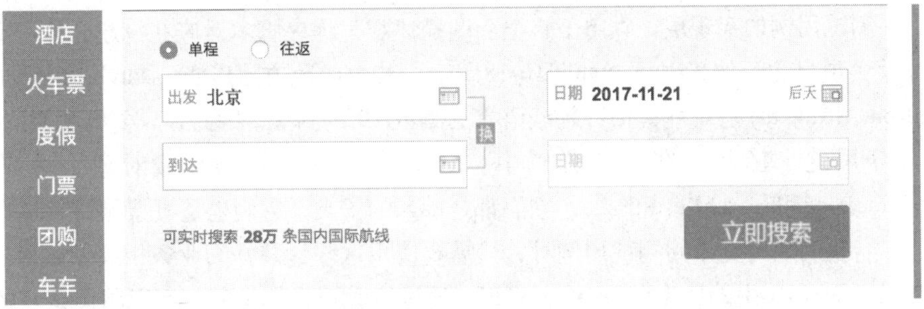

图10-15　搜索国内机票的网页表单

如果我们使用Selenium工具所提供的原生API直接编写自动化测试用例，那么其测试代码的内容类似于图10-16中的代码。

```
0 ... ...
1 WebDriver.open("http://www.mytrip.com");
2 webDriver.findElement(By.xpath("//div[contains(@id,'single_trip')]//input")).click();
3 webDriver.findElement(By.xpath("//div[contains(@id,'from')]//input")).sendKeys("北京");
4 webDriver.findElement(By.xpath("//div[contains(@id,'to')]//input")).sendKeys("深圳");
5 webDriver.findElement(By.xpath("//div[contains(@id,'date')]//input")).sendKeys("2020-09-01");
6 webDriver.findElement(By.xpath("//a[contains(@id,'searchBtn')]//button")).click();
7 sleep(1000);
8 WebElement counterElement= webDriver.findElement(By.xpath("//div[text()='"+counter+"']""));
9 Assert.assertNotNull(counterElement);
... ...
```

图10-16　使用Selenium原生API编写自动化测试用例脚本

第1行代码表示打开首页，第2行代码到第5行代码是找到页面表单中的每一个输入框，并对其进行赋值，第6行代码是找到提交按钮，并点击，第7行代码是让程序暂停1秒钟，等待页面返回搜索结果，第8行代码是找到机票搜索结果的总数，第9行代码是确认总数不为空。

这段自动化测试脚本主要存在两个隐患。一是可读性差。对一个刚刚拿到这份代码的人来说，假如没有逐行地仔细研读代码，很可能完全不知道这个测试用例的每一行到底在做什么。二是可维护性差。假如需要多种测试数据对这个场景进行测试，那么会产生很多类似的重复代码。

是否有其他编写方式，能够更好地表现测试意图，更容易与他人交流呢？我们下面就以同样的测试内容为例，对其进行重新设计。一般来说，自动化测试用例的代码框架结构可划分为3个不同的层次。

（1）测试用例的描述层。它用于人与人的沟通交流。上面的测试用例可以用文本的方式书写，如图10-17所示，每个人都可以轻松地知道这个测试的测试目的与内容。

```
搜索<date>从<from>到<to>的航班,
应该包含航班<flight>

Example:
|data      |from   |to     |flight  |
|20190101  |北京   |深圳   |CA1305  |
|20190101  |深圳   |北京   |CA1306  |
```

图10-17　自动化测试用例的描述层示例

（2）测试用例的实现层。它用于将上面的描述层与程序脚本对应在一起，并可实现测试意图。实现层的示例代码可能如图10-18所示，其中函数方法flight_search(String date, String from, String to) 是对机票预订领域语言的测试API的封装。因此，只要有类似的操作，就可以复用这个函数。在这段代码中，还有两个封装好的领域对象，分别是类FlightHomePage和SearchResultPage，它们都是Page的子类，它们也是机票预订领域语言的一部分。当我们编写更多的测试用例时，只需要使用这些封装好的业务相关领域对象，而不是类似于图10-16中的原生WebDriver API。通过这种形式的抽象，可以将测试目的不相同的代码集中在几个文件或方法中。这样令大规模的测试用例编写变得简单易手，同时由于这些测试用例具有高可读性，也可以提高不同团队成员之间的沟通效率。

```
public void flight_search(String date, String from, String to) {

    FlightHomePage page = applicationFactory.get(FlightHomePage.class);
    this.homePage = page;
    homePage.search(data, from, to);
    ...
}

public should_contains(String flightNumber) {
    ...
    Page searchResultPage = homePage.getResult();
    ...
    assertTrue(searchResultPage.contains(flightNumber));
}
```

图10-18　自动化测试用例的实现层示例

（3）测试用例的接口层。它对通用测试工具提供的API进行一定的封装，把那些与测试领域不相关的代码实现细节隔离，并为上层的实现层提供一些可重用的基本接口集合。其示例代码如图10-19所示。这段代码被封装于FlightHomePage对象中。将非常细节性的技术实现都封装到少数的类对象中，有利于后续的修改。

```
public void search(String date, String from, String to) {
    WebElement dateInput = webDriver.findElement(By.id(date));
    dateInput.sendKeys(date);
    ...
}
```

图10-19　自动化测试用例的接口层示例

选择哪些功能做自动化测试，来提炼软件项目的测试脚手架呢？通常可以选择软件中比较基础或常用的功能，针对它们编写用户主流程的自动化测试用例。这些功能通常相对比较稳定，不会剧烈变化，同时也是所在业务领域中的核心功能，更容易抽象出常用的测试脚手架。一旦基本搭建完成测试脚手架，就可以在比较大的范围内开展自动化测试用例的编写了。

10.4.2　测试用例数应保持低位

正如前面我们讨论过的测试金字塔所指出的那样，处于顶层的用户验收自动化测试的数量不应该太多。那么，这么少的测试数量，应该覆盖哪些场景？验证的重点是什么？

首先，用户验收自动化测试应该以用户旅程地图（User Journey Map）的方式来验证软件应用或服务的核心工作流程。用户旅程地图是指一系列的主要交互过程，它们从用户角度出发，以叙述故事的方式描述用户与软件产品之间的交互。

其次，用户验收自动化测试应该验证软件应用或服务的端到端行为，而非具体实现细节。例如，当验证系统登录行为时，其验证的目标主要是验证整个登录流程是否得到正确执行，而不是验证输入信息是否非法，因为后者可以通过更低层次（且更低成本）的自动化测试用例来覆盖。

10.4.3　为自动化测试用例预留API

在编写这类测试用例时，应该尽量调用位于界面下层的API来驱动业务流程的执行，而少用模拟图形界面操作的代码。图形界面是给人类交互使用的，并不是给机器使用的。界面操作通常反应比较慢，且很多情况下不容易定位界面元素，容易出现运行不稳定的代码。

这要求在程序设计时就考虑到端到端自动化测试的便捷性，支持相应的API驱动方式。例如，你可以使用界面在系统上创建一个登录账户，同时也应该能够通过REST-API创建账户，有时甚至为了自动化测试的便利性，也应该增加必要的API，只是不对外开放这类API。在生产环境上发布时，也可以通过技术手段隐藏或去除这些API。

10.4.4　为调试做好准备

通过各种手段让端到端自动化测试的调试更容易，如提供完整的日志文件；记录常见的测试失败模式；保留所有相关的系统状态信息，如自动截屏、出错时的现场镜像保存等。

10.4.5　测试数据的准备

除编写测试代码以外，自动化测试还有一个重要的工作，那就是测试数据的准备。测试所需要的数据可以分成3类。第一类是确保应用程序启动所需的最基本数据，例如，一些应用初始化所需要的数据，如元数据、字典表等。第二类是令某一类测试组成的测试用例集达到预期状态所需要的数据。第三类是某个具体测试用例执行，它自己所需要准备的数据。当然，每次执行测试后，很可能都会对原有数据产生修改。为了保持测试用例之间的独立性，一个测试用例执行完成以后，应该消除它对原有数据产生的影响，恢复数据原始状态。

不同层级上的测试类型，其数据准备成本与方式也各不相同。对用户验收自动化测试来说，可能就需要稍为复杂的准备工作。一般来说，常用的方法有下面4种。

（1）通过一些规则，编写程序自动生成数据。其不足之处在于：当规则复杂时，数据生成的程序比较难于编写和维护。

（2）通过录制手工测试时产生的数据。

（3）将生产环境的非敏感数据克隆一份，或者截取数据片断。

（4）进行生产环境数据的自动化录制、保存并备份，例如对搜索算法的优化项目来说，可以将查询记录全部记录下来，作为自动化测试的输入数据。

实时生产环境的数据流量克隆，如图10-20所示。其原理是：在流量请求的入口处增加一个请求克隆器。当生产环境的请求进入以后，该克隆器将其克隆一份请求后，原有的请求仍旧通过原来的服务进行正常处理（即图10-20中的服务1.0），而克隆出来的请求引流到新版本的服务（即图10-20中的服务2.0），从而进行新版本的相关测试。这种方式通常应用于互联网产品的测试中，是暗部署的一种实现方式（关于暗部署的概念，参见第12章）。

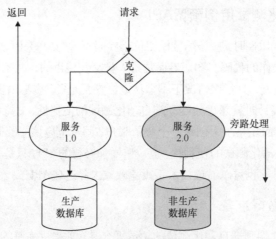

图10-20 生产环境的流量克隆

太平洋中的"虚拟城市"

某网约车平台的在线压测有类似的做法。打车出行有非常明显的潮汐现象（每天多个用车高峰和低谷）。工程师就想到了实时流量克隆的方式。当然，克隆的不只是流量，还需要克隆城市。例如将北京市的数据克隆一份，将其经纬度做漂移，使得这个克隆出来的北京市漂浮在太平洋上。同时，将司机和乘客的实时坐标进行克隆并进行同样的经纬度漂移。这样，就可以在这个太平洋上的北京市，对新版本的代码进行压测了。

10.5 其他质量检查方法

除了前面讲到的方法，还有其他质量检查方法可以用。下面简单介绍一下。

10.5.1 差异批注测试方法

差异对比批注测试方法（diff-approval testing）是一种半自动化测试方法。在一些情况下，我们可能无法做全自动化用户验收测试。例如软件系统需要生成很多动态数据的图片或者PDF文件（如电子发票）。如何对这种二进制格式的产物进行自动化测试呢？此时可以使用差异批注测试方法。

差异批注标注测试是指：当将预定义的数据集输入系统后，收集运行后的输出结果（如上例中的图片或PDF文件），对其中需要验证的数据进行提取，并将提取的结果放入文本文件中。通过前后两次测试结果的对比，用人工批注的方式进行半自动化测试。其步骤如下。

（1）首次运行后，人工对这些文本文件的内容标注其正确性，并保存起来。

（2）当再次批量运行这些测试时，将运行结果与上次保存的结果进行自动对比。

① 如果没有差异，即可认为本次输出结果是正确的。

② 如果存在差异，则由人工进行再次审核。假如后面这次的执行结果是正确的，将它批注为新的正确结果，以便作为下次的判断基准。

例如，对于前面提到的动态生成PDF文件，我们就需要一个额外的转换工具，将系统正常输出的PDF文件，通过转换工具转成包含重要验证信息的文本文件，如图10-21所示。如果对比结果出现不一致，那么就需要有一个告警，但这个告警不一定是由于功能出错了，而可能是新增加的一个功能逻辑导致输出的PDF文件格式有变化。

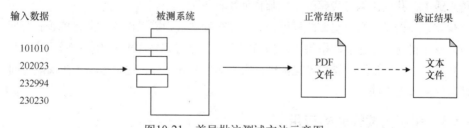

图10-21 差异批注测试方法示意图

另外，在使用差异批注测试技术时，需要注意动态信息（如日期时间数据）的处理，这类与实时时间相关的信息可能是由系统时间自动生成的。在做这类测试时，需要通过某种方式过滤噪声。

这种差异标注测试的创建和用例代码维护工作可能不多，但需要更多的人工参与，这取决于是否有强有力的工具支持。而且，通常无法做到用例独立性，会有很多断言。这类对比工具也有很多，如TextTest或者ApprovalTests。

10.5.2　代码规范检查与代码动静态检测

代码风格规范检查是指通过一些工具，依据团队定义的一些代码编写规范，针对源代码进行检查，如发现破坏规范的代码，就加以指正。这些工具常用的有 Checkstyle、PMD、SonarQube等。对风格规范检查来说，其目的更多地是增强代码的可读性和易维护性。谷歌公司工程师在做代码评审时，对代码可读性要求就非常严格。

代码动静态检测是指使用一些工具，对产品源代码进行自动化扫描，发现代码中存在的问题或潜在风险，是一种投入产出比比较高的质量检查手段，可以分为静态扫描和动态分析。

静态扫描通常是指写好源代码后，无须经过编译器编译，而直接使用一些扫描工具对其进行扫描，找出代码当中存在的一些语义缺陷、安全漏洞的解决方案。其实现方式包括两种，一是基于语法解析方法进行模式匹配来做静态分析，二是采用模拟程序全路径执行的方式进行分析。这种模拟程序执行路径的方式比启动程序动态测试的方式覆盖路径更多，能够发现很多动态测试难以发现的缺陷。包括各种编程语言对应的lint工具等，还有很多商业化工具，如Coverity、Klocwork等。

动态分析是通过在真实或虚拟处理器上执行目标程序进行分析，例如，在可能的漏洞处插入专门编制的故障发生函数，这些函数的作用就是迫使目标软件的运行产生异常，然后通过监控程序来检查是否发生了边界溢出或其他异常现象。这类工具常用的包括Valgrind、Purify等。

通过这些动静态工具对源代码进行分析扫描，可以及时发现一些问题或缺陷，以及潜在的安全隐患。因此，像自动化测试一样，我们可以将这些检查集成到我们的持续交付部署流水线中，甚至让编写代码的工程师自助执行。

值得注意的是，当代码库的规模较大时，这种质量扫描工作可能会花费较长时间。此时就应该在提交构建之前，提供增量扫描的方式。而将完整代码库的扫描放到后期执行，或单独执行。正如我们可能将提交构建与次级构建分开一样，这也是为了在反馈时间与反馈质量之间取得平衡。

10.5.3　AI在测试领域的应用

在代码分析、缺陷定位等方面AI工具很多，其他UI、安全性测试也有一些：Appdiff、DiffBlue、BugDojo、微软 AI安全风险检测工具、Facebook Sapienz等。虽然这些智能测试工具还在探索中，但已经有一些喜人的成果出现。

例如，2018年5月，在Facebook的工程网站code.facebook.com上，Ke Mao和Mark Harman撰写了一篇文章，名为《Sapienz: Intelligent automated software testing at scale》，讲述了Sapienz对Facebook自身安卓应用进行智能自动化软件测试的结果，称："除能够加速测试

过程以外，Sapienz测试结果的假阳性率极低……Sapienz的结果报告中，需要修复的比例占75%。"

10.6　小结

前置周期（lead time）是精益生产管理中的一个概念，它是指从用户下订单开始到其收到产品之间的时间周期。这个时间周期越短，说明交付效率越高，越能提升客户的满意度。

对交付频率的要求越高，希望前置周期越短，自动化测试就越为重要。我们讨论了软件快速交付对自动化测试的4项基本要求，即快速、便捷、可信和及时。为了能够做到这4点，我们以分层的自动化测试金字塔为指导，合理设计自动化测试的实施策略，从而增加自动化测试的收益。对自动化测试的实践管理来说，希望大家能够记住5条重要原则。

（1）自动化测试用例运行次数越多，平均成本越低，收益就越大。

（2）自动化测试用例之间应该尽可能相互独立，互不影响。

（3）在质量有保障的前提下，自动化测试用例的数量越少越好。

（4）遗留代码的自动化测试编写应该从代码热区开始。

（5）自动化测试用例从测试金字塔的中间层开始补充，投入产出比最高。

10

第 **11** 章
软件配置管理

"一切自动化"是持续交付部署流水线的一个重要原则，也是提升"持续交付验证环"运转速度的一个重要影响因素。随着软件发布速度越来越快，软件配置管理已经成为"一切自动化"的基石。

对互联网产品来说，为了掌握海量用户的真实需求，同一个软件服务的多个版本要同时运行于生产环境的不同服务器上，而移动终端的多样性也为我们带来了多渠道包的版本管理要求。团队既要负责当前软件需求的快速迭代，又要同时维护多个历史版本，处理历史版本的升级问题。

所有这一切都为软件研发与运维管理带来了极大的挑战。为了能够应对这种挑战，配置管理的重要性突显。因此，本章将讨论软件配置管理的目标、范围和原则，并详细介绍软件包的配置管理内容，及其可能遇到的问题和相应的解决方案。

11.1 将一切纳入配置管理

在IT行业中，"配置管理"一词被广泛使用，不同的场景下代表不同的含意。在软件生命周期管理中，它与版本控制和基线管理相近，而当我们讨论环境准备与应用部署时，配置管理则与运维领域的配置管理数据库（Configuration Management Database，CMDB）紧密相关。

在本章中，软件配置管理是指在整个软件生命周期中，对生产与运行环节中相关产物的管理，包括产物自身及其唯一标识和修订历史，以及不同产物之间的关联关系等。其目标是记录并管理软件产品的演化过程，确保组织在软件生命周期中的各个阶段都能得到精准的产品配置，并提升各角色间的协作效率。

11.1.1 配置管理目标

我们要通过软件配置管理获得两种基本能力，它们分别是可追溯性和可重现性，从而提升软件整个生命周期管理的安全性，并提高团队协作效率。

可追溯性是指任何人在获得授权的前提下，能够找到该软件的任何变更历史，即对任何一次软件变更，都可以准确地回答5W1H，即谁（who）、什么时间（when）、做了什么

（what）、为什么（why）、如何做的（how）。这是软件组织信息安全管理中的一个重要保障手段。例如，源代码版本管理系统（如Git、Subversion等）就属于软件配置管理工具，它包含代码仓库中所有代码的修订信息。

可重现性是指任何人在获得授权的前提下，能够重现从过去到现在之间任意时间点的软件状态。除信息安全管理方面的贡献外，它还是各角色提升协作效率的最重要手段之一。

良好的软件配置管理不但要求可追溯性和可重现性，而且要求易操作性和高效性，即人们可以很方便地追溯和重现软件服务在某时间点的指定状态。另外，还应该在尽可能少侵入团队成员正常活动的情况下，以自动化方式获得配置管理所需的信息。

11.1.2　配置管理的范围

自软件需求被提出，并被放入需求仓库之时，一款软件的生命周期就已经开始了。为了实现某一业务功能，工程师从需求仓库取出需求，在开发环境中编写代码，并将其提交到代码仓库。通过构建环境生成一个软件包，存储于临时产物仓库。该软件包将先后被部署到不同类型的环境中运行。质量验证通过后，将被存储于正式包仓库，经预生产环境验证，最终在生产环境中得以运行，直至被下一个版本的软件包所取代。在这一过程中，一共有4类制品（artifact），它们分别是需求、源代码、软件（部署）包和环境，这些是软件配置管理的范围，如图11-1所示。如果你的软件需要被团队外部所使用，还需要包括软件使用说明书等。

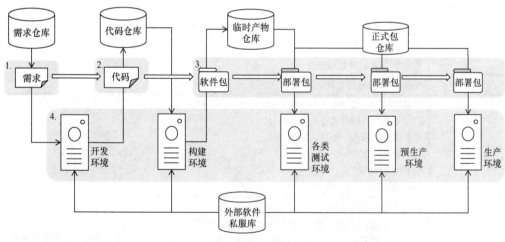

图11-1　软件配置管理的范围

11.1.3　软件配置管理原则

可以回答下面的问题来检验一下企业的软件配置管理水平。

（1）创建一套全新的软件运行环境（如测试环境、预生产环境，甚至生产环境），需要花费多长时间？在创建该环境的过程中，需要多少人提供支持？需要多少手工干预操作？只要有授权，任何人所用的时间就都相同吗？

（2）如果你的部署流水线服务器磁盘损坏，无法修复，那么你需要多长时间重新建立并配置好新的持续集成服务器，并恢复正常使用？

为了得到这两个问题的满意答案，就必须了解软件配置管理的3个基本原则，它们分别是：（1）一切皆有版本；（2）共享唯一受信源；（3）标准化与自动化。

1．一切皆有版本

对应用软件的源代码和发布上线的软件包进行版本管理已是软件行业的共识。但是，当需要更快地发布软件时，这种程度的版本管理并不充分，也不全面。

2017年，我与国内某个互联网公司（开发与测试人员不足200人）交流时，我问了一个问题："为某业务软件服务创建一套全新的测试环境，需要花费多长时间？"得到的回答是：开发人员准备的话，需要两个小时，测试人员没做过这种测试环境准备工作。为了知道测试人员需要花多长时间，开发人员特意为测试人员撰写了一份该系统的测试环境部署文档。测试人员按照这份文档（如表11-1所示）的指导说明，手工进行操作，开发人员在旁边指导。与此同时，开发人员还根据测试人员的反馈，在搭建过程中不断地修订这份文档。最终的结果表明需要一天的时间。

表11-1　某互联网公司的业务系统环境部署文档

步　　骤	内　　容
1	安装操作系统（找到一个 CentOS 6或以上版本的副本，并安装）
2	下载、解压、编译、安装 Nginx，并修改配置
3	安装MySQL，并修改配置
4	安装ffmpeg，并建立软链接
5	安装PHP 7.1（启用pdo_mysql 、 curl、 mb_string 模块）： （1）安装依赖软件 如gcc, curl-devel； （2）下载、解压、编译、安装 php； （3）安装yaf扩展； （4）安装redis扩展； （5）启动php-fpm
6	安装并配置应用程序： （1）从aaa项目仓库拉取master分支上的代码； （2）更新配置文件（app.conf、advert.conf、db.conf、redis.conf），把配置中的IP和端口改成实际项目中应用的即可
7	准备上传文件用的存储目录： （1）在www目录下新建uploads、downloads和device目录，并使PHP有读写权限； （2）在项目根目录下建var/logs目录，并使PHP有读写权限
8	数据初始化：从IP为xxx.xxx.xxx.xxx的mysql中导入ad_zzz库的表结构和初始化数据
9	测试，访问登录页面 http://$IP

表11-1是对该文档简化后的版本，但它全面展示了为运行某个业务服务需要准备的所有相关内容，这些内容基本可分为3个层次（如图11-2所示），它们是操作系统层、标准软件（或中间件）层和应用软件层，其变更频率自底向上逐渐增加。

（1）操作系统层。顾名思义，这一层就是指与硬件打交道的操作系统、网络配置以及网络及系统通用管理服务，如表11-1中的第1步所列。

（2）标准软件层。这一层通常包括应用程序所依赖的标准化软件包。这里的标准化软件包是指以独立进程形式存在，并为上层的应用程序提供基础服务，如数据存储、消息通讯、网络服务等。数据库软件、消息中间件或者Web应用服务器等，它们通常以软件安装包的形式，并且较少发生变化，通常由外部软件市场提供，如MySQL数据库、Redis服务器、ActiveMQ、Apache2服务器，或者为分布式应用提供一致性服务的软件ZooKeeper等。例如表11-1中的第2步至第5步。

（3）应用软件层。这一层通常包括自身团队负责开发的应用程序，以及该应用程序运行时所依赖的第三方组件库及相关数据等。如示例中的第6步到第8步。其中，运行交互的第三方软件服务是指由其他软件团队负责开发维护并提供的软件运行时服务，团队自身无法对其进行变更或修改。

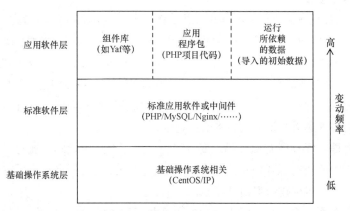

图11-2　软件运行栈的3个层次

要想让整个系统可以运行，除这3个层次中的软件本身以外，我们还需要另外两种内容，它们分别是软件能够正确启动并运行所需的软件配置信息和相关数据，例如，在表11-1中，在第6步对app.conf、advert.conf、db.conf、redis.conf等配置文件中的IP地址修改，以及第7步上传文件目录的权限修改，还有第8步中用于数据库初始化的数据。

软件配置管理是否仅对软件源代码以及这3个层次的软件、配置文件和数据进行管理就足够了呢？除对生产环境中的软件正常运行所需内容进行管理以外，还需要对生产软件过程中的相关内容进行管理，这些内容包括软件测试工具包或测试用类库、测试相关的代码、测试运行所需的测试数据，以及测试相关的一些脚本。

综上所述，除产品源代码以外，我们还需要对图11-3中的所有内容进行管理。对其中内容的任何一次变更，都将会产生一次新的快照（即新的版本对应关系）。而每一次变更都应当来自某个业务请求（要么是需求变更，要么是缺陷修复或者技术改造）。因此，软件配置管理的第一原则就是将所有内容进行版本变更管理，也就是说，一切皆须版本管理。

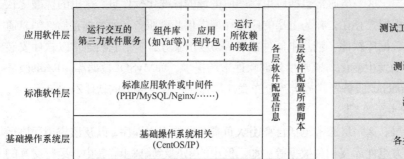

图11-3　持续交付中的版本管理内容

2．共享唯一受信源

为了能够掌握任意时刻的软件状态，并确保所有人所获取的信息都是一致的，整个组织需要管理唯一受信源，它就是图11-1中的所有仓库，分别保存3种类型的数据，即业务需求/缺陷、源代码和软件包。所有团队成员都应该以这些仓库中的内容为基准，相互沟通与协作。这些仓库是企业的组织资产之一，需要妥善保管。不同类型仓库的作用如下。

- **需求仓库**：保存有关产品的所有版本需求描述和验收条件，并且能够记录每一次团队对需求达成共识后的版本变更记录。
- **代码仓库**：保存所有源代码的变更历史。除了产品源代码，还包括软件包整个生命周期中的所有以代码形式存在的内容，如测试代码、自动化脚本以及环境配置信息、软件包构建依赖信息等。
- **软件包仓库**：自动保存部署流水线生产加工出来的软件包，满足后续环节的快速取用。根据其中不同内容的使用方式，可以分成3个子类型，分别是临时产物仓库、正式发布包仓库和外部软件私服库。

临时产物仓库应该作为研发团队内部各角色在某个发布版本处于开发期间进行协作沟通的唯一的软件包受信源，从而避免因环境不一致或重复打包等问题而引入不必要的风险和浪费。例如开发人员将自己在个人的开发环境构建出来的软件包交给测试人员，而其个人开发环境并不受控，很可能导致安全风险或文件遗失（如文件变更忘记提交到源代码仓库）。正确的做法是：软件包传递都要通过软件包仓库进行，如开发人员通知待测试软件包在临时仓库中的下载位置，测试人员根据这一信息自行从临时产品仓库中获取后，再进行相关验证。

正式发布包仓库用于保存那些通过质量验证，即将上线或者已经上线的所有软件包。与临时产物仓库的管理一样，这些仓库保存的内容也不应该来自某个人的自行构建，而是在受控管理系统上通过人工（或自动化方式）标记和自动传递方式，将经过验证达标的软件包从临时产物仓库转移到正式发布包仓库中。

外部软件包仓库也叫第三方软件库的私有服务器，用于存储内部所有软件所需引用、包含或使用的外部第三方受信软件包。这一仓库应该支持应用软件的整个生命周期的第三方软件管理，而不仅仅是生产环境中第三方软件包的管理，即每个软件团队在开发过程中所用到的那些非自身企业开发维护的外部软件包、类库或软件工具都应该来自这个仓库。

很多团队对临时产品仓库和外部软件私服库的管理较为薄弱，而这是持续交付模式下，需要重点关注和管理的部分。

3．标准化与自动化

软件配置管理中的一项重要工作就是基线管理。所谓"基线"（baseline），就是所有仓库在某一时刻的"快照"，即创建基线的时候，对仓库中的当前版本的一个整体标记或复制。例如，当一个项目进行到某个里程碑时，需要对项目文档库中全部文档创建一个基线，以整体记录此阶段的成果。

为了有利于团队协作和版本追溯，软件配置管理应该制订一些相应的标准与规范（例如分支策略、分支命名、分支Tag命名、产特命名以及存放位置、源代码目录结构等）。这样，当每个人都了解并遵守管理规范以后，就可以减少很多不必要的沟通成本。

当具有标准规范以后，很多日常事务性操作就可以被自动化（如基线），从而释放更多的人力资源。例如，第14章中，重新定义分支策略后，团队规范了不同分支的使用方式、软件包的命名规范（如每个标志位的含义、标志位的自动生成机制等），原来很多易出错的手工操作（如拉分支打标签、录入版本号并打包上传等）都被自动化机制所代替。

需要注意的是，规范化和标准化并不等于僵化。所有的规范管理都应该有相应的改进机制，能够不断发现规范管理中的可优化点，并持续进行优化，这一点在大型团队中尤其重要。

11.2 软件包的版本管理

软件服务的交付周期不断缩短，同时，后台服务向微服务架构演变，终端软件也向微核架构演进，软件开发中各种公共组件的复用。这一切使我们必将面临"软件包爆炸"的问题。也就是说，随着时间的推移，被管理的软件包数量迅速增长。如何对这些软件包进行有效的版本管理呢？

11.2.1 包管理的反模式

对应用程序所依赖的软件包，以前常见的做法是直接将它们与程序源代码放在一起，提交到版本控制库中。这种方式的好处是对该应用程序的开发团队比较方便简单，能够做到"开箱即用"，即把源代码从版本控制库中检出，就可以开始工作了。对这种做法来说，比较难识别软件包版本。因此，当把软件包提交到版本控制仓库时，最好在文件名中也加入版本标识信息。例如，对Java日志包slf4j来说，应该使用slf4j -1.7.21.jar提交到代码库，而不是slf4j.jar。这样，能够比较方便地识别软件包的版本。

对一个小团队的小项目来说，这种做法够用了，但对一个人数和项目较多的企业来说，这种做法会带来以下问题。

（1）大量的软件包以二进制的形式存在于版本控制仓库中，而大多数版本控制系统对二进制文件的管理是非常低效的，而且有I/O瓶颈，且无法有针对性地进行传输优化。

（2）大量重复的软件包在版本仓库中。如果企业存在比较多的软件项目（包括已进入维护阶段的项目，还有处于活跃开发阶段的项目），则版本控制系统中会存在比较多的重复软件包，很可能同一个软件包存在于多个软件项目的源代码仓库。

（3）公共软件包的协调工作增加。当多团队协作复杂系统开发时，很多小团队会使用其他团队生产出来的软件包。这些软件包的变化频率远高于来自企业外部的软件包。一旦某个软件包更新，依赖该软件包的所有项目都要自己手工替换。

因此，尽管这是一种非常方便的包版本管理方式，但是，当企业稍具规模后，我们不建议将任何类型的软件包保存于源代码的版本管理仓库，而应该马上建立"集中式包管理服务"。

11.2.2　集中式包管理服务

我们应该建立企业级的统一软件包库管理系统，将所有软件包都放入其中，并且对企业内部团队提供稳定的查询、获取和申请等服务。

查询服务是指内部人员可以方便地查询他想找的软件包；获取服务是指能够通过包管理服务下载自己所需要的软件包版本，并且做到版本正确和高速下载。申请服务是指没有查找到所需要的软件包（通常是企业外部的第三方软件）时，内部人员可以快速提出相应软件包的使用申请，并在第一时间内快速获得响应。

企业既可以自己开发这样的库管理系统，也可以使用开源或商业的包管理软件，比较常见的有Nexus和Artifactory。这两个软件均有社区版本和商业版。截至本书写作期间，Nexus Repository Manager OSS 3.x可以管理多种形式的仓库，与Bower、Docker、Git LFS、Maven、npm、NuGet、PyPI、Ruby Gems和Yum Proxy等配合使用。对Java项目而言，免费版本的Artifactory在很多细节设计上比较贴心，容易上手。

这种统一包管理方法有以下几个好处。

- 统一存储，空间占用少。
- 一致性。全公司使用统一的副本，是所有软件包的唯一来源。

- 安全省心。可以对软件包进行统一的安全扫描、法律审计管理。当某软件包出现安全漏洞或风险时，可以及时掌握该软件包的使用范围，定位风险点，制订统一的风险应对策略。
- 下载速度快。在公司内网，软件包的获取速度较快。

当然，这也会增加一些成本。首先，需要有人来管理维护这样一个企业系统服务。其次，将第三方软件包存储在公司内部服务器上，会占用一定的存储空间。最后，容易形成单点故障，需要制订相应的解决方案。

11.2.3 软件包的元信息

我们需要一些信息来描述和定义软件包仓库中的每一个软件包，以方便相互引用和溯源、检索。这些信息被称为软件包的元信息，它包含以下信息。

- 其自身唯一标识信息。
- 来源信息，如由谁提供、源代码在哪里、现在的状态如何（可用、不可用、质量情况等）。
- 依赖关系。它是否引用了其他软件包。

1. 自身唯一标识

每一个软件包都应该有一个唯一标识。通常对该标识的基本要求是：（1）易于理解记忆；（2）方便查询索引。尽管每个软件组织都会根据自身的情况定义软件包的唯一标识格式以及相关的语义说明，但大多数软件包标识格式通常都由以下两部分组成，软件名称和版本号。其中，大部分软件的版本号可分为4段，形如A.B.C.D，每段由一个整数表示，段与段之间由小数点分隔，如1.0.12.1223，其含义如下。

- A段为主版本号：当软件增加重要功能或功能改版，或者出现向后不兼容的改变时，A段数字通常会加1。当A段为"0"时，表示该软件功能尚不完备，未正式发布。
- B段为次版本号：表示对现有部分功能的增强，而且功能一定是向下兼容的。
- C段是修订版本：表示只有较小的修改，例如修正了一些缺陷。
- D段通常是自定义段，可以由团队自行约定。

为了能够方便与用户沟通交流，有些软件会在标识中增加更多的信息。例如，当你访问goCD自身产品所用的持续交付构建平台的构建打包页面时，在Artifacts标签页中你会看到如图11-4所示的信息。

图11-4表明，goCD将其软件包自身标识信息作为其文件名。并且，从文件名称中还可以获得很多有用的信息。例如，这个软件的名称、发布年份与月份、小的修订版本号，以及构建号和对应的操作系统。

并不是每个软件都必须遵守这种规则，但每个软件都应该定义类似清晰明确的规则，以便做到版本自识别和自解释，从而减少沟通成本，提高沟通效率。

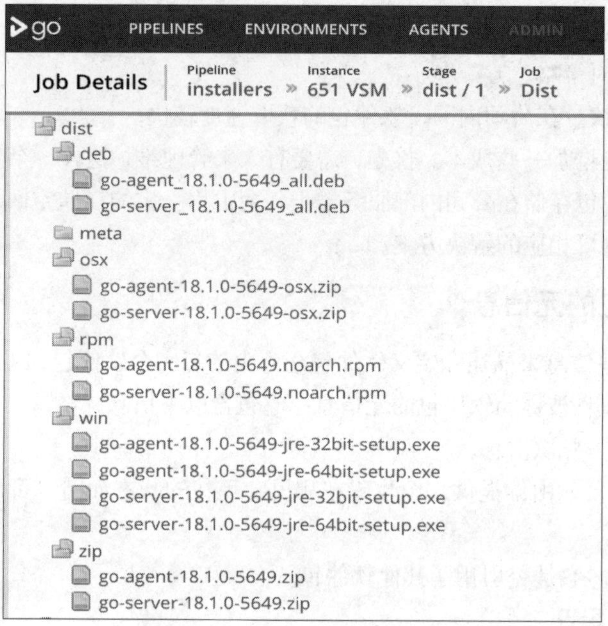

图11-4　软件包的命名示例

2．来源信息

软件包的来源信息主要说明自己来自哪里，即对应的程序代码在哪里可以找到，通常对应于源代码仓库的URI地址、分支名和RevisionID。很多软件甚至会将其在代码仓库中对应的RevisionID直接包含在其包名或版本号中。

例如，当你访问goCD自身的持续交付管理平台https://build.gocd.org时，在网页的最下方，你能看到与图11-5相似的信息。其中，在"Go Version"后面的信息"18.4.0 (6600-f3e5401fb……c3cdc62a28)"就是该软件包的全版本号，其格式为YY.MM.N(buildID-RevisionID)。YY表示年份，MM表示月份，N表示该月份下的第*n*个修订版本。buildID是指在其持续交付平台上的构建编号，RevisionID是这次构建在代码仓库中所对应程序代码的RevisionID。

Copyright © 2018ThoughtWorks, Inc. Licensed underApache License, Version 2.0.
Go includesthird-party_software. Go Version: 18.4.0 (6600-f3e5401fb04e2e732835628b134bb6c3cdc62a28).

图11-5　GoCD正在运行的软件包来源信息

3．依赖关系信息

大多数软件并不是从零开始构建，而是越来越多地利用第三方软件包，从而提升开发软件速度。这也直接提高了软件包之间的依赖复杂性。通常来说，软件包之间的依赖关系有3种，它们分别是构建时依赖、测试时依赖和运行时依赖。

构建时依赖（build-time dependency）是指源代码构建软件包的过程需用到的第三方软件包。例如在开发Java应用程序时，你需要CLASSPATH中的依赖项来编译你的代码。这种依赖的产生是由于在程序源代码中引用某种"外部的类或方法"，例如直接调用了某个外部包中提供的某个方法，类似于reference.call()这种方式。

在Java世界里，有各种不同的日志库，如Apache log4j、logback和SLF4j等。其中SLF4j提供了抽象层，真正提供日志实现的库是其他日志类库。例如，当应用程序使用SLF4j时，程序文件中的使用方式如下所示：

```
logger.debug("Processing trade with id: {} and symbol : {} ", id, symbol);
```

为了使用SLF4j，Classpath不仅需要指向SLF4j的API jar包（如slf4j-api-1.6.1.jar），而且还需要有你所用到的日志实现类库。例如，如果你使用Log4J与SLF4j配合，那就需要将下面3个Jar文件（slf4j-api-1.7.21.jar、slf4j-log4j12-1.7.21.jar、log4j-1.2.16.jar）都放在classpath的搜索路径中。此时，你所构建的软件包就对这3个软件包产生了构建依赖。

测试时依赖（test-time dependency）是指在对软件包进行自动化测试验证时所需要依赖的软件包。例如我们需要用到的自动化测试框架（如JUnit），以及其他测试支持工具等。

运行时依赖（run-time dependency）是指软件包在运行时所需依赖的软件包，这些依赖包通常必须放到你的程序可以找到的类库搜索目录（Classpath）中。C++语言的.so文件就是典型的运行时依赖，它不会被包含在你的程序中，但运行时必须存在。

那么，如何高效地管理这些依赖呢？

11.3 包依赖管理

软件包间的依赖关系是其与生俱来的特点，"重用"和"便捷性"就是这种依赖关系的源动力。我们无法消除依赖，但可以通过一些管理办法，让依赖关系的负面影响尽可能少一些。如何才能算是做好了软件的包依赖管理呢？一个简单的检验标准是：是否仅仅只通过检出源代码版本仓库中的文件（或脚本文件），就可以一键生成一个成品软件包。

为了做好包依赖管理，我们应该从显式声明依赖、自动管理依赖、减少复杂依赖3方面入手。

11.3.1 显式声明依赖

显式声明依赖是指将应用软件在不同环境（例如构建环境、测试环境、预生产环境或生产环境）中所需要的软件包以及相应的版本信息，通过事先约定的描述方式显式记录在文档（如构建脚本）中。

大多数高级软件编程语言都有与其相应的软件包构建管理工具，它们通常都依赖于一个构建描述文档。软件所需的包依赖关系就按照对应工具的指定格式描述，保存于该项目的构建脚本中。例如，在Java项目中，Maven工具使用的默认构建脚本是Pom.xml，Gradle工具使用的默认构建脚本是build.gradle。下面是某Java项目用Maven来管理两个日志软件包的依赖声明片断：

```
<dependency>
  <groupId>org.slf4j</groupId>
  <artifactId>slf4j-api</artifactId>
  <version>1.7.21</version>
</dependency>
<dependency>
  <groupId>org.slf4j</groupId>
  <artifactId>slf4j-log4j12</artifactId>
  <version>1.7.21</version>
</dependency>
```

其中显式指定了每个日志软件包在Maven仓库的唯一标识（groupId-artifactId-version）。

测试时依赖也可以使用文本方式进行描述。例如，对Ruby on Rails应用（简称为RoR应用）来说，可以使用Capstrano这种部署管理工具来管理测试时依赖。下面是某RoR应用软件的部署文档片断，声明了测试依赖的软件包：

```
...
group :test do
  gem "rspec ", "~> 2.7.0"
  gem "rspec-rails", "~> 2.7.0"
  gem 'factory_girl', '4.2.0'
  gem 'factory_girl_rails', '4.2.0'
  gem 'minitest', '5.10.0'
  gem 'mocha', '1.3.0'
  gem 'spork', '0.9.1'
  gem 'database_cleaner', '~> 1.6.0'
end
...
```

其中，group :test包含一组软件包依赖声明，说明该应用软件在测试环境下运行自动化测试，需要依赖于表中这些软件包，并且每个软件包都显式指定了所需的版本号，例如其自动化测试运行所需软件包rspec，应该使用2.7.0以上的版本。

当我们把声明包依赖关系的文件全部放入该软件自己的代码仓库以后，将其作为源代码进行管理，就实现了对包依赖关系的版本管理。

到目前为止，我们已经建立了软件与其所依赖的软件包之间的对应关系，如图11-6所示。那么，在实际工作中，如何方便地将它们联系在一起，并高效地应用起来呢？

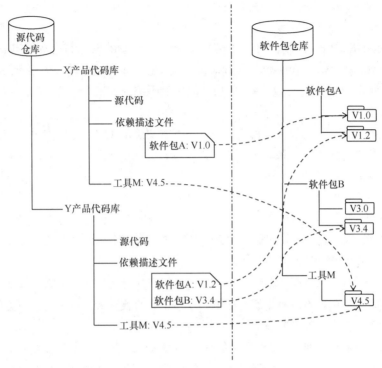

图11-6 通过描述文件引用所依赖的软件包

11.3.2 自动管理依赖

在我们通过这种显示声明方式对包依赖进行描述后，当我们构建、测试或部署我们所开发的软件应用时，只要有工具能够识别包依赖描述文件中的信息，帮助我们从软件包仓库中自动下载和更新这些软件包就可以了。例如，Java项目所用的Gradle，其build.gradle文件中不但包含包依赖关系的描述，同时也包括软件包仓库的URI。使用Gradle的build.gradle文件片段如下：

```
01.   apply plugin: 'java'
02.
03.   repositories {
04.   maven {
05.       url "http://repo.mycompany.com/maven2"
06.   }
07.   }
08.   dependencies {
09.       compile group: 'org.hibernate', name: 'hibernate-core', version:
```

```
10.   '3.6.7.Final' testCompile group: 'junit', name: 'junit', version: '4.+'
11.     runtime "org.groovy:groovy:2.2.0@jar"
12.   }
```

从这段构建文档中，我们可以了解到，有一个公共的软件包仓库，其访问地址为 http://repo.mycompany.com/maven2，Grade将在这个仓库中查找该软件应用所需的依赖包。同时，该文件也很明确地展示出该软件所需的源代码编译、测试编译和运行时的依赖包及其标识。

识别这类依赖描述文件并帮助我们自动下载和更新的工具也是一种软件包，因此，我们也应该对其进行版本管理和显式声明。正如图11-6中的工具M那样，我们将该软件产品需要使用的依赖管理工具的描述信息也放到了该产品的源代码仓库中，而对应的软件包放到了软件包仓库之中。

以此类推，我们可以将软件产品编译、构建、测试中所用的工具软件都按这种方式进行管理。那么，我们就基本可以做到"只要从源代码仓库中检出产品项目代码，就可以一键构建出一个完整的软件产品"。

使用这种管理方式以后，即便第三方软件私服仓库丢失了所有内容，只要我们保存有源代码仓库，我们仍旧可以根据源文件中的描述信息，找到我们需要的第三方软件信息，重新建立一个第三方软件私服仓库。

与Java语言稍有不同，C/C++项目的软件包由两部分组成，其中的头文件被用于编译和链接过程，而.so动态库文件被用于运行时的调用。谷歌公司的开源软件bazel也使用了显式声明依赖，例如在处理编译时，需要先做依赖关系计算，就依赖于其定义的BUILD文件中hdrs、srcs和deps字段的声明。

11.3.3　减少复杂依赖

在开发应用程序时，通常都会使用现成的开发框架和类库所提供的功能，减少工作量，缩短应用程序上市的时间。这就像在盖一幢房子时，我们会从供应商处购买已经生产好的门和窗，而不是自己去制造。然而，这也是软件包依赖风险产生的原因。简单依赖关系并不会带来太大的风险，例如软件A依赖于软件包B和C，而B和C没有任何依赖。但是，当依赖关系过多，且具有多级链条依赖，形成错综复杂的网络结构时，依赖关系解析就会变得异常困难，甚至出现无法解析的致命错误。

软件包仓库管理系统除软件包的存储和检索功能以外，最好能够提供一种能力，即可以检查每个软件包的依赖关系，发现其中的依赖问题、风险与隐患，例如依赖过多、链条过长、依赖冲突和循环依赖等问题，并提供给使用者。一张健康的依赖关系图应该是一张有向无环图，每个节点应该是软件包名和具体版本号的组合。

依赖管理平台

某大型互联网系统，用C/C++语言开发，由千人共同开发、构建和维护。这个系统被分成很多细小的服务单元（或者称其为微服务）。而这千人团队也被分为多个小团队，分别负责其中的数个服务模块。不同服务模块的开发和维护周期不同，但整个系统和不同小团队需要协调运作。因此，企业构建了一个软件包依赖管理平台，每个服务模块每次发布前，都需要在这个配置管理平台上登录模块信息，包括模块名、模块的3位版本号（形如A_1.1.1）、变更的特性集，以及它所依赖的上游模块名及其3位版本号。这样，通过这个平台，就可以查询每个软件包的依赖关系。

如图11-7所示，Engine依赖于两个Util包（Histogram_Util和Pie_Util）。同时，软件包Printer和Reporter依赖于Engine。这就是一个有向无环图。图中Engine 7.2.1依赖于Histogram_Util 2.1.1和Pie_Util 4.2.1，而Reporter的3个版本（1.7.1，1.7.2和2.0.1）都使用了Engine 7.2.1。

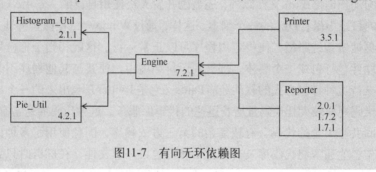

图11-7　有向无环依赖图

常见的包依赖问题主要有3大类别，需要不同的处理方式，但其目标都是尽可能简化依赖。

1. 依赖过多或者链条过长

当一个软件包依赖于过多软件包时（如图11-8所示），不便于软件安装部署，也不利于平台移植。当你安装某个应用程序时，系统会提示你先安装软件包A，当你尝试安装A时，系统又提示你安装软件包B。这种长链条依赖关系可以通过使用一个能自动解析所有依赖关系的包管理器来解决，例如很多操作系统的默认安装包管理器都具备这种能力。

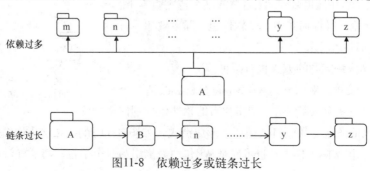

图11-8　依赖过多或链条过长

2．依赖冲突

依赖冲突是指当软件包A和软件包B要在同一机器上运行时，由于软件包A依赖于软件包m的V1.1版本，而B依赖于软件包m的V1.2版本。但是，软件包m不支持在同一机器上安装两个不同的版本，这就出现了依赖冲突，如图11-9所示。

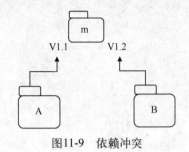

图11-9　依赖冲突

解决这类依赖冲突的方式有两种。

（1）**想办法令被依赖包的两个不同版本可以在同一环境下运行**。这种依赖冲突在Windows的旧版本的DLL文件依赖关系上经常看到。但从Windows 2000后，引入了Windows文件保护概念，在防止应用程序覆盖系统自身的动态链接库.dll文件以外，还鼓励开发人员使用自己的"专用DLL"，即在应用程序自己的目录中保存DLL的一个副本。这样，通过Windows路径搜索特性（即先搜索本地路径，再搜索系统路径）使得应用程序可以正常运行。这就相当于把应用程序及其所有依赖的软件包打包成一个整体，部署到运行环境中，使其与其他程序不共享任何软件包。目前支持这种打包方式的软件还有Pants。它是Twitter开源出来的一个构建工具，专门为那些代码规模较大且代码量增长迅速的代码库服务。这种代码库通常有多个子项目，且子项目间共享大量的代码，有较复杂的第三方依赖库，而且使用了多种语言、代码生成器和框架。它通常将代码库及其所有依赖打包成一个文件。在部署时只需要拿到这个文件，就可以开包即用。例如，它可能将Python写的代码及其所有依赖包打包成一个PEX文件。Pants目前支持Java、Scala、Python、C／C++、Go、JavaScript／Node、Thrift、Protobuf和Android代码。

（2）**打平依赖**。也就是说，通过对产品代码的修改，使A和B依赖于m的同一个版本。例如，将图11-9中的软件包A对mV1.1的依赖升级，修改为依赖mV1.2。

3．循环依赖

如果软件包A依赖于软件包B，且必须在B的某个特定版本下才能运行，而软件包B又反过来依赖于A，并且也必须运行于A的某个特定版本下，那么此时，无论升级任何其中一个软件包，都会破坏另一软件包，如图11-10所示。

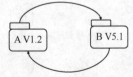

图11-10　循环依赖

解决这类依赖问题的方式也有两种。

（1）**分裂依赖**。对软件包A和B进行分析和改造，令其分裂出一个或多个依赖子包，使得原有的软件包分别依赖于分离出来的子包，从而打破循环，形成链式，如图11-11所示。虽然图中是从A包中分离出子包A.c，但实际工作中，也可能是从B包中分离出另一个子包，甚至重新划分A和B两个包，或者将二者合并。这需要根据程序代码的实际业务逻辑来确定。

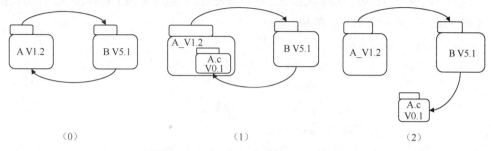

（0）　　　　　　　　　　（1）　　　　　　　　　　（2）

图11-11　通过拆分方式解决循环依赖

（2）**每次升级时使用梯型升级法**。也就是说，先用
软件包B V5.1来构建软件包A的新版本V1.3，再用A的
V1.3来构建B的新版本，成阶梯状交替升级。如图11-12
所示。

在11.1.3节中，软件运行栈被分为3个层次，从上到
下分别是"应用软件层""标准软件层"和"基础操作
系统层"。到目前为止，本章的前半部分讨论了应用软
件层的包管理，接下来讨论软件运行栈下面两层（标准
软件层与基础操作系统层）的包管理工作。

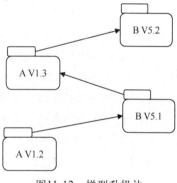

图11-12　梯型升级法

11.4　环境基础设施管理

基础操作系统层与标准应用层是应用软件运行的基础上下文，也称为环境基础设施，
变更频率低是它的特点。根据配置管理的第一原则"一切皆有版本"，我们同样需要对其
进行版本管理。这部分管理需求随着持续交付和DevOps的发展而逐渐变强。近年来相关支
撑工具的发展，也使其愈加受到认可和重视。

11.4.1　环境准备的4种状态

在传统管理方式下，大多数公司的正式生产环境都由专门的运维团队负责。对于正式
环境中服务器数量较大的公司，这些人会隶属于同一部门，如技术运营部门（简称运维部
门）。由于服务器多且业务复杂，正式生产环境的管理也会分属于两种不同角色，他们分
别是系统运维角色和应用运维角色。其中系统运维人员负责基础操作系统层，应用运维人
员负责软件应用层，而标准软件层则视运维内容的不同和运维工作强度的不同，可能归属
其中的任何一方，甚至一分为二，标准软件包的安装归系统运维角色负责，而对标准软件

包的定制配置由应用运维角色负责。

随着产品业务的升级和基础设施技术的不断发展，环境准备的工作内容与工作方式也在不断变化，其大体可以分为 4 种状态。

（1）"蛮荒"：以"人脑+手工"为代表。

（2）"规范化"：以"文档+私有脚本"为代表。

（3）"标准化"：以"办公自动化"为代表。

（4）"自动化"：以"受控式自动化脚本"为代表。

1．以人脑+手工为代表的"蛮荒状态"

软件组织刚刚起步时，其环境部署通常会处于手工作坊阶段。软件并不复杂，用户和客户数量不多。运维工作并不是公司在这一时期的重要关注点。这一阶段的特点有以下两个。

（1）开发人员自己就可以搞定所有与软件部署相关的问题。

（2）所有与环境准备相关的知识都存在于个别骨干开发人员的头脑中。他们是团队的核心，环境部署的"英雄"。

2．以文档+私有脚本为代表的"规范化状态"

随着软件服务的成功，用户和客户数量变多，更多的软件需求像漫天雪花一样飞了过来。服务器数量也因为请求数量的增长而增长，环境维护工作变得多了起来。

此时，团队骨干可能忙不过来了，必须将这种重复性工作分离出去。于是，团队就开始有专人来负责这类工作，即运维人员。这一阶段有以下几个主要表现。

（1）要求正式的上线部署文档。通常会总结出一个环境准备指导说明书。每次软件部署上线时，开发人员也会提交一个上线操作说明，详细写明软件的上线步骤，交由运维人员来执行。例如，前面表格中所示的那个后台服务系统准备文档虽然有 11 个大步骤，但每一个步骤中包含很多子步骤，它的完整版本有十几页文档。该团队很可能是众多初创企业团队中在软件工程管理方面做得还算不错的。然而，现实情况是，在很多团队中，你甚至根本找不到这样一个环境准备说明文档。即便找到了，也很可能是一个过时的文档，无法使用。

每当软件新版本更新时，运维人员总是要求软件开发团队提供一份软件更新步骤文档，而且必须清楚明确，一字不漏。此时开发人员的常见做法就是：将上次写好的文档修订一下，交给运维人员。

（2）要有规范化的上线部署流程。在这个阶段，运维工作的特点是通过人工流程建立协作秩序，并详细记录每次的操作记录，如图 11-13 所示。

单次操作记录			
日期	操作人	操作模块	操作记录（与基准模块的差异）
一周不一致汇总			
模块	基准模块	与基准模块差异	

图11-13　运维操作记录表单

（3）利用私有化脚本，提升个人效率。在这一过程中，随着公司的发展，功能不断丰富，我们也需要对软件服务不断地升级。每次升级中，都会重复之前升级过程中的一些动作。具有脚本编写能力的运维人员就会自发地用shell脚本语言（或者其他脚本语言）将其编写成自动化执行脚本。

每次软件更新部署时，选择其中某些脚本文件来执行。每次可能都需要打开文件编译器，修改其中的一些配置信息（因为每次的版本更新内容不同），再执行它。在执行这些脚本执行的过程中，运维人员可能会偶尔停下来，手工检查一下这些脚本的执行结果是否正确，然后继续执行后续步骤。这已经大大降低了运维人员的劳动强度。这些脚本通常由运维人员个人保存，是方便个人工作的工具，并没有完全被纳入组织资产，放入代码版本控制仓库中进行版本管理。人员转岗后，这些信息和工具可能就丢失了。

通常这在运行机器少、环境不复杂、发布频率低的场景下是适用的，也是早期运维人员的重要工作方式。

现在，还是有很多企业仍旧处于这个状态，如图11-14所示。行业内非常重视上线过程的流程和操作合规性，但现状是没有技术手段支撑，大多数是手工操作，开发人员和运维人员都很痛苦，整个上线周期很长，还非常容易出问题。

图11-14　某金融企业的上线流程示意图

新版本开发结束后，开发人员为了部署上线，先要准备一堆文档（操作步骤要完全机械化地按步骤复制粘贴，就能完成部署的状态）。写文档用了半个月，然后所有人开会评审，接下来演练，反复进行好多次，最后才能上线。

这一阶段面临以下几个挑战。

(1) 流程通过"人"来维护，经常有遗漏。

(2) 文档通过"邮件"跟踪，查找不方便。

(3) 审计工作量大。由于手工工作量大，常有人绕过流程。

(4) 自动化脚本不规范统一，而且经常出错，导致部署过程中断。

3．以办公自动化为代表的"标准化状态"

随着软件的成功，公司也不断发展壮大，运维组织的人数也越来越多，生产环境上的部署事件也多了起来。于是，加强运维管控的呼声越来越高，随着一批运维开发工程师的进驻，一个运维自动化平台应运而生。

此时的"自动化平台"通常以"无纸化办公"的形态出现，即将原来在线下填写的上线步骤文档变成了在Web页面上填写并保存的表单，名曰"自动化提单"。实际上，是将前面的程序化广告产品录入系统部署文档和运维操作记录表格进行电子化。

有一些做得比较好的运维办公自动化平台，能够将其中一些简单的步骤通过某种自定义的语言进行自动化脚本处理，使之可以自动执行。但对那些相对复杂的操作，仍旧需要开发人员在Web表单上使用文字的方式进行描述，由运维人员按照步骤手工执行。

其标准化的另一个表现是原来所有的规范全面固化到平台上，成为具体的执行标准。运维人员不用自己跑到开发人员那里去确认，只要在Web平台上查看，合格就点击"确认接单"，不合格就点击"拒绝接单"，并附上留言。开发人员就会接到一个平台通知，到平台上来重新修改，再提单。图11-15就是一个办公自动化运维平台的界面示意图。

办公自动化运维平台的好处有以下几个。

- 流程在平台固化。软件开发团队与运维团队之间的互动协作统一在同一个平台上，协作流程受控。
- 部分内容的标准统一。例如简单的部署操作可以通过模板配置方式由平台自动化执行。
- 可以部分重用。通过各种配置方式，减少工作量。
- 审计工作比较容易。所有信息保存在平台上。

这个阶段仍旧存在如下一些挑战。

- 由于系统部署还有很多比较复杂的操作，仍旧需要人工参与。
- 两次上线部署差异对比仍旧相对困难。虽然开发人员每次提交上线单时，都可以复制一份以前用过的上线清单，但是每次上线清单都被保存在平台本身的数据库中，每个上线清单都是一个独立的副本，这样就保存了很多重复的信息，而且要想对比两次上线部署的差异，必须登录到平台上，通过人工肉眼对比的方式查找。

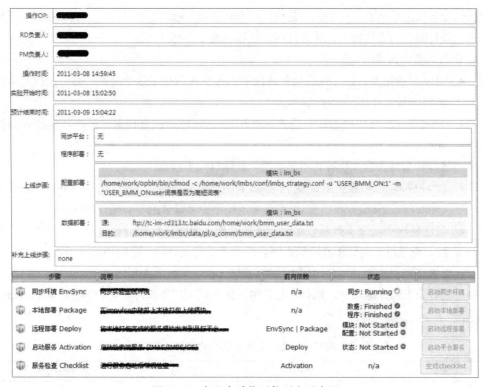

图11-15 办公自动化运维平台示意图

4．以受控式自动化脚本为代表的"自动化状态"

这一阶段的典型特点是由平台管理自动化脚本，即所有自动化脚本都是公司资产，被平台记录和保存。这一阶段的自动化运维脚本有两种形态。一种是以操作过程式为主，另一种是以状态声明式为主。操作过程式脚本是最传统的自动化脚本，通过模拟手工执行步骤的自动化命令执行。其主要特点是：在同一个环境下，自动化脚本被多次执行，每次执行后的环境状态可能不一致，或者出错。状态声明式脚本是指在脚本中指定环境的目标状态，由定义该状态声明规范的平台执行这个脚本。其特点是：在同一个环境下，无论该自动化脚本被执行多少次，每次执行完成后的环境状态都是一致的，这就是所谓的"幂等操作"。幂等（idempotence）是一个计算机学概念，幂等操作的特点是一个程序任意多次执行所产生的影响均与一次执行的影响相同。

过程式脚本的益处有以下两点。

- 符合原有的思考习惯，只要将原来的手工操作步骤用脚本语言实现即可。
- 灵活。无论想做什么样的操作，几乎只要手工操作可以办到的，基本上这种过程式脚本都能办到，不受任何约束。

其不足之处在于：需要花费较多的管理精力。你必须知道两件事，一是在执行脚本前，系统的原有状态是什么样子的，二是执行脚本到底做了哪些具体操作。而且，在同一环境下多次执行同一自动化脚本，其最终可能使环境处于一种"未知"状态。

状态声明式脚本的益处有以下两点。

- 可以明确地知道，无论在何种情况下，无论谁执行了这个脚本，系统最后都会到达同一种状态。
- 如果将其放在代码仓库，通过版本diff功能，就可以直接对比两次环境部署的差异点。

当然，目前这种方式也有其不足之处，具体有以下两点。

- 学习成本高。事实上，这种状态声明式语法就是一种DSL（Domain-Specific Language，领域专属语言），用于描述环境部署领域的专有操作和状态。
- 当这种声明式文本数量较多时，文件管理上也同样存在困难。例如，作为代码文件，它并没有类似于高级编程语言那种集成开发环境，重构和调试相对比较困难。

这类状态声明式工具目前比较主流的包括Puppet、Chef、Ansible和SaltStack。这4款工具都是GitHub上的开源项目，也有商业版本。截止到2017年12月，它们的评分数如表11-2所示。

表11-2　各款工具在GitHub上的评分

工　具	Watch数	Star数	Fork数
puppetlabs/puppet	501	4778	1958
chef/chef	432	5137	2132
saltstack/salt	582	8374	3908
Ansible	1788	27218	9776

这4种工具的运行模式稍有不同，可分为"拉模式"（pull）和"推模式"（push）。

- "拉模式"的特点是在目标机器上必须事先安装有客户端（agent），并保持与服务器端的连接"心跳"。目标机器上的客户端向控制端服务器发出请求命令，服务器将相关的部署信息打包发给目标机器，由目标机器在本机执行。Puppet和Chef属于这种工作模式。
- "推模式"是指目标机器并不需要事先安装有客户端，只要在控制端设置目标机器列表并给予目标机器的权限，控制端就可以将环境部署要求发送到目标机器上，并在目标机器上完成环境部署工作。Ansible和SaltStack都属于推模式。

除此之外，还有一类应用部署工具（如Capstrano或Fabric）通常被用于软件应用层（即第三层）的部署工作。这类工具通常为由特定编程语言编写的应用程序的部署提供便捷性。如Capstrano采用了"习惯约定优于配置"的设计思想，对于使用Ruby On Rails框架开发的Web应用程序更加友好。

11.4.2 领域专属语言的应用

上面这些工具都定义了各自工具的领域专属语言，使用这种语言可以写出一个描述所需环境部署状态的文本文件。这个文件可以由自动化工具本身解释并自动化执行，同时它也是用户友好的，即具有很强的易读性。下面以Puppet和Ansible为例加以说明。

首先，我们以自动化工具Puppet管理apache2服务为例来简要说明一下。下面是环境配置文件的部分内容：

```
01.  ...
02.  class apache2 {
03.     exec { 'apt-update':
04.        command => '/usr/bin/apt-get update'  # command this resource
     will run
05.     }
06.
07.     package { 'apache2':
08.        require => Exec['apt-update'],          # require 'apt-update'
     before installing
09.        ensure => installed,
10.     }
11.
12.     service { 'apache2':
13.        ensure => running,
14.     }
15.  }
16.  ...
17.  node ' host1 . example . com ' {
18.        include apache2
19.  }
20.  ...
```

其中，第2行到第15行的作用就是：声明一个apache2的服务类，并定义该服务首先执行命令"apt-get update"，然后安装apache2，并确保apache2服务启动并运行。第17行到第19行表示在主机 host1.exmaple.com 上安装刚刚定义好的apache2服务。

Ansible的语法如下：

```
01.  ---
02.  - hosts: webservers
03.    vars:
04.      http_port: 80
05.      max_clients: 200
06.      remote_user: root
```

```
07.  tasks:
08.  - name: ensure apache is at the latest version
09.    yum: pkg=httpd state=latest
10.  - name: write the apache config file
11.    template: src=/srv/httpd.j2 dest=/etc/httpd.conf
12.    notify:
13.    - restart apache
14.  - name: ensure apache is running
15.    service: name=httpd state=started
16.  handlers:
17.  - name: restart apache
18.    service: name=httpd state=restarted
```

以上信息表示在名为webservers的机器上，安装httpd（apache的服务名）的最新版本，并将/srv/httpd.j2的文件作为该服务的配置文件，复制到/etc/httpd.conf，并用该文件作为新的配置文件，重新启动apache Web服务。

我并不打算在这里讲解每种工具的具体用法，但从以上两个编排文件的例子可以看出，每个编排工具都定义了各自的领域描述语言，并且功能都很强大，使用方便。这种根据具备领域专属语言的自动化规范与个人自行编写的shell自动化脚本有什么不同呢？

这类工具已经定义了面向环境准备的领域专属语言，编程脚本通常以描述意图为目标（即环境准备好后，系统应该处于什么样的状态），这样，所有人编写的脚本都要共同遵循相同的业务领域规范，降低了这些脚本的理解难度和代码维护的复杂度，更加便于知识交流和知识传递。

11.4.3　环境基础设施即代码

现在，我们可以将环境基础设施的一系列准备工作以脚本方式描述出来，并能够通过自动化的方式来执行这些脚本。对工程技术人员来说，环境基础设施不再是一堆插着网线的机器，而是"可编程环境"了。这就是通常所说的"环境基础设施即代码"。这样做的好处在于：

- 无论哪类环境（构建、测试、生产）出了问题，我们都可以快速自动化地构建出一个全新的环境；
- 只要获得授权，任何人都可完成这项任务，不需要他人帮助；
- 任何对环境的修改都可以被记录和审计；
- 对不同环境来说，只要将其代码描述进行对比，就可以了解它们的差异，而无须登录到实际的主机上查看。

为了获得以上收益，环境基础设施的版本管理应该包含：

- 操作系统名称、版本号、补丁版本号以及系统级的配置信息；

- 软件包所依赖的所有中间件层的第三方软件系统及其对应的版本号，以及对其的配置信息；
- 需要与应用程序进行交互的外部服务及其版本号，以及其所需要的配置信息。

以上3点都涉及软件自身的配置信息，我们接下来就着重讨论一下软件配置项的管理。

11.5 软件配置项的管理

在本节中，我们讨论的"软件配置项"是指软件构建时或运行于不同环境中时，通过设定这些配置项所对应的不同具体值，软件能够产生不同的行为。

11.5.1 二进制与配置项的分离

一个软件包通常由二进制文件包与配置项组成。二进制文件包通常由源代码编译打包而成，作为一个整体，一旦生成即保持不可变。在构建过程中，可能会将其所依赖的其他软件包（有人也常称其为"库"或"组件"）以某种方式集成到最后生成的二进制文件中。虽然部分脚本语言所形成的程序并不需要"编译"这一步骤，但是，只要将其作为最终产物，提供一组相关的功能集，即可视为一个不可分割的整体。

配置项是独立于二进制文件的一组可配置变量。依据每个配置项的不同取值，二进制文件包可在不同的运行环境中运行，并可能产生不同的软件行为。配置项通常以不同的形态存在，二进制文件包可以从配置文件、数据库表、系统环境变量，或者进程启动参数中获取这些配置项的具体信息。

对其中任何配置项的修改，都会形成由二进制文件包和新的配置项集合构成的新的二元组，成为一个新的部署包。因此，无论是产品源代码变更上线，还是系统配置项变更上线，我们都可以将其看作是一次部署操作，如图11-16所示。

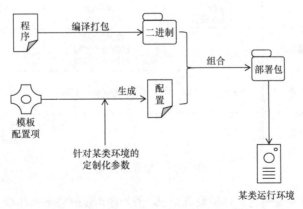

图11-16　二进制与配置项的分离示例

当我们将二进制文件包与配置项分离时，即可实现只需要构建一次，在部署流水线的不同阶段即可重复使用的目的。这样可以确保我们在部署流水线不同阶段所验证的二进制文件包是完全相同的，只是由于运行环境的不同而使用取值不同的配置项。

11.5.2　配置信息的版本管理

在软件包的构建和运行时，需要不同的配置信息。根据配置项的内容不同，可以分为以下3类。

- 环境配置项（environment configuration）：该类配置项的对应值与其所运行的环境相关，且常与环境本身的定义相互绑定。例如其所用到的域名（或IP地址）、其与其他系统或服务通信的服务地址与端口号等。
- 应用配置项（application configuration）：该类配置项与信息安全控制及应用程序自身相关。例如账号密码、初始分配内存的大小、数据库连接池大小、日志级别等。同时，也包括程序自身的配置项，例如，在使用Spring框架的Java项目中，根据不同的目的加载不同的ApplicationContext.xml，从而使用不同的Bean。
- 业务配置项（business configuration）：该类配置项与应用程序所执行的业务行为相关，每一配置项设置有默认值。例如，最常见的功能特性开关，或者电商系统中的商品定价策略调整等。

根据使用时机的不同，可以将这些配置项分成构建时、部署时和运行时配置。构建时和部署时配置相当于静态变量，通常是与环境相关的一些配置。运行时配置就是一些可以动态调整的参数，程序会根据不同的参数值产生不同的行为，通常是与技术性能表现相关的参数（如缓存大小），或者是与业务策略相关的参数，如折扣参数比例等，如图11-17所示。

	构建时 （静态配置）	部署时 （静态配置）	运行时 （动态配置）
环境类		数据源地址 注册中心地址 配置中心地址	
应用类	Spring的application.xml	账号密码Token许可证	缓存大小
业务类			折扣策略 红包开关

图11-17　配置的分类

通常不建议在构建时注入环境配置信息。因为在构建时将不同环境下的不同配置信息注入二进制包，将使得程序本身与环境配置都被包含在这个二进制文件包中。如果因为环境不同，而需要不同的配置项时，就需要为新的环境重新编译打包，无法满足"一套程序，多环境部署"的要求，这也就无法确保"所有环境中所测试的二进制程序前后一致"，质量风险会有所增加。同时，灵活性也会打折扣。

当我们能够区分配置信息的不同类别时，即可定制不同配置项的版本管理策略。对于静态配置的版本管理可以使用源代码方式进行管理。例如，某互联网公司的一个后台服务化系统，为了能够高效管理所有配置项，防止在整个研发流程中不同验证环境之间的配置遗漏，我们将相关的静态配置类与产品源代码同源，通过不同的目录来存储不同环境的配置信息，如图11-18所示。

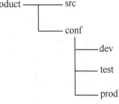

图11-18 静态配置与产品源代码同源

然而，这种方法无法完全应用于运行时的动态配置项。通常运行时的动态配置项自身修改比较频繁。当在软件运行时对其进行调整后，软件行为也会随之变化，例如有一些系统具备自动扩容和缩容功能，其本质上也是一次配置信息变更。根据软件配置管理流程的要求，我们需要对这类运行时配置变更也进行版本管理，以便进行审计管理，帮助问题定位。此时，这种配置信息的管理通常可以通过日志方式或者配置数据库（CMDB）记录，以便后续问题诊断和操作审计。

11.5.3 配置项的存储组织方式

目前，用于存储配置项的方式有很多，最简单的方式是使用文本文件。例如，可以针对每一类运行环境写一个文本文件，如表11-3所示。这种方式的好处在于比较容易做版本管理，直接放入源代码仓库即可。对它的任何变更，都必须先提交到代码仓库，这样就能进行审计。需要注意的是，对于一些敏感信息（如密码等）不能与源代码放在同一个仓库，应该设置单独的仓库访问权限。同时，也不能直接以明文方式放在文件中，需要经过加密。这种存储方式的不足在于，如果是分布式系统，则需要在不同节点同步该配置文件，如何保持文件的一致性和同步更新生效是一个比较大的问题，通常需要另外有一个分发系统来帮助完成这项工作。

表11-3 配置文本文件

运 行 环 境	文 件
共用配置	global.cong.php
开发环境	dev.cong.php
foo机房	foo.cong.php
bar机房	bar.cong.php
环境映射文件（软链接）	env.cong.php

我们还可以将配置项信息放入数据库、文件目录服务或注册表中，它们都可以直接远

程访问，而且安全权限相对容易管理。但其不足在于对配置项进行修改后，需要团队自己通过某种方式来记录这些变更历史，以用于审计管理，以及问题出现后的回滚操作。

目前，在分布式系统管理领域，也有很多软件可以提供配置中心服务，如ZooKeeper和etcd等。但与上面的数据库、文件、目录服务和注册表一样，所有这些服务必须能够完成配置信息的版本管理和修改记录保存的功能，才能满足软件配置管理的基本需求。

11.5.4　配置漂移与治理

在生产环境中有一类常见问题，名为**配置漂移**（configuration drift），它是指随时间发展，由于各种未预期原因而做出的配置修改引起计算机或软件服务偏离了我们所希望的配置状态。这种漂移通常都是由于人的临时修改引起的，例如某人为了定位问题而登录到某台机器上修改了服务日志的级别，但结束后忘记恢复。也可能是为了缓解生产环境突然出现的某个严重问题而临时调整了某些机器的网络配置。当发生配置漂移后，常会使生产环境处于某种不确定状态，甚至会导致重大生产事故。

由于硬件和软件上下线数量庞大，配置漂移在很多数据中心都会遇到，在灾难恢复和高可用性系统故障中，因配置漂移产生的故障占绝大部分。未知的配置漂移现象使组织面临数据丢失和延长中断的高风险。

配置漂移的典型场景——配置修改无记录

小李在某个网络科技公司实习6个多月了，表现非常不错，经常受到领导的表扬。就在两个月前，有个同事离职了，需要将他手中的工作进行交接。其中有一项工作是维护某个访问流量一直不是很大的内容网站。于是，领导决定让小李来接手这项工作。

由于本身的工作已经比较多了，小李接手过来以后并没有花太多时间在这上面，只大概看了网站的结构，它用某个J2EE框架构建，一直运行比较稳定，只是最近访问量在缓慢上升。为了应对流量上升，两周之前，领导让运维部门给这个网站分配了一台性能更强劲的服务器。

可是自从将这个网站迁移到这台服务器以后，该网站每隔两天就因为性能问题需要重新启动一下。小李感到非常奇怪，在原来的服务器上运行还很稳定，为什么到了新的服务器上却要经常重新启动一下呢？查看了一下最近几天的用户访问量，并没有较大的增长。当时做服务迁移时，是按照这个网站服务安装说明书操作的。由于工作时间不长，自己没有找到原因，就发了一条微信给前同事，问是否知道什么原因。没过多久，前同事回复了，短信只写了一句："启动时为JVM分配更大的内存。"

原来在前同事没有离职之前，因为流量不断上涨，他们一起修改过原来那台服务器上的网站服务启动命令，将JVM内存调高，但是并没有任何记录，或修改原来的说明文档。

好的软件配置管理流程可以解决配置漂移问题。例如，将静态配置放入版本控制库，并禁止直接登录到主机环境修改配置信息，只能提交修改到代码仓库，并通过自动化方式

进行生产环境中配置的修改，那么就可以避免由于人为操作遗漏造成的配置漂移。还有一种更为严格的方式，那就是"不可变基础设施"。

11.6 不可变基础设施与云应用

想象一下，假如你在和孩子玩搭积木时，如果想要换一块不同颜色的积木，你会给它重新涂颜色么？当然不会，你只需要拿到你想要的一块积木，把它换上就可以了。不可变基础设施（Immutable Infrastructure）就像是一块积木，它将软件运行栈的3个层次作为一个整体来看待。当需要对其中的任何一层进行变更时，只能通过整体替换（即全部移除后再增加）的方式进行，而不能通过对其中某一层的内容直接进行更新或修改的方式进行。作为不可变基础设施，必须满足以下3个要求。

（1）系统运行环境（包括所有层次）的准备均以自动化方式完成。

（2）一旦完成准备工作，该基础设施的任何一个层次均不得更改。

（3）如果因为某种原因需要对该系统环境进行更改，则必须使用另一个不可变系统环境来替代之，而不是对原系统环境进行变更。

11.6.1 实现不可变基础设施

1．物理机镜像技术和虚拟机镜像技术

这两种技术均可以用来提高环境准备效率。我们可以利用镜像工具（如Full Automatic Installer、SystemImager和ISO镜像工具）对已经安装好的应用程序运行环境进行镜像备份，并将镜像文件保存到统一的镜像仓库中。在需要准备一个与原有系统相同的运行环境时，可以直接从镜像仓库中取出该系统镜像，部署到一台宿主机上，进行简单配置调整后，即可立即投入使用。

物理机镜像技术是将整个物理机的内容制作成镜像文件，而虚拟化技术则将物理机的资源分配给在其上运行的多个虚拟机，尽管可能会带来一些性能上的损失，但其资源利用率得到了大幅提升，同时也提高了环境准备的便捷性。物理机镜像与虚拟机镜像的使用过程如图11-19所示。

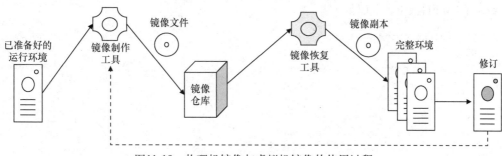

图11-19 物理机镜像与虚拟机镜像的使用过程

例如，一个简单的Web应用程序的运行环境原本需要两台物理机，分别是Web应用服务器和数据库服务器。但当我们使用虚拟机技术后，可以在一台物理机上启动两个虚拟机，分别运行Web应用服务器和数据库服务器，如图11-20所示。

图11-20　不同镜像技术的差异

将每个虚拟机制作成相应的虚拟机镜像文件，保存到虚拟机镜像仓库中。当其他人需要同样的环境时，可以使用虚拟机环境准备工具（如Vagrant），运行已编制好的环境编排文件，以自动化的方式快速准备好运行环境。你甚至可以在Vagrantup提供虚拟机仓库服务公共平台中找到并下载想要的基础运行环境，而不必自己从头开始制作。

Vagrant也使用文本文件作为虚拟机编排的描述文件，下面是一个Vagrantfile的示例：

```
01.  Vagrant.configure("2") do |config|
02.    config.vm.box = "hashicorp/precise64"
03.    config.vm.provision :shell, path: "bootstrap.sh"
04.  end
```

第2行声明使用公共镜像仓库中的名为"hashicorp/precise64"的镜像文件；第3行声明在该虚拟机启动后运行一个shell脚本文件，文件名为"bootstrap.sh"。而这个bootstrap.sh文件与Vagrantfile同在一个目录下，其内容为安装Apache服务器，并将/vagrant目录链接到apache的Web目录上，代码如下：

```
01.  #!/usr/bin/env bash
02.
03.  apt-get update
04.  apt-get install -y apache2
05.  if ! [ -L /var/www ]; then
06.    rm -rf /var/www
07.    ln -fs /vagrant /var/www
08.  fi
```

此时，只要执行命令vagrant up，就会创建你所需要的虚拟机，并准备好Apache服务器。

然而，这两种镜像技术对于我们所说的代码化管理并不容易，它们通常是通过手工安装基础系统，然后再通过工具将其制作成镜像。如果需要对已有的镜像修改，变更成本相对高。

2. Docker容器技术

虚拟机技术是在宿主操作系统（host OS）上，运行一整套客户操作系统（guest OS），而Docker则是一种更轻量级的容器技术，它利用了宿主操作系统的一部分，而不是重新安装一套客户操作系统，如图11-20所示。

Docker自2012年开源以来，得到了迅速发展。它通过一个编排文件dockerfile即可生成镜像。更重要的是，Docker镜像有分层设计，即新的镜像可以在底层镜像基础之上进行构建。下面这段代码就是在操作系统Ubuntu的基础镜像之上，重新生成一个安装有Nginx服务器的环境。其dockerfile内容如下：

```
01.  FROM Ubuntu:latest
02.  MAINTAINER Qiao Liang
03.
04.  RUN echo "deb http://archive.ubuntu.com/ubuntu/ raring main universe" >>
     /etc/apt/sources.list
05.  RUN apt-get update
06.  RUN apt-get install -y nano wget dialog net-tools
07.  RUN apt-get install -y nginx
08.  RUN rm -v /etc/nginx/nginx.conf
09.  ADD nginx.conf /etc/nginx/
10.  RUN echo "daemon off;" >> /etc/nginx/nginx.conf
11.  EXPOSE 80
12.  CMD service nginx start
```

第1行表示，这个新的Docker镜像以镜像仓库中Ubuntu的最新版本（latest）为基础。Docker file的维护人是Qiao Liang。第3～7行是在新镜像系统中的sources.list中增加包源，并安装Nginx。第8～10行是指定Nginx配置文件的内容。第12行是启动Nginx服务。

通常，镜像给我们带来的好处是其不可变性。即这个镜像一旦生成，就不会发生变化。而且，只要用于生成该镜像的编排文件（如上面的代码）不变，即便使用该文件多次执行镜像生成操作，其结果也应该是不变的。

然而，在上面的这个dockerfile里，仍旧存在镜像可发生变化的一个潜在风险，它源于编排文件的第一行，即基础镜像版本。在第一行中，我们指定了基础镜像是Ubuntu镜像的最新版本。假如在第一次生成新的Nginx镜像时，latest版本指向镜像库中的Ubuntu17.04版本，由于最新版本的Ubuntu操作系统17.10已经发布，此时这个Ubuntu基础镜像文件的管理者很可能会重新建立一个新的Ubuntu17.10镜像，并把latest指向这个17.10镜像。如果此时我们再利用上面的dockerfile文件，重新生成Nginx服务镜像，那么我们两次构建所用的基础镜像已经是不一样的了。

如何修正它呢？是否将第一行的代码改为 From Ubuntu:17.04，就可以保证两次构建的Nginx镜像完全一样呢？其实不然。因为，"17.04"和"17.10"这两个仅仅是给基础镜像打上的标签，而Docker的标签是可以再次重用或重新定义的。因此，如果想要保证基础镜像的不可变性，最好使用该镜像的唯一标识，即生成镜像时一并产生的一个散列字符串，这和我们将代码提交到Git代码仓库时生成的散列码类似，它是全局唯一的。

3种不同镜像技术实现不可变基础设施的成本显然是不同的。成本最高的当然是物理机镜像，虚拟机技术次之，Docker容器化技术的成本相对低一些。

11.6.2　云原生应用

随着云技术的快速发展与普及，越来越多的企业将其软件服务放到了云端。这使得耗费时间和精力的环境基础设施准备工作得到了大大的简化，同时有利于资源的有效利用。在研发过程中，也更容易构建与生产环境相似的测试环境。例如，若想把程序部署到Heroku（是最早出现的PaaS（Platform As A Service）提供商之一）上，开发者只要通过git push命令，把程序推送到Heroku的Git服务器上，它就会自动触发安装、配置和部署程序。Heroku是托管式服务，无论何时部署新版本，Heroku都会构建一个新的实例，并用它替换当前运行的实例。这类软件应用被称为"云原生应用"。

作为公有云PaaS的先驱，Heroku公司于2012年提出了"云原生应用"的12要素，也被称为12原则，目的是告诉开发者如何利用云平台提供的便利来开发更具可靠性和扩展性、更加易于维护的云原生应用。这12原则是：（1）一套基准代码，多环境部署；（2）显式声明依赖关系；（3）在环境中存储配置；（4）把后端服务当作附加资源；（5）严格分离构建、发布和运行；（6）应用本身应该是一个或多个无状态进程，进程之间没有数据共享；（7）通过端口绑定提供服务；（8）通过进程模型进行扩展；（9）快速启动和优雅终止；（10）尽可能让开发环境、预生产环境与生产环境等价；（11）日志作为事件流；（12）将管理/管理任务作为一次性进程运行。尽管这些原则带有Heroku公司产品宣传的痕迹，但其核心仍旧表明了一种有利于持续交付的软件架构，即严格分离软件服务本身与该服务所处理的数据，从而更加容易让软件的部署与发布都基于"不可变基础设施"。对云原生应用来说，"不可变基础设施"就是小菜一碟了。

11.6.3　优势与挑战

这种不可变基础设施方式与传统的环境准备工作方式相比，有如下7个优势。

（1）简化运维工作。可以使用全自动方式，用新版本组件替换旧组件，从而确保系统从最初开始一直到最后都保持"已知且良好"状态。因为不需要跟踪组件变更，所以使得维护一批运行实例变得更简单。版本回滚也更容易，因为你可以保存或重新生成旧版本的镜像。

（2）**部署流程自文档**。当完全自动化部署时，只需要创建一个描述性文本文件，说明如何正确生成应用程序的运行镜像即可。不需要编写Word文档，而是准确详细的部署应用程序的自动化步骤。而且，随着时间的推移，这个自动化的描述性文件不会因为疏于同步而过时！因为不对其进行修改，就无法进行新的部署。

（3）**持续部署不停机，故障更少**。所有变更都可以由源代码管理，通过部署流水线进行跟踪。基础设施的每一项变更均可以以脚本形式进行。当准备好新的不可变基础设施以后，直接替换原有的实例。

（4）**减少错误和威胁**。软件服务建立在复杂的硬件和软件栈之上，随着时间的推移，总会产生一些错误。通过自动化替换的方式而不是修复，实际上，我们可以更频繁且规律性地重新生成实例。这样可以减少配置漂移，同时保持或提高服务水平协议（SLA）。

（5）**多类环境基础设施的一致性**。虚拟化和容器化技术使得我们在开发和测试环节就能够以更廉价的方式得到与生产环境类似的环境基础设施，并对其进行验证，从而减少因测试环境与生产环境过多的差异而导致的生产问题。

（6）**杜绝了"配置漂移"**。使用不可变基础设施后，三层软件栈被作为一个整体使用。若需要对其中任何信息进行修改，就要重新生成镜像。

（7）**被测试的即是被使用的**。一旦对代码或配置修改完成，就会立即生成不可变的基础镜像。而这个不可变基础镜像会经过整个部署流水线的验证，最终要么验证出质量有问题被抛弃，要么就会直接被放入生产环境使用。可以确保生产环境使用的一定就是被验证通过的镜像。

尽管这种不可变基础设施有诸多的收益，但它也不是免费的午餐，很可能对你的组织来说是一个巨大的挑战。例如：

（1）为不可变基础设施建立一整套自动化运维体系在初期就需要较高的成本。

（2）生产环境中突发问题的修复时间可能会稍长。因为在这种模式下，我们被禁止直接通过SSH连接到当前有问题的服务器，马上动手修改它。只能修改源代码（可能是产品源代码或者配置信息），提交代码库，通过部署流水线再次重新生成镜像，最后部署上线。

（3）对大规模软件服务来说，将大尺寸镜像分发到多台宿主机上需要消耗大量的网络资源，时间消耗也会不少，因此必须有相应的平台工具支持。例如，Facebook就利用BitTorrent协议实现大尺寸文件的传输。

（4）有状态存储的软件服务并不容易被直接替换。我们有很多数据保存在数据库中，而且数据库中的数据量可能非常巨大。因此，对于数据库实例，我们无法使用这种方式进行快速替换。

11.7　数据的版本管理

每个软件都要处理数据，对数据进行版本管理是比较困难的事情。但是，我们仍旧可以通过对其中一部分内容的版本管理，来提高产品研发流程中各成员之间的协作效率，例如加快测试环境的建立，提高自动化测试用例的执行可靠性。

11.7.1　数据库结构变更

如果你使用关系数据库系统，当软件部署频率变高，同时参与软件开发的人员变多时，就应该对数据库结构进行版本管理。除审计管理与问题定位以外，对数据库结构的版本管理在开发联调和自动化测试中也非常有用。

从软件诞生的第一天起，每当关系数据库的Schema变更，都必须撰写一个增量SQL脚本，并且将其放到源代码仓库中。这样，通过Flyway或者Liquibase这类工具就可以进行数据库升级或降级操作。GoCD从项目启动之时就通过这种方式进行数据库Schema的管理，如图11-21所示。

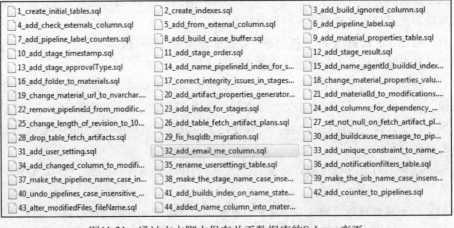

图11-21　通过文本脚本保存关系数据库的Schema变更

当我们把数据库结构的变更脚本也放到源代码仓库后，在执行自动化测试时，可以很方便地得到一个干净的初始数据库。如果一个发布给客户的历史版本出现缺陷，为了定位问题而需要该版本的干净数据库时，你就可以从源代码仓库中检出对应的代码版本，通过这些脚本重建当时的数据库结构。如果你希望将一个历史版本升级到最新版本，那么Flyway或者Liquibase工具就会利用这些脚本帮助你完成这样的工作。

11.7.2　数据文件

对于二进制数据文件的版本管理，就不能使用源代码版本控制系统了。此时可以通过类似FTP、远程文件系统的方式进行管理。例如，某公司内部有一个大文件存储系统。你可以将一个大尺寸文件上传到该系统中，它会返回一个URI。然后，将URI放到一个文本文件，将文本文件放入源代码仓库。这样就将数据与产品源代码进行了统一的版本管理。此时的URI就是一个引用，而这个大文件存储系统就相当于一个存储数据并进行版本管理的共享仓库。这种方式对于测试数据的管理是极其重要的。

还有另外一种情况。当应用程序的启动或运行时需要依赖一组数据文件，而这组数据文件是通过对一个静态数据集应用一些规则算法动态生成的。此时，我们只要将数据集当作二进制文件，而将规则算法的代码脚本保存于源代码仓库，也同样可以达到对其进行版本管理的目的。

11.8 需求与源代码的版本关联

到目前为止，我们对图11-1中的代码、软件包、环境都进行了版本管理。那么，如果想要代码与需求项进行关联，应该如何处理呢？虽然在很多情况下，这并不是一个强需求，但如果想做，还是可以实现的。

我们可以将需求文档进行归档，并与对应的软件包版本相关联。如果需要更细粒度的管理，也可以将需求管理平台中的每个需求条目ID（或缺陷管理系统的缺陷ID）与代码进行关联。例如，在每次向代码仓库提交代码时，将需求条目的ID作为代码提交注释的一部分，并将这种关联信息展示出来。图11-22给出的是敏捷项目管理工具Mingle与代码仓库关联以后的展示图，其中4341a2是代码仓库中的修订版本号，而#14216是需求管理平台上该需求对应的需求标识。

图11-22　工具Mingle与代码仓库的关联示意图

11.9 小结

良好的软件配置管理是打造持续交付部署流水线、加速持续验证环的基础支撑。本章讨论了软件配置管理的3个核心原则。

（1）对一切进行版本管理。

（2）共享唯一受信源。

（3）标准化与自动化。

可以用下面5个问题来验证检查你是否对一切都做了版本管理。

（1）产品源代码和测试代码是否放入了版本控制系统。

（2）软件应用的配置信息是否放入了版本控制系统。

（3）各类环境的系统配置是否放入了版本控制系统。

（4）自动化的构建和部署脚本是否放入了版本控制系统。

（5）软件包是否进行了版本管理。

另外，你也可以用下面两个问题来检查软件配置管理是否做得足够好。

（1）只要从源代码仓库中检出产品源代码仓库，就可以一键式自动化地构建出完整软件包吗？

（2）在没有他人的帮助下，任何团队成员都可以一键式自动化搭建出一套应用软件系统，用于体验产品新功能吗？

第 **12** 章

低风险发布

在前面的几章中，我们主要讨论了快速验证环中构建阶段的工作。通过在业务需求协作流程、软件配置管理、持续集成与自动化测试等多方面的管理改进，缩短研发质量反馈时间，提升软件应用的研发速度。在本章中，我们将主要讨论如何高频低风险地进行软件部署和发布，尽早让软件在生产环境中运行，如图12-1所示。

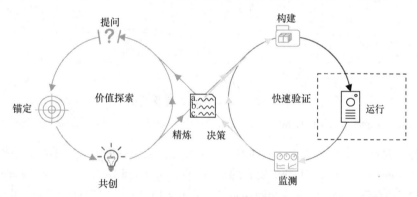

图12-1　快速验证环的部署与运行

快速验证环的部署与运行的主要内容包括高频发布的背后动机与收益，降低发布风险的相关方法如蓝绿部署、金丝雀发布（或灰度发布）和暗部署（dark launch），支撑高频发布的相关技术手段如开关技术、数据迁移方法、抽象分支策略等。

12.1　高频发布是一种趋势

自2001年"敏捷宣言"诞生以来，一直明潮暗涌，2007年以前，国内对"敏捷软件开发"的认同度并不高。甚至某些传统IT企业说："我们不需要那么快速地交付软件，'敏捷'不适合我们。"相反，互联网公司则说："'敏捷'两周发布一次，太慢了，不适合我们。"直到2009年，Flickr的John Allspaw和Paul Hammond在Velocity2009年的大会上分享了题目为《Flickr每天部署10次以上：开发与运维的高效合作》的报告，让业界同仁眼前一亮。原来，软件发布还可以这么快！

12.1.1　互联网企业的高频发布

现在，世界领先的互联网公司都在以"频繁发布"的模式更新它们的软件产品。例如，早在2011年5月，亚马逊公司的月度统计数字表明，平均每11.6秒就触发一次软件部署操作，当月最高部署频率达到每小时1079次之多。平均1万台服务器会同时收到部署请求，而最高一次是3万台服务器同时执行一个部署操作。

在2017年，Facebook公司每天对其网站推送多次部署，如图12-2a和图12-2b所示。而其移动应用客户端每周向应用市场推送一次，其研发流程如图12-2c所示，每天面向内部员工发布最新的内部全员体验版本，并且面向十万和百万用户推送Alpha版和Beta版。

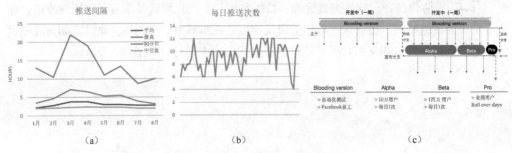

图12-2　Facebook的部署及发布

（资料来源：Chuck Rossi在@Scale Conference 2017上发表的 "Rapid release at massive scale"）

当然，这些发布中并不全是功能发布，当然也会包含缺陷修复。例如，根据2013年Dror G. Feitelson、Kent L. Beck等发表的 "Development and Deployment at Facebook" 一文，图12-3中展示了Facebook公司网站每日发布的内容分布。我们可以看出，其中有50%与问题修改相关。

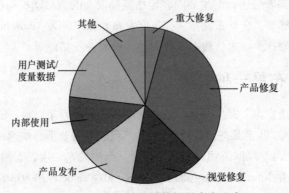

图12-3　Facebook网站的部署内容分布

那是否表明网站质量堪忧呢？根据Chuck Rossi、Kent Beckd在 "Continuous Deployment of Mobile Software at Facebook"一文中所述，随着部署频率的提升，以及总代码量和提交次数的提高，严重缺陷数量并没有随之升高，如图12-4所示（横轴是每个月的代码提交次数，纵轴是生产环境上发现的缺陷数）。尽管严重程度为中级和低级的缺陷数量有所上升，但考虑到开发人员数量的增长、网站系统复杂度的提升以及公司对待软件质量的观点，这是Facebook公司可以接受的程度。

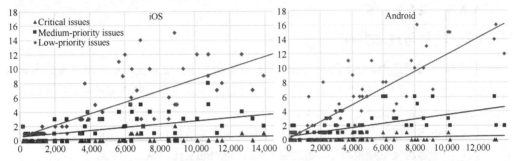

图12-4　Facebook公司不同严重级别的问题数量与Android和iOS每月提交次数的函数关系

Etsy是一家以手工制品交易为主的P2P电商。2014年，它有约60万的月活跃用户量和每月15亿的页面浏览量，销量为19亿美元。2017年，商品销售额达到32亿美元。在第2章中，我们介绍了他们的工作哲学，即"持续试验"。该公司自2009年底开始全面转向持续交付模式。在此之前，他们使用的是瀑布开发模式。当时部署发布操作的特点是"慢、复杂、高度定制化"，而2010年后，部署操作的特点是"快、简单、一致"，如表12-1所列。

表12-1　2010年Etsy实施持续部署前后的对比

对比项	2010年前	2010年后
每次部署时间	需要6～14小时的停机时间进行部署	15分钟（配置变更少于5分钟）
每次部署人力	一个专门负责部署的团队	1人
部署频率	部署是全公司第一优先级任务，高度计划且频率很低	30次/天（2012），50次/天（2014）
代码贡献者人数	N/A	170+人（2012）
部署时的步骤	创建发布分支 准备数据库结构变更 准备数据转换 打包 分发、部署，重启 缓存清理 结果	使用主干代码 极少的链接和构建 通过rsync进行分发 结束

（资料来源：Mike Brittain在GOTO 2012 Conference上发布的"Continuous Delivery: The Dirty Details"）

Etsy每次部署会包含以下内容。

（1）应用软件服务新增了一个类或方法。

（2）页面上的图片、样式表或者一些模板文件。

（3）内容变更等。

（4）修改配置开关的取值，或者灰度部署。因此，每次发布既可能是对线上问题进行快速响应（例如修复安全风险、功能缺陷、限流、降载或者增减节点），也可能是修改了软件配置项，发布补丁等。

12.1.2 收益与成本共存

在高频发布模式中，每次发布的内容量通常都会少于在低频发布中每次发布的内容量（显然一天可以完成的功能比十天的少）。为什么这么多公司都在向"高频发布"这个方向迈进呢？高频发布的收益有以下几个。

（1）有更多的机会与真实用户互动，从而快速决定或调整自己产品前进的方向。

（2）由于每次变更规模较小，软件系统没有剧烈的变化，从而降低部署风险。

（3）单次部署成本降低，且趋于恒定。如表12-1所列，Etsy在使用大版本发布模式时，每次部署都需要花费大量的精力与时间；在2010年执行高频发布以后，每次部署所需精力与时间很少，且基本不变。因为频繁的部署操作会令人感到痛苦，就会有动力做很多自动化设施建设，从而减低成本和精力。

（4）出现问题易定位、易修复，且能够快速更正。

具体对比如图12-5所示。

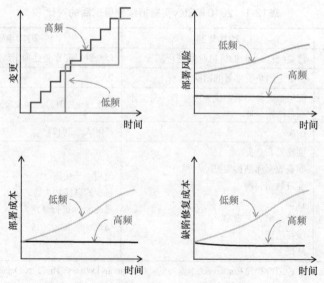

图12-5 高频发布与低频发布的对比

据2017年DevOps报告所述，高绩效（high-performance）的团队比低绩效（low-performance）团队相比：

（1）其代码发布频率高出46倍；

（2）从代码提交至代码部署所用时间缩短为1/440；

（3）平均故障恢复时间缩短为1/96；

（4）变更故障率降低为1/5。

上述收益来自成熟且自动化的部署与发布操作。如果仍旧坚持低频发布模式所用的研发管理方法，则强行执行高频发布会带来较高的迭代成本。例如，某团队原来每个月手工发布一次，现在决定每周发布一次。暂且不讨论每个版本的质量验证成本会如何变，假设仍旧采用原有手工模式，那么每月的工作量就是原来的4倍。而且，在发布周期缩短后，原来工作模式中并不占用太多成本的操作（如编译时间、测试工作强度等）都会变成较为突出的矛盾。

然而，无论怎样，我们都无法100%消除发布风险。我们要做的是不断寻找降低发布风险的方法。

12.2　降低发布风险的方法

接下来，我们就分别讨论一下降低发布风险的方法，包括蓝绿部署、滚动部署、金丝雀发布（灰度发布）以及暗部署。

12.2.1　蓝绿部署

蓝绿部署（blue-green deployment）是指准备两套完全一致的运行环境，其中一套环境作为正式生产环境，对外提供软件服务。另一套环境作为新版本的预生产环境，部署软件的新版本，并对其进行验收测试。当确认没有问题后，将访问流量引流到这个新版本所在的环境中，作为正式的生产环境，同时保持旧版本所在环境不变。直至确定新版本没有问题后，再将旧版本所运行的环境作为下一个新版本的预生产环境，部署未来的新版本，如图12-6所示，“蓝”和“绿”仅代表两个相互独立的部署环境。

12

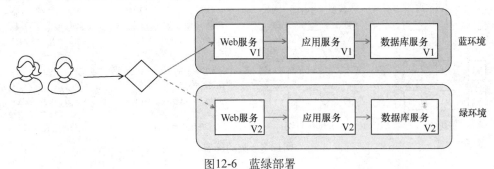

图12-6　蓝绿部署

当然，这是一个非常理想的情况。现实中，数据库复制的时间成本较高，而且空间成本也较高。因此，很多蓝绿部署方案会使用相同的数据库服务，只是软件的部署使用不同的两套环境，如图12-7所示。在这种情况下，同一个数据存储格式必须对新旧两个软件版本做兼容性处理，使其可以同时服务于两个软件版本对数据的操作。

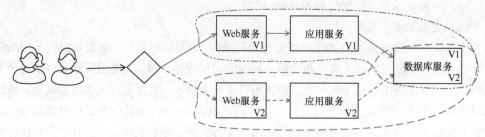

图12-7   使用相同数据存储节点的蓝绿部署

另外，蓝绿部署中还有一个需要处理的问题。也就是，当切换发生在用户的一次业务操作过程当中且涉及事务处理时，如何处理数据的一致性问题。一般来说，切换并不是在瞬间完成的。在切换的过程当中，新的请求直接被导向到新版本的环境，不再允许访问旧版本的环境。对于那些在切换发生时尚未返回结果的旧有请求，旧版本的环境允许其访问完成，之后不再接收新的请求即可。

12.2.2   滚动部署

滚动部署（rolling deployment）是指从服务集群中选择一个或多个服务单元，停止服务后执行版本更新，再重新将其投入使用。循环往复，直至集群中所有的服务实例都更新到新版本，如图12-8所示。与蓝绿部署相比，这种方式更加节省资源。因为它不需要准备两套一模一样的服务运行环境。因此，服务器的成本就相当于少了一半。

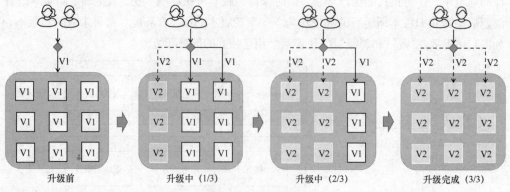

图12-8   滚动部署

当新版本出现问题时，这种滚动部署方式无法像蓝绿部署那样只要直接通过前面的流量负载均衡器直接切换回旧环境即可，而是必须要对其中已部署新版本的服务器进行回滚。另一种方式就是快速修复问题，生成第三个版本V3，然后马上发起一次V3的滚动部署。此时，服务集群中就可能会有V1、V2和V3三个版本存在。

12.2.3　金丝雀发布与灰度发布

"金丝雀发布"（canary release）就是泛指通过让一小部分用户先行使用新版本，以便提前发现软件存在的问题，从而避免让更多用户受到伤害的发布方式。因为仅有一小部分用户使用，所以造成的影响也比较小。

"金丝雀发布"的名字来自矿工下井的一个古老实践。17世纪，英国矿井工人发现，金丝雀对瓦斯这种气体十分敏感。当时，采矿工人为了保障自身的安全，每次下井工作时都带上一只金丝雀。如果井下存在有害气体，在人体还没有察觉到有害气体时，金丝雀就会因无法抵抗瓦斯气体而死亡。此时，矿工就会知道井下有毒气，马上停止工作，回到地面。

"灰度发布"是指将发布分成不同的阶段，每个阶段的用户数量逐级增加。如果新版本在当前阶段没有发现问题，就再扩展用户数量进入下一个阶段，直至扩展到全部用户。它是金丝雀发布的一种延伸，也可以说，金丝雀发布是灰度发布的初始级别，如图12-9所示。对于"划分多少个阶段，每个阶段的用户数量是多少"，要根据产品状态自行定义。

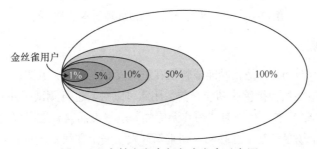

图12-9　金丝雀发布与灰度发布示意图

2012年Facebook公司对其网站首页做过一次大改版，引入了用户首页的大图展示，并以灰度方式发布。当用户数量为总用户数的1%时，网站的很多项数据（如浏览量、页面打开率等）都有所下降。经过讨论后，团队认为是这些用户对新版本暂时性不适应，决定继续扩大用户数。当用户超过10%以后，数据表明，各项关键业务指标仍旧表现不佳，因此Facebook公司最终放弃了这次首页大改版，恢复了原有的版本。

有两种实现方式可以达到金丝雀（灰度）发布的效果。一是通过开关隔离方式实现（开关技术的具体方式参见12.3.1节），它是指：将软件的新版本部署到生产环境中的所有节点，通过配置开关的方式，针对不同范围的用户开放新功能。例如网络接入层、Web层、业务逻辑层都可以用于设计灰度方案，但具体使用哪种方案，需要根据具体业务场景确定。例如，利用网关做灰度控制，有基于IP或cookie的，有基于某个请求参数做流量切换实现白名单的（uuid或者手机号），也有基于地域或者流量百分比来切换的等。

二是通过前面讲过的滚动部署方式实现，它是指：将软件的新版本部署到生产环境中的一部分节点上，那么原有对这些节点的访问流量就会使用这个新版本的功能，而其他节点上的访问流量仍旧使用原版本的功能。当确认没有风险后，再用新版本逐步替换其他节点的旧版本，直至全部替换完成。两种方式如图12-10所示。

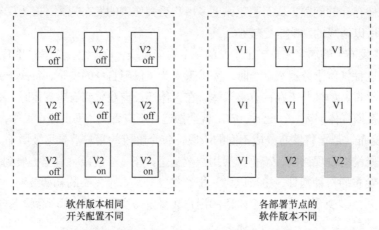

图12-10　通过开关分流与通过物理版本部署分流

12.2.4　暗部署

暗部署（dark launch）是指功能或特性在正式发布之前，将其第一个版本部署到生产环境，以便在向最终用户提供该功能之前，团队可以对其进行测试，并发现可能的错误。"暗部署"中的"暗"字，是针对"用户无感知"这一点而言，这可以通过开关技术来实现。例如下面这个场景：某个互联网公司重新开发了一个在线新闻推荐算法，希望能够为用户推荐更多的优秀内容。但是，由于算法复杂，公司想知道在大量的真实用户访问情况下，这个算法的性能到底如何。这时要如何做呢？

我们可以为这个算法配置一个开关，并将其部署到生产环境中。当这个开关打开时，就会有流量进入这个算法。但是用户并不知道他用的是旧算法，还是新算法。如果这个算法的性能不够好，我们可以马上关闭这个开关，让用户使用原来的旧算法，图12-11给出的是其操作步骤。

我们还可以使用第10章介绍过的流量克隆方式来进行。即对每个请求都克隆一份，发送给这个新算法。但这个新算法并不向用户反馈结果，而是由开发人员自己收集数据，图12-12为其工作流程。

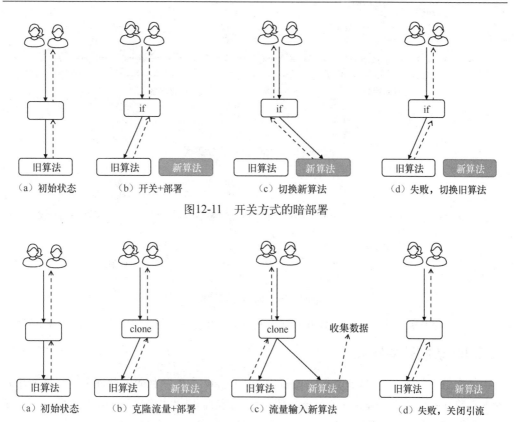

图12-11　开关方式的暗部署

图12-12　流量克隆方式的暗部署

12.3　高频发布支撑技术

我们在第8章中提到，发布频率与分支策略有一定的对应关系。当一个软件团队的发布频率高于一周一次时，采用"主干开发，主干发布"才是更为经济的做法。然而，这样做也会遇到一个现实问题：假如某个功能比较复杂，无法在两次发布之间完成开发，那么我们用什么办法来处理这个问题呢？解决问题的办法有3个。

（1）拆分功能。将一个功能进行分解，分解为更小的在一个开发周期内能够完成的功能集。我们在第6章中也有过介绍，即将一个功能分成迭代周期内可交付的子功能，如图12-13所示。当然，如果不是新功能开发，而只是技术性改造，也可以使用后面介绍的抽象分支技术来实现。

（2）先后再前。先实现服务端功能，再实现用户界面。即首先实现用户不可见的那部分功能，同时要确保不影响原有的功能。这样，即便这一功能代码被带到生产环境中，因为没有操作入口，也不会对发布有影响，同时还可以使用暗部署+流量克隆方式来验证新功能在后台服务端实现方面的质量，如图12-14所示。

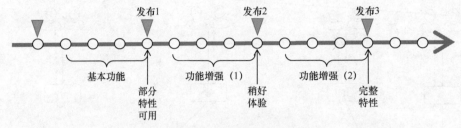

图12-13   大功能的拆分实现

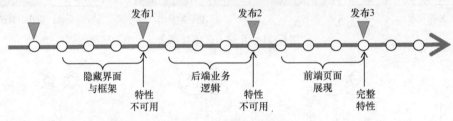

图12-14   先后端再前端

(3) 功能开关技术。通过开关来隐藏未开发完成的功能。这是我们接下来介绍的重点。

12.3.1   功能开关技术

什么是"功能开关（Feature Flag或Feature Toggle）"？从代码的角度来讲，每个开关的本质就是一个"if……else……"条件语句块。让我们以某电商网站为例，说明一下。该网站使用PHP编程语言实现其网站功能。switch.config的文件片断如下：

```
01.  $cfg['new_search'] = array('enabled' => 'off');
02.  $cfg['sign_in'] = array('enabled' => 'on');
03.  $cfg['checkout'] = array('enabled' => 'on');
04.  $cfg['homepage'] = array('enabled' => 'on');
```

当需要设计一个新的商品搜索算法时，在配置文件switch.config中加入上面的第一行代码。

同时，在使用商品搜索算法的相关代码位置上，添加条件判断语句。当新的搜索算法开关new_search为on时，就执行do_solr()，否则就执行do_grep()，如下所示：

```
01.  if($cfg['new_search'] == 'on') {
02.        $results = do_solr();      // 调用新的商品搜索算法
03.  } else {
04.        $results = do_grep();      // 调用旧的商品搜索算法
05.  }
```

我们可以看到，当代码执行到这里时，它会从配置文件switch.config中读取配置new_search，并按照我们设计的逻辑选择不同的路径来执行。当希望让不同的用户群使用新的搜索功能时，通常可以对配置项'new_search'进行修改来达到目标，如下所示：

```
01.    $cfg['new_search'] = array('enabled' => 'on');          // 所有用户可用
02.    $cfg['new_search'] = array('enabled' => 'staff');        // 内部员工可用
03.    $cfg['new_search'] = array('enabled' => '1%');           // 1%的用户可用
04.    $cfg['new_search'] = array('enabled' => 'users', 'user_list' =>
       'qiao_liang');
05.                                                 //针对具体用户白名单可用
```

开关技术本身并不是一种新技术。例如，对很多商业套装软件来说，通常软件授权证书（license）就是一个开关，用于激活你购买的软件。而且不同的授权证书，还可以激活该软件中的不同功能。

对于这类商业套装软件，我们原来倾向于在对外正式发布的软件包中仅包括完整功能代码，那些未实现的功能代码被禁止带入正式发布包中。这种软件授权通常用于针对不同用户的功能可见性策略，从而完成不同的收费模式。而且，这种开发模式目前仍在使用中。

现在，对高频率的软件部署来说，开关技术被赋予了两种新的用途。

（1）隔离：即将未完成功能的代码隔离在执行路径之外，使之对用户不产生影响；

（2）快速止血：一旦生产环境出了问题，直接找到对应功能的开关选项，将其设置为"关闭"。

开关技术是达成高频部署的一种合理技术手段，尤其是像Etsy公司使用"主干开发，主干发布"的策略，所有开发者直接向主干提交代码，这一手段就更为必要。

当然，使用开关技术也会带来成本。首先，每个开关选项最少有两个状态，"开"和"关"。当我们在发布之前对软件进行功能验证时，需要考虑每个开关在系统中的状态，有时甚至要进行组合测试。开关的数量越多，可能就会产生越多组合测试的成本。其次，并不是所有的开关代码都能以优雅的方式实现，给代码的编写和维护都带来一定的复杂性，需要细心设计。最后，开关在系统中存在的时间越长，维护它的成本就越高。

为了能够最大化利用开关带来的好处，并尽可能减少它带来的成本，应该对开关进行系统化的管理，并尽可能遵循以下原则。

（1）在满足业务需求的前提下，尽可能少用开关技术。由于开关本质上是if……else……的语句，它会带来程序的复杂性，尤其是代码设计混乱、代码模块职责不清晰时，更容易出错。

（2）如果在"分支"和"开关"之间选择，尽可能选择开关技术。首先，使用开关方式，可以小步迭代；其次，可以在主干上与他人代码频繁集成，尽早发现设计冲突问题；最后，创建分支会带来后期的分支合入以及多次测试成本。

（3）软件团队应对开关配置项进行统一管理，方便查找和查看状态。

（4）尽可能使用统一的开关框架和开关策略。开关策略是指开关的定义、命名，以及如何配置。

（5）定期检查和清理不必要的开关项。

下面是几个常见的开关工具。gflag是由谷歌公司贡献的C/C++的开源工具，Java社区可以使用Togglz，或者Flip。Grails可以使用grails-feature-toggle，.Net社区可以参见FeatureToggle。

12.3.2　数据迁移技术

任何软件服务都会处理数据，而且会对其中的很多数据进行持久化。随着软件服务时间的增长，数据会越来越多。因此，对数据库结构的修改相对比较复杂，更新耗时较多。

对那些发布频率较低的企业级应用来说，当有新版本的软件发布时，通常要提前停机，然后通过SQL命令直接修改字段结构，整理字段中的所有数据。待全部完成后，再部署新的软件版本，最后启动程序，恢复服务。

1．只增不删

对每天都需要处理海量数据的互联网应用来说，在高频发布模式下，虽然数据库结构的变更不会像应用程序那样可以每天数次，但是每周有一次数据库结构变更可能也是很正常的。如果数据库更新需要较长的时间，那么停机更新的方式显示并不合适。此时，对于数据库结构的变更，最简单的方式就是"字段尽可能只增不删"，即对数据库表中的原有字段不再进行修改和删除操作。

如图12-15所示，原始数据库结构中，配送地址信息被分成3个字段，并且已有历史数据的存储（图中的个人信息并非真实信息，而是简单的虚构示例）。由于这3个字段总是一起使用，因此决定合并成一个字段。那么，我们可以增加一个新的字段，名为"配送地址"，并对应用程序进行两部分修改。

ID	用户名	配送城市	配送区县	配送具体地址
001	张馨月	北京市	朝阳区	柳芳南里29号
002	李建国	上海市	张江高科技园区	海科路99号
003	孙晓丹	北京市	海淀区	上地十街3号楼

ID	用户名	配送城市	配送区县	配送具体地址	配送地址
001	张馨月	北京市	朝阳区	柳芳南里29号	
002	李建国	上海市	张江高科技园区	海科路99号	
003	孙晓丹	北京市	海淀区	上地十街3号楼	
004	王永明	北京市	东城区	和平里十三区5号楼	北京市东城区和平里十三区5号楼
005	秦剑飞	北京市	东城区	和平里八区12号楼	北京市东城区和平里八区12号楼

图12-15　字段只增不减

（1）由于无法确定是否还有其他程序使用原有的3个字段，因此写入信息时，同时向所有字段保存对应的信息。

（2）当需要读取这个信息时，可以先从配送地址这个字段读取信息，如果返回为空，说明这是旧记录，需要从原来的3个字段分别读取信息，并自行拼接在一起。

这类修改对应用程序的改动相对较小，并且不需要在数据库中处理原有的数据。

2．数据迁移

在大多数情况下，上面的方法可以应对。但是在某些时候却无法使用，例如将数据存储系统从H2DB转换成MySQL，或者将原有系统拆分成多个系统，又或者单表数据量过大等情况。这时需要做大量数据的搬迁工作。

此时做数据迁移工作，通常按照以下5个步骤。

（1）为数据库结构增加一个新版本。

（2）修改应用程序，同时向两个版本的结构中写入数据。

（3）编写脚本程序，以后台服务的方式将原来的历史数据回填到新版本的结构中。

（4）修改应用程序，从新旧两个版本中读取数据，并进行比较，确保一致。

（5）当确认无误后，修改应用程序，只向新版本结构写入数据。可以将原来的旧版本数据保留一段时间，以防止未预料的问题出现。

数据库中两表合并的过程

在某互联网公司就遇到过类似情况。由于刚开始的时候团队经验较少，因此在设计数据结构时，为了存储注册用户的信息，设计了两张数据库表，一张名为Users，保存了用户的基础信息，另一张名为User_profiles，保存了用户的扩展信息。其目的是为了后续业务扩展时，可以不必修改Users表，而只根据不同的业务，增加User_profiles中信息即可。

然而，系统运行一段时间后，团队发现User_profiles的使用次数并不多，但是每次用户服务读取信息时，都要分别从两个数据库表中获取数据，速度也比较慢。因此，团队打算将User_profiles表中的数据合并到Users表中，并将User_profiles删除。那么如何设计这次变更流程呢？

第一步：修改数据库结构。

（1）写一个SQL脚本，将User_profiles表中各列结构加入Users表中。

（2）修改应用程序，加入3个新配置开关项，如下所示：

```
01.  'write_profile_to_user_profiles_table'=>'on'
02.  'write_profile_to_user_table'=>'off'
03.  'read_profile_from_users_table'=>'off'
```

修改完成后，发布这次版本修改。

第二步：修改应用程序，同时向两个版本的结构中写入数据。

（1）修改代码，将profile写入原来的User_profiles表中，也同时写入Users表。

（2）修改第2行的配置开关，改为'on'，如下所示：

```
01.  'write_profile_to_user_profiles_table'=>'on'
02.  'write_profile_to_user_ table'=>'on'
03.  'read_profile_from_users_table'=>'off'
```

修改完成后，发布这次版本修改。

第三步：编写一个可离线执行的后台脚本，批量将原来的历史数据回填到新版本的结构中。

这一步不需要修改生产环境中的代码，而是写一个离线程序，将原来存于User_profiles表中的数据写到Users表中的对应的数据列中。运行该离线程序，直到全部数据同步完成。

第四步：从新旧两个版本中读取数据，并进行比较，确保一致。

（1）修改应用程序，在需要读取数据的时候，从两个表中分别读取对应的数据，并在内存中进行对比，验证数据是否一致。如果数据不一致，可以写入日志，然后离线处理。也可以根据事先预定义的修订策略，对数据进行修复。

（2）修改第3行的配置开关，让内部员工可以使用Users表的信息，修改开关read_profile_from_users_table为'staff'，如下所示：

```
01.  'write_profile_to_user_profiles_table'=>'on'
02.  'write_profile_to_user_ table'=>'on'
03.  'read_profile_from_users_table'=>'staff'
```

修改完成后，发布这次版本修改。此时，相当于发布了员工内部体验版本。由员工来验证数据的一致性，直至确认无误。

第五步：当确认无误后，修改应用程序，只向新版本结构写入数据。

修改第3行的配置开关，让5%的用户可以使用Users表的信息，修改开关read_profile_from_users_table为'5%'，如下所示：

```
01.  'write_profile_to_user_profiles_table'=>'on'
02.  'write_profile_to_user_ table'=>'on'
03.  'read_profile_from_users_table'=>'5%'
```

修改完成后，发布这次版本修改。确认运行无误，重复这一步骤，让更多的用户使用Users表中的信息，直至100%，即最后一个配置项从'5%'变为'on'。

第六步：放弃旧版本（这是一个可选步骤）。

持续运行足够长的时间，且没有发现问题时，修改开关write_profile_to_user_profiles_table为'off'，不再向User_profiles表中写入数据，如下所示：

```
01.   'write_profile_to_user_profiles_table'=>'off'
02.   'write_profile_to_user_ table'=>'on'
03.   'read_profile_from_users_table'=>'on'
```

修改完成后，发布这次配置变更。

12.3.3 抽象分支方法

当我们进行大的架构改动时，通常会需要较长的时间。传统的做法如图12-16所示：在当前的产品代码分支上创建一个新的分支，用于大规模重写，然后再将新增功能移植到这个分支上。大规模重写的这个分支在很长一段时间内无法发布，直到最后全部修改完成后。这种方式无法做到持续发布，业务需求的实现会有阶段性停滞，架构调整后第一次发布时出现问题的概率较大，需要一定的质量打磨周期。

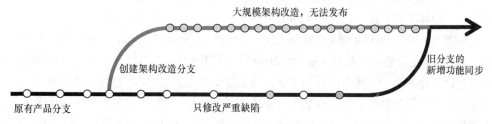

图12-16　通过真实分支重构发布

"抽象分支方法"是在不创建真实分支的情况下，通过设计手段，将大的重构项目分解成很多个小的代码变更步骤，逐步完成重大的代码架构调整。例如希望将软件中的一部分代码使用另外一种方式实现，使用"抽象分支方法"的过程如图12-17所示。

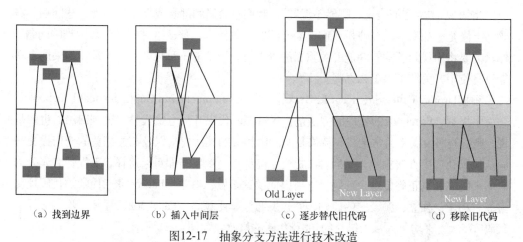

（a）找到边界　　　（b）插入中间层　　　（c）逐步替代旧代码　　　（d）移除旧代码

图12-17　抽象分支方法进行技术改造

图12-17a所示的情况应该在软件代码中找到将要替换的那部分代码；图12-17b所示的情况应在这块代码与其他代码之间插入一段隔离代码，它们都通过隔离代码进行交互；图12-17c所示的情况应实现新的代码，逐步替代旧代码；图12-17d所示的情况应直至替代原定的旧代码实现。

通过这种方式，我们可以做到：在不创建代码分支的情况下，达到"创建分支进行重构"的同样结果。其好处在于：

- 重构的同时也能交付业务功能需求；
- 可以逐步验证架构调整的方向和正确性；
- 如果遇到紧急的情况，很容易暂停，而且不浪费之前的工作量；
- 能够强化团队的合作性；
- 可以使软件架构更模块化，变得更容易维护。

使用"抽象分支方法"也有成本，例如，整个修改的时间周期可能会拉长；由于是迭代完成，总体工作量比一次性完成的情况要大。

框架iBatis和Hibernate是两种对象关系映射框架（Object Relational Mapping，ORM）。GoCD团队曾使用抽象分支方法成功将iBatis替换成Hibernate，并且有两个对外发布的版本同时包含了这两个ORM框架。在使用这种抽象分支方法之前，团队也曾尝试使用从主干上创建分支进行框架替换，但是失败了。也就是说，团队大多数人在主干上开发功能，分支上做框架替换，每天将主干代码同步到分支上。原来以为3周可以完成的任务，6周也没有能够完成。这也说明，当进行大的改造时，如果使用创建分支的方式，通常必须停止大部分的新功能开发，否则很难成功。

12.3.4　升级替代回滚

俗语说，"常在河边走，哪能不湿鞋"。我们总会遇到部署或发布后出现一些问题，需要马上修复。如果你已经使用我们前面介绍的开关技术，那么这并不是什么困难的问题，你只需要将出现问题的新功能开关重新配置一下，让功能不可见即可。但是，如果这个功能没有使用开关技术，怎么办呢？

根据Dror G. Feitelson，Kent L. Beck等在"Development and Deployment at Facebook"一文中提到，Facebook的处理的方法是：尽可能以代码升级方式代替二进制回滚。也就是说，典型的回滚操作通常是将与待修复的问题相关的某次提交以及与之相关的任何提交一同从代码仓库中直接剔除，然后再次提交，等待下一次发布即可。这样，工程师有充分的时间来研究和真正修复这个问题。之所以能够这么做，得益于Facebook工程师的代码提交遵循"小步、独立、频繁"的原则，并且发布频率比较高。Facebook工程师平均每天提交代码0.75次，平均每人每天提交约100行代码的修改，如图12-18所示。

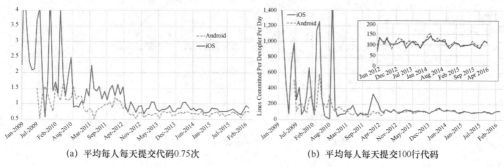

(a) 平均每人每天提交代码0.75次　　　　　(b) 平均每人每天提交100行代码

图12-18　代码Facebook工程师的代码提交习惯

12.4　影响发布频率的因素

尽管本章一直在讨论高频发布的收益与做法，但并不是说，每日发布适合所有类型的软件。例如，对需要跟随硬件发布的嵌入式软件开发来说，其对外发布的成本非常高。一旦因软件出现问题而导致退货率上升，那么其损失可能相当高。当我们在决定软件的发布频率时，需要综合考虑以下影响因素。

（1）增量发布带来的收益和可能性。

（2）每次发布或部署的操作执行成本有多高。

（3）出现问题的概率与由这些问题带来的成本有多少。

（4）维护同一软件的众多不同版本带来的成本。

（5）高频发布模式对工程师的技能要求。

（6）支撑这种高频发布所需要的基础工具设施与流程完善性。

（7）组织对这种高频发布的态度与文化取向。

在这些影响因素中，5、6和7对前面4项的结果也会产生直接影响。很可能由于这3项的原因，使得高频发布的成本高居不下，收益相对较少。此时，就需要企业领导者做出更多的努力，在后面3项上投入更多的精力。

因为部署发布有风险，所以大家均习惯于推迟风险，而两次发布之间的间隔越长，累积的代码变更越多，所需质量验证时间就越长。这就形成了一个渐进增强循环，如图12-19所示。当我们采用本章介绍的方法以后，可以降低部署发布的风险，在提高发布频率的同时，也会鼓舞团队士气。因为每个人都想尽早看到自己的劳动成果被真正的用户使用。

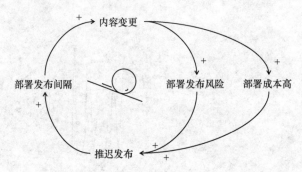

图12-19   推迟发布动机的渐进增强环

12.5   小结

本章我们讨论了如何在快速部署发布的情况下，通过多种技术手段降低风险，如开关技术、数据库迁移技术、蓝绿部署、金丝雀（灰度）发布、抽象分支以及暗部署等。并且强调，即便没有使用开关，假如团队能够一直使用"小步完整的代码提交"策略，也可以比较容易地做到将缺陷快速回滚。

在一些业务场景下，我们的确无法直接高频地对外发布软件。但是，如果我们能够使用本章介绍的方法持续向预生产环境进行发布与部署，就可以尽早获得软件的相关质量反馈，从而减少正式发布后的风险。如果我们能够将每次发布的平均成本降低到足够低，那么将会直接改变团队的产品研发流程。

第 **13** 章

监测与决策

本 书前面一直在讨论如何构建高质量的软件，如何低风险地部署和发布软件。这只是持续交付验证环的前两个步骤，第一步将我们选择的试验方案由描述性语言变成可交付的软件包，第二步将软件包部署到生产环境中（或交付到用户手中），让它为用户提供软件服务。我们尚未形成有效的业务闭环。当我们对软件服务进行持续监测，确保我们交付的软件可以为客户（用户）持续提供服务，并且能够收集有效的数字反馈信息，才能够完成真正的持续验证闭环（如图13-1所示），即验证是否符合我们在探索环中设定的业务目标预期。

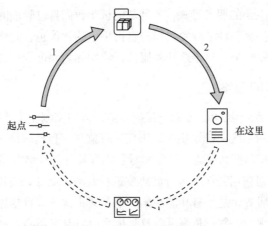

图13-1　快速验证环的闭环

并非每一次软件变更都能够达到预期的效果。一些软件变更在部署之后，会出现服务性能下降的情况，进而影响用户体验，甚至导致服务收入下降。国际大型互联网公司均出现过由于软件变更导致Web服务受损、甚至中断的事例。

- 案例1：2012年10月，Google的一次负载均衡软件升级失败，导致全球Gmail业务受损，且持续时间达18分钟。
- 案例2：2014年12月，Dropbox对服务器操作系统的例行升级中存在Bug，导致Dropbox服务中断了3小时。

- 案例3：2014年6月，Facebook的一次软件系统的配置变更失误，引起Facebook服务中断31分钟。
- 案例4：2014年11月，Microsoft Azure的一次软件升级导致Azure Storage的服务受损。

在软件变更发生后，快速、准确地评估软件变更的影响，及时发现生产问题，并快速定位和解决它一直是软件生命周期管理中，非常重要的一项任务。在本章中，我们将讨论快速验证环的最后两个环节，即"监测"与"决策"。

13.1　生产监测范围

根据监测内容的不同，可以将其分为3个层次，即资源监测、应用监测和业务监测。资源监测历来是系统运维领域的重中之重，其基础运维体系建设和工具支撑也相对成熟完善。现在，应用软件的运行监测也已受到产品研发部门的重视，市场上有很多工具开始支持相关数据的收集。尤其是移动互联网大潮来临后，设备的多样性以及对用户体验的关注，使得应用软件的运行质量监测成为衡量移动互联网产品研发质量指标的重要数据支撑。面向大众的互联网业务或产品，产品预期与真实用户反馈之间的难预测性使得越来越多的企业关注业务效果数据的监测。

目前软件有两种主要的服务形式，一种是运行于我们自己管理的后台服务器上，持续为用户提供远程服务。另一种是分发到用户自己手中的软件包，如移动App、PC端软件和硬件设备中的嵌入式软件等。对于这两种服务，我们都需要进行服务监测。

13.1.1　后台服务的监测

后台服务监测包括3个层次，分别是基础监测、应用监测和业务监测。

（1）基础监测是对系统基础设施的健康度进行监测，包括网络与服务器节点的监测，监测内容包括网络连接与拥堵状态、CPU负载和内存及外部存储空间的使用状况等。

（2）应用监测是对应用程序的运行健康度进行监测，例如，应用程序进程是否存在，是否能正常提供对外服务，是否有功能缺陷，是否能正常连接数据库，是否有超时现象，是否有服务抛出的异常和告警，是否可以及时扩容以应对突增的大量请求等。

（3）业务监测是对业务指标健康度的监测。例如，对电商网站来说，应当包括但不限于实时的用户访问量、具体页面的浏览数、转化率、订单量和交易额等。

13.1.2　分发软件的监测

由于分发软件运行的环境并非受控环境，对它们的服务监测受到客观条件的限制。通常来说，我们需要在用户授权的条件下，在用户设备上收集自身软件的运行状态，以及宿主设备的运行状态，并将收集的数据定期发送到后台服务器上，由后台服务对收集上来的数据进行分析与呈现。如果宿主设备运行于非联网状态，则软件需要缓存数据到本地，一旦联网后再上传数据。

与后台服务的监测一样，分发软件的监测也包含3个监测层级。基础监测是软件所运行的基础环境（如移动设备的机型、操作系统、内存等）的运行情况，以及与服务器的连接情况。应用监测是软件应用本身的健康状态（如内存使用、程序崩溃、无响应、与后台服务器的通信情况等）。业务监测是用户的使用数据，如所在页面、停留时间、用户操作等。

当然，对于分发软件的监测不仅仅是来自软件本身的上报，企业还要关注网络上的信息，例如移动软件应用市场评分、用户在各类新媒体中发布的关于软件本身的评价等，以便从更广泛的渠道全面收集信息，及时修正软件中的缺陷和漏洞，为用户提供最优体验。

13.2　数据监测体系

为了得到有效的监测数据，必须对监测数据的获取过程、处理流程进行全面管理，包括数据源、数据格式与采集周期、数据处理算法等。

13.2.1　收集与处理

监测数据的处理过程如图13-2所示。

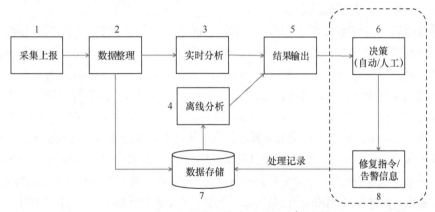

图13-2　监测数据的采集和处理、应用过程

图13-2中的每一个步骤都会涉及大量的平台处理与运算，其相关职责如下。

（1）采集上报：将事先定义的事件数据在当地采集并上报。

（2）数据整理：对各数据源上报后的数据进行收集、清洗和整理。

（3）实时分析：对实时数据进行分析处理。

（4）离线分析：通过大量数据进行模型或规则提取。

（5）结果输出：将实时和离线分析的结果展现，供决策参考。

（6）问题决策：根据上一步的输出，人为或自动给出下一步的行动判定；同时将判定记录保存下来，以便为后续决策提供依据。

（7）数据存储：离线的原始数据、分析数据以及处理记录的保存。

（8）自动修复与运维执行体系的接口，它需要将修复指令发送给运维执行体系，由执行体系将指令分发到对应节点，并进行相应的操作。

13.2.2　数据的标准化

要想得到监测数据，我们必须事先对软件产生的事件（Event）进行规划和跟踪。尤其对业务数据来说，更需要提前规划。持续交付价值环中一再强调"探索"和"验证"，其最重要的信息来源之一就是真实的用户反馈。为了提升"验证"的及时性，我们在实现业务功能之前，除了对功能实现方案的讨论，还需要做好另外两件事：一是对业务指标的定义，也就是说，与该功能相关的业务指标是什么，与其他业务指标有哪些关联性，以及如何计算这个业务指标；二是数据事件的定义，为了得到这个业务指标的数据，应该在产品代码的哪个位置埋设监听事件，输入和输出格式是什么样的，与其他事件之间的关系是什么。这两件事情是确保数据准确性的前提。互联网创业公司在快速发展期，经常遇到的问题就是数据收集问题，而数据收集问题的根源就在于发展过程中忽视了数据指标体系建设，甚至根本没有考虑。当遇到发展产品瓶颈期时，由于没有相应的数据体系，无法深入洞察用户行为，而显得手忙脚乱。

通常研发团队与运维团队对基础类事件（如CPU、内存、硬盘、网络等）和应用事件（如服务响应时间、页面加载速度、App启动速度等）比较关注，对于业务事件并没有太多的关注。缺乏经验的产品经理对功能实现的关注度远远高于对数据的关注度。

在现实工作中，你是否会经常遇到下面的场景？产品经理打算对已有功能进行改进，需要收集数据做一些背景支持（或者需要向上汇报）时，才匆忙向数据分析团队提出数据需求。然而，每个数据请求可能都需要等待两三天的时间才能拿到，甚至更久。拿到的数据经常不准确，数据前后矛盾的情况也时常发生。这通常是对数据监测没有重视的结果。

对于高不确定的业务环境，我们甚至可以说，业务数据收集的重要性要远远高于功能实现的重要性。没有数据意识的产品负责人，就像鼻子失灵的缉毒犬，在日常工作中，只能靠自己的感觉做出决策。这样会产生很大的资源浪费，尤其是在竞争激烈的互联网市场环境中。

为了利于统计分析，团队必须在一开始就对数据日志格式与收集标准及规则进行定义，并且定期进行宣讲。标准定义可以让数据的收集与处理更加方便，减少不必要的脏数据或者数据分类错误，从而提升数据处理的时效性和准确性。

数据日志的格式本身并不复杂，通常分为基础信息和扩展信息。基础信息需要描述最基础的应用背景信息，包括4个W，即Who（哪一个用户或服务）、When（什么时间）、Where（什么地点）、What（做了什么），如应用程序基本信息、事件时间、级别、环境信息、事件代码及表示位。扩展信息则是为了数据更好的扩展性，以应对不同业务的监测统计需求，通常会由各业务团队自行定义、解析和使用，图13-3给出了一个扩展信息示例。

格式统一约定

字段请按序号顺序；1级字段之间，使用1级分隔符'\001'

序号	格式名称	说明
1	事件名	如1.1概念说明，由客户端上传
2	事件详情	记录埋点的具体业务，具体查看每一条日志说明，由客户端上传
3	事件扩展	请查看下面的 事件扩展表 说明，由客户端上传
4	原子封装	由埋点服务追加，服务端按顺序拼装追加，客户端不需关心
5	record_time	由埋点服务追加，服务端记录的unix时间戳，客户端不需关心

说明

- 埋点日志文件中的格式，请按照序号从小到大拼装，按上表格式约定统一。
- 埋点客户端的统一请求方式为**POST**请求：
    - 序号1-3，由客户端上传，在POST里面拼装内容上传。
    - 序号4-5，由埋点服务追加，原子封装通过请求url后面的参数统一上传。
- 分隔符：
    - 1级分隔符'\001'，事件名、原子封装、事件详情等序号1-5之间，使用1级分隔符。

图13-3 日志扩展信息示例

事件的定义与日志标准需要持续更新。随着业务的发展，功能不断变化，具体的事件采集标准与日志格式以及所含内容也会随之产生变化。例如，某些功能合并、删除，那么对应的事件与日志也需要更新，而且这些更新会影响到原有的统计公式或分析报告。另外，在扩展信息中的一些字段如果长时间存在，团队应该考虑将其定义为基础信息。

13.2.3 监测数据体系及其能力衡量

很多决策都依赖于大量的数据分析，因此这些数据质量尤为重要。对监测数据来说，可以从3个维度来衡量。

（1）正确性，即收集到的数据与事实的一致性。

（2）全面性，即收集到的数据信息是否足以支持团队做出决策。

（3）及时性，即数据的发生到能够支持决策所需要的处理时间足够短。

在团队建立之初，经常会遇到收集到的数据统计结果与实际业务表现不一致的情况。这值得团队花费一些精力重点关注。我们可以通过以下两种方式来验证数据质量。

（1）依靠业务专家的经验来判断。可以邀请业务专家在初期建立基本数据体系。

（2）多方数据对比验证。多方数据是指数据源既可以来自企业外部的数据（如行业内的一般数据、相近企业的数据表现），也可以是来自系统内不同维度的数据（如浏览数据、订单数据与财务数据等的对比）。通过不同维度数据之间的相互印证，发现质量问题，并逐步改善。

及时性是业务敏捷的重要保障前提，它包括数据上报的及时性，以及数据处理的及时

13

性。每当对某些功能进行变更后，我们都希望能够在功能上线后，尽早知道它对业务相关数据的影响，例如是否由于注册页面的功能改进，使得注册用户增长，是否因为商品详情页面的重新设计，更多的用户可以做出快速决策，是否提升了订单量，等等。

Facebook的实时数据分析与存储系统

　　根据Lior Abraham，John Allen等2012年发表的题为 "Scuba: Diving into Data at Facebook" 的文章所述，Facebook在2012年的实时数据分析与存储系统Scuba每秒吞吐百万行，每天处理百万次查询。每个事件的处理延迟小于1秒。从数据落地日志收集服务器开始，到监测人员能够在仪表盘上看到，仅需要1秒，如图13-4所示。

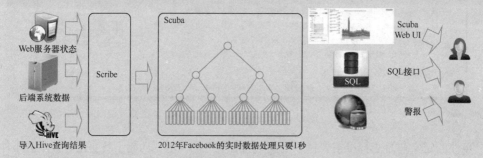

图13-4　Facebook 2012年的实时数据监测系统示意图

　　Scribe是日志收集服务，Scuba是数据处理服务集群。系统提供3种数据使用方式。一是通过数据仪表盘，可能直接显示周数据对比图。二是可以通过可视化方式定制查询条件，或者自己脚本，对数据进行查询，每个查询的时间少于1秒。三是自动告警处理。图13-5所示为Facebook代码变更后的数据变化趋势图。

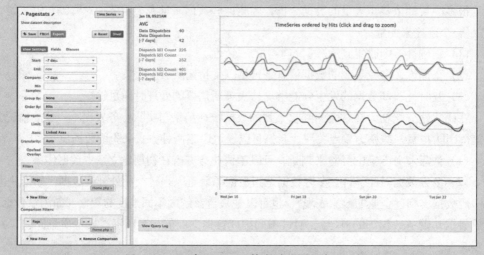

图13-5　2012年Facebook的实时监测仪表盘示例

除上面的3个基本衡量维度以外，监测系统还应该具有抽样能力，即根据实际数据量的需要，工程师可以配置每个数据采样点的采样密度，并快速生效。这有利于在生产运行正常时缩小数据总量规模，在生产异常时也能快速获得最详细的生产日志信息。

13.3　问题处理体系

建立了数据监测系统，接下来就是要从这些监测数据中发现问题，并快速解决。通常发现问题的方式有两种：一是人工判别；二是机器自动发现。面对大量的监测数据，全部依靠人工处理是不现实的。因此，通常先由机器根据各种规则进行判断，尽可能多地自动发现生产中的疑似问题，无法自动处理时，就作为一个"告警"，生成一个工单，发送给指定的问题接收人。

13.3.1　告警海洋与智能化管理

在国内某互联网公司中，有一位运维人员每天接到告警信息在6000条以上。如果每个告警都需要看一下的话，平均每分钟要查看4条报警信息，一天 24小时待命。然而，虽然告警信息已经多如牛毛，但是，每当出现生产事故以后，事故复盘分析必有两个行动项：一是梳理当前日志监测和告警点，把相关人全部配置一遍，生怕漏掉任何一个人；二是加入更多的监测点和报警。

一方面是告警数量多，希望减少告警；另一方面是害怕出事了没有告警，只能加入更多的告警。而最终的胜利者通常都是后者。事实上，很大一部分告警信息都会被接收者直接忽略，看都不看。原因主要有两点。

（1）告警信息的第一处理人不是自己。例如，某次生产事故复盘后，认为该类告警应该不只给应用运维的同事，还应该给相关的开发负责人，而且开发负责人最好有一个备份，以防万一。这样，一个告警点至少有3个接收者。

（2）告警信息是一个预备告警，并不需要马上处理。例如某互联网公司的生产系统出现了磁盘空间告警，因磁盘空间不足导致事故。经过复盘后发现，原定的规则是：磁盘空间不足的告警阈值下限是50 GB。在正常情况下，该服务器上的数据增量是40 GB/天。按这个量级来计算，当告警发生时，有足够的时间（约为24小时）来处理它。然而，这次事件由于特殊原因，在很短的时间内数据就超过了50 GB，导致磁盘空间不足事故发生。于是，为了避免再次出现类似情况，运维人员又增加了一个新的预备告警，阈值下限是200 GB。因此，当收到告警时，看了一眼，心里有数就行了，并不需要马上处理。

当然，我们并不排除很多告警的正确性和真实性，但我们也需要提高告警信息在另外两个维度的质量。一是及时性，这一点的重要性无须解释；二是告警信息的可操作性。也就是说，当收到告警信息后，接警人应该可以针对这个告警做出相应的操作，否则告警信息就如同垃圾短信一样，应该将其屏蔽，因为它会令工作效率降低。而且，一旦真正的告

13

警信息淹没在大量无须处理的"伪"告警信息之中时，很容易酿成生产事故。我们可以从4个方面来缓解"告警海洋"的问题。

(1) **通过关联分析，让监控点离问题发生地更近。** 因为关联分析是指目前后端服务已开始向微服务方向发展，所以调用链比较长。有时某个末端服务的问题是由前端服务造成的，而且前端服务也可以监测到这个异常，那么就应该在前端服务设置监测点，而不是在末端服务加入监测点。

(2) **通过动态阈值设定合理的告警。** 最初我们设定阈值时可能都会写上一个固定的数值。这个固定的数值如果设定太高，那么问题已经出现了，可能还没有触发告警；如果设定得太低，那么可能会导致无效的告警，浪费员工的时间和注意力。因此，我们可以通过一些算法来动态调整阈值。例如，对于磁盘空间不足的那个告警阈值，我们就可以根据这台服务器上当前磁盘空间占有率的增长速度来动态调整阈值，增长速度慢，我们可以设置为40 GB，如果增长速度快，我们可以设置为200 GB。这样，我们就不需要像上面的那个例子那样，设置两个告警点了。当然，确保算法的准确性需要一定时间的观察和积累，以及大数据分析。

(3) **定期梳理告警设置，清理不必要的告警。** 清理不必要的告警包括两方面的含义。一是告警事件本身是不必要的。这种情况多发生于软件功能发生变化后，原来有意义的告警变得不再有意义。二是接收人根本没必要接收到这个告警。

(4) **通过人工智能动态解除告警。** 这是目前运维领域的一个新热点。希望通过人工智能算法，找出生产环境不同事件之间的一些规律性关联关系。这样可以更早识别问题，早发告警，甚至自动处理问题，而不发告警。AIOps领域现在还处于探索阶段，尚未能实现在行业内的大规模应用。

通过不断努力，我们可以将告警数量控制在一定的水平，但很难消除告警。对于那些常见告警，我们可能已经有了应对之法，真正需要花时间处理的是那些以前没有出现过的异常告警，因为它们很可能是"生产问题"。

13.3.2   问题处理是一个学习过程

"生产问题"的处理也是一个产品研发管理流程的重要环节。假如没有良好的处理流程，很可能会出现更多的管理问题。通常来说，处理过程如图13-6所示。

在团队规模不大时，这个处理流程都是依靠人工执行的，主要通过电子邮件、IM工具或者"大嗓门（吼）"进行。一旦人员规模变大，系统变得复杂，这个过程就变得非常耗时。例如，由于问题定位点判断不准，经常需要在几个不同团队之间移交处理，在交接过程中，经常丢失问题上下文。为了提高效率，通常需要将该流程中人工部分尽可能通过自动化方式来解决，包括问题单的自动跟踪、相关信息的附加记录、整个处理过程的时效度量、多种及时的通知机制以及问题反馈的升级机制等。这就需要一个工单系统来支持。而且，当我们对问题进行复盘时，有了这样一个工单系统，可以为我们及时正确地提供很多过程信息。

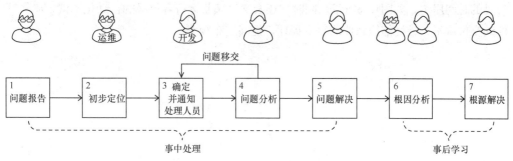

图13-6　生产问题的处理流程

在很多团队中，问题复盘会常常被视为"追责会"，会议气氛剑拔弩张。在一个学习型组织中，问题复盘是一个良好的学习机会，是一个最有效的学习方法。复盘时，所有相关的人一起对照结果，回顾过程，进行得失分析和规律总结。这是一个最好的相互学习的过程，对每个人都是一个提高机会。复盘总结出来的规律，对于后来者再处理类似的事情时是一个"菜谱"一样的行动指南，也是一个组织最好的知识传承，可以最大限度地帮助后来者进步。

复盘活动有一个最重要的前提，那就是：要有详细的问题处理过程记录，以及整个过程中的各方参与者（包括产生问题移交的参与方）的全面参与。对于复盘过程中有疑问的点，甚至应该进行二次场景复现，以便得到更好的预防和根源解决方案。

13.4　生产环境测试

生产环境是独一无二的。以"预先质量验证"为目的建立的非生产环境永远无法保证发现生产环境中可能出现的所有问题。随着软件快速发布诉求的提升，以及测试场景不可枚举性概率的提高，非生产环境的测试场景越来越显得不充分。因此，人们开始考虑在不影响生产的前提下，如何在生产环境中进行测试。

13.4.1　测试活动扁平化趋势

在传统的瀑布软件开发方法中，测试执行和决策活动通常集中在软件研发周期的中部。然而，随着现代软件交付频率的不断加快，这种情况出现了变化。很多团队的测试活动开始向左右两侧移动，如图13-7所示。

"测试左移"（或者叫"测试前移"）是指测试人员更早且更积极地参与到软件项目前期各阶段活动中，例如更早地参与探索环活动，在开发功能之前就定义相关的测试用例，测试执行任务也在向左移动，表现为：在越来越多的软件团队中，测试角色开始拥抱"增量测试",即在软件集成测试之前,就开始针对单个已开发完成的功能集进行质量验证,提前发现质量风险。尽管这种"增量测试"无法发现全部质量问题,但可以减少集成测试阶段的时间压力,如图13-8所示。同时,还会通过频繁运行各层级的自动化测试,确保软件的交付质量,最终缩短软件的研发周期,提高发布频率。

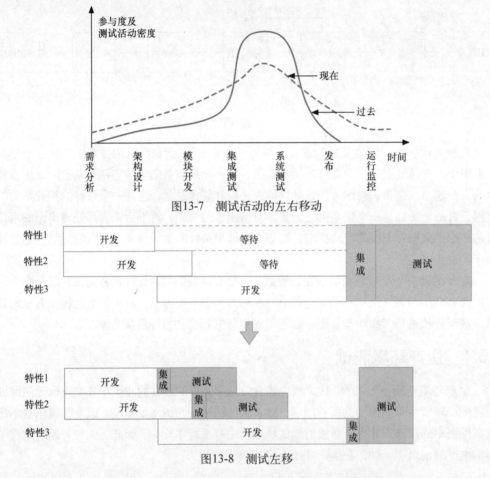

图13-7   测试活动的左右移动

图13-8   测试左移

"测试右移"是指通过各种技术手段,将一部分质量验证工作放在软件发布以后。这种测试右移有一点儿"无奈"。因为互联网软件产品的测试与原来的企业内部应用的软件测试有显著的不同,即无法穷举性。企业内部应用软件的受众有限,环境相对可控,最不济也可以使用行政手段干预,而且不存在用户流失的风险。但是,互联网产品的情况有所不同。每个人的计算机或手机上都安装着不同的软件,手机硬件及操作系统也有很多种组合。这使得想凭借公司一己之力,以穷举方式进行所有相关场景测试成为一个不可能完成的任务。因此,大家也越来越依赖于生产环境上的质量验证。从某种程度上来说,A/B测试也是生产环境中进行的一种测试形式。它的主要目标是验证业务设计方案的有效性，而非某个软件功能的执行正确性。

目前，测试右移的现象多见于软件产品中的展示性功能（software for show），即软件功能更多地倾向于内容展现，例如搜索软件、拍照软件、商品展示、新闻推荐和游戏性软件等。即便这类功能出现一些问题，会对软件品牌有一定影响，但只要及时发现，及时修复，就不会对用户造成本质性损失或严重影响。

对事务性软件（software for transaction）或面向企业的收费软件，以及问题修复成本较高的软件（例如硬件设备中的固件）来说，一旦生产环境出现问题，会带来比较大的损失。因此，软件团队不会冒险将功能验证的活动右移，而是有强烈的动机将测试活动尽可能左移，同时加强右侧的监测能力。

13.4.2　生产环境中的测试

我们应该鼓励质量保障部门将生产环境的测试也纳入他们的日常质量保障工作中。有一种常见的生产环境质量检测手段，称为"生产巡检"，即对生产环境中的后台服务进行定期的功能验证，以确保该后台服务仍旧对外正常提供服务，并且处理的结果是正确的。通常的做法是：创建一个覆盖应用程序主要功能的日常健康检查清单，对生产环境进行例行测试和检查软件服务的质量。这种测试方式与监测不同，它们是由软件团队自行安排的质量验证工作，并且定期执行。因为这是一些例行验证，所以应该被自动化执行。这类测试中最典型的就是接口测试。很多团队开始将一些自动化接口测试的用例放在生产环境中，周期性执行，以代替手工检查。

这类生产环境上的质量保障工作应该遵循以下原则。

（1）创建自用的测试数据，确保不污染真实用户的数据。

（2）使用的测试数据尽可能真实。

（3）不要修改真实用户的数据。

（4）创建测试专用的用户访问凭证，登录生产环境。

13.4.3　混沌工程

混沌工程（chaos engineering）是指通过在生产环境中注入"问题"，从而发现生产环境系统性弱点，并进行系统性改进的方法或手段。其目标是不断提升生产环境面对任何变更的可靠性。这与疫苗注射类似，向系统中注入一些小剂量的"病毒"，目的是让身体建立对它的抵抗力，从而使身体获得免疫性。

混沌工程并不是指一切都应该随机进行，尤其是当生产系统的稳定性并不很高时。混沌工程启动初期时，可能只是在限定的范围和时间内注入已知的问题（而且已知解决方案），从而验证已知解决方案是否可以正常工作。

2013年，我曾经使用这种方式寻找生产环境中应急事件的处理流程漏洞。当时是为了验证一个负责PC客户端互联网软件的团队研发管理流程中，应急处理流程是否可靠。我们在一定范围内选择出一批机器，并在一个时间段内，向这批机器随机下发带有问题的模块。演习设计时，我们决定加入两个随机因素：一是在指定范围内随机选择机器；二是在指定范围内随机选择时间。经过这次演习，我们发现了应急流程中的两个耗时操作。这种方式的特点是：事先通知，并做好事前计划。

当团队已经具备"为失败而设计"（design for failure）的意识后，就可以像网飞公司（Netflix）那样，采取更加激进的方式。网飞公司开发了一系列生产环境的测试工具，被称为"猿人部队"（Simian Army）。这些工具运行在亚马逊网络服务（Amazon Web Services，AWS）基础架构上，专门用于处理各种云计算问题和挑战，用以帮助确保网络健康，促进高效流量管理，并找出系统中存在的安全问题。例如，Chaos Gorilla用来模拟AWS的某个区（zone）出现问题；Chaos Kong则是用来模拟AWS的某个大区（region，如北美或欧洲）出现问题；Latency Monkey是人为制造调用延迟，用来模拟服务降级，看依赖这些服务的模块是否能正确做出反应。还有其他类型的工具，如查找运行不良的AWS实例，假如负责维护该AWS实例的人没有及时修复，就自动关闭它。

这种"问题注入"（Failing Injection）式的主动检测使得软件工程师在架构设计时就需要考虑一些常见的失败问题。在云基础设施时代，这是一个主动发现未知问题极其重要的工作方式。当然，这种做法也会增加在云基础设施上的投入成本。

13.5　向东，还是向西

如图13-9所示，快速验证环中，我们将精炼后的试验方案变为可以运行的软件，部署到生产环境，并且收集了运行结果和用户反馈。现在是要决定下一步"向东，还是向西"的时刻了。我们将完成第一个业务闭环。

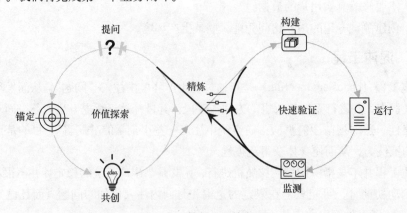

图13-9　向东，还是向西

经过分析总结，假如收集的业务度量数据符合我们在价值探索环中定义的目标预期，就能够确认我们在价值探索环所做出的假设是正确的。此时，我们就可以回到探索环的起点，选择下一个业务挑战。

如果收集的结果不符合预期，也没有什么好气馁的，我们已经用最快的速度得到了结果。现在，只要和团队一起分析一下，为什么结果与我们的预期不一致，是否需要对这个方案再一次进行微调，还是从备选方案集中再选出一个试验方案，继续驱动这个快速验证环。

当然，我们也有另外一种可能性，即在这次验证环的运行过程中，我们发现了新的业务知识。而这些新知识说明，价值探索环中精炼环节产生的所有备选方案都是错误的，我们需要带着刚刚学到的知识重新开始价值探索环之旅。

13.6 小结

生产环境的监测范围包括3个层次，它们分别是"基础监测""应用监测"和"业务监测"。尽管根据每一层次的特点，监测数据的采集方式有所不同，但是其处理流程基本一致。每个监测体系都包括数据收集、上报、整理、分析、展现与决策这几个环节。而对监测系统能力的衡量有3个维度，即数据的准确性、全面性与及时性。而抽样能力是提高监测灵活性、节约资源、提升用户体验的一种有效方法。

告警处理是研发人员和运维人员的常规工作，但是，如果告警过多也会成为工作中的困扰，降低工作产出。因此，我们应该不断对告警点的设置与阈值计算方式进行优化，从而尽可能提升有效告警率。一旦告警成立，就需要启动问题处理流程。这个流程的最后两个环节"根因分析"和"根源解决"，是学习型组织的重要特征。

随着发布频率的提高，测试场景的复杂性提高，越来越多的团队开始找寻方法在生产环境上进行软件测试，这被称为测试活动右移。这种右移目前多发生于展示性软件，这类软件出错后的成本和影响相对较少。而对那些交易性软件或回收成本较高的软件来说，测试左移的趋势也比较明显。

右移的测试主要有两种类型。一是将测试用例在生产环境上自动运行。二是混沌工程，即通过注入"问题"，发现生产环境的潜在稳定性问题。Netflix公司开发了一系列破坏性测试工具（Simian Army）可以促使工程师在软件设计与开发之时，就提前考虑各种失败的可能性，这被称为"为失败而设计（Design for Failure）"，从而提高生产环境的软件服务稳定性，为用户提供更好的服务体验。

当收集到真实的数据反馈以后，我们就可以用来印证我们在价值探索环中所提出的假设或目标，并通过主动关联分析，最终确定是继续进行更多的试验，还是重新再选择一条新的"路"。

13

第**14**章

大型互联网团队的FT化

本章讲述的是一个大型互联网桌面产品团队历时一年左右的持续交付改进案例。
我们无法记录该团队在整个过程中做过的每一个改进决策，但是希望读者能够
了解主要脉络，以及解决问题的思路，从而可以应用到日常改进工作当中。

14.1 简介

本案例发生在一家大型互联网公司，该公司旗下有多条产品线。本案例发生在其中一
条互联网业务产品线上，其产品形态是面向大众消费者的Windows桌面产品。整个产品线
有300多人，包含产品策划、产品运营、软件开发、质量保障以及少量的应用运维人员，
是一个全功能团队，负责该产品在市场上的表现，全权对业务指标负责。经过历时一年的
研发管理改进，取得了不错的效果。改进前后的对照如表14-1所示。

表14-1 改进前后的对照

对 比 项	改 进 前	改 进 后
系统结构	"泥球"代码	微核架构
组织架构	职能型组织	业务型组织
发布频率	正式版本：6周（有时延期）	正式版本：4周（不延期） Beta版本：0.5天
产品基本质量		崩溃率下降90%

回顾整个改进过程，可以总结为4个阶段。

（1）**架构解耦阶段**：通过"拆迁者"模式对整个Windows客户端软件的系统架构进行
改造，成为"微核架构模式"（详见第5章），解决那些因代码耦合严重，导致多人并行开
发的效率与质量低下的问题。

（2）**组织解耦阶段**：打破各职能部门之间的"墙"，将原有按职能划分的组织结构进
行重组，建立了以业务为导向的多角色全功能团队，促进团队内部的业务小闭环，提升团
队的整体效率。

（3）**研发流程再造阶段**：制订新的产品研发与发布策略，改进多团队的代码分支管

理方式。

（4）**自动化提升效率阶段**：通过自动化工具建设，提升各环节的工作效率。

这4个阶段分别涉及软件架构、组织机制与持续交付基础设施改造3个方面。

14.1.1 改进前状态

在改进之前，该产品已有4年历史，并经历了一个快速发展过程，已经有数亿产品安装量。随着开发团队人数快速增长，在时间进度压力之下，软件产品本身也欠下了很多技术债。产品发展进入平缓期后，团队士气有些低落。

1．团队组织结构

该产品团队采用典型的职能组织架构，每个职能部门都有自己的职责。

- **产品中心**：产生更多更有效的想法和创意，为用户提供价值，收获更多的用户认可。
- **开发中心**：确保产品中心提出的需求尽快得到高质量的实现。
- **测试中心**：确保开发中心产出的软件尽快得到测试，保证交给用户使用的每个版本安全且稳定。
- **运营中心**：确保测试通过的产品及时上线，保持生产环境稳定，并保持与用户的联系，提高用户满意度。
- **设计中心**：确保产品风格一致，确保良好的用户体验。
- **项目管理组**：确保各部门能够高效协作。

2．版本研发节奏

该产品的发布分为"大版本"和"hotfix版本"。大版本是包含很多新功能的版本，每个版本的研发周期较长，采用典型的瀑布软件开发流程，其流程的阶段定义如图14-1所示，当需求文档全部评审完毕，开发团队才启动该版本开发。每个版本从启动开发工作到发布的整个周期约为29个工作日。hotfix版本是指为了修复线上严重问题而紧急发布的问题修订版本。

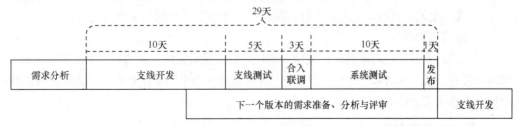

图14-1　本案例的产品版本研发节奏

该产品有6大功能，Windows桌面客户端的开发人员约有80人，被分成6个开发小组，每个开发小组负责其中一个功能集的特性开发工作。

14

整个团队采用的分支策略是"团队分支开发，主干发布"的模式，如图14-2所示（本章中的"支线"均指"团队分支"）。

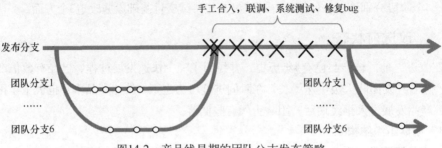

图14-2　产品线早期的团队分支发布策略

下面介绍这一发布策略的具体工作模式。

- **支线开发**：当某个版本的需求评审完毕以后，每个开发小组都从当前代码库的主干上拉出一条分支，各自开发自己的相关功能模块，时间大约需要10个工作日。

- **支线测试**：当前版本功能基本开发完成，小组在自己支线上进行测试，修复缺陷。时间大约需要5个工作日。

- **合入联调**：6个开发小组根据之前预先计划的合入顺序，依次合入各自支线上的代码，并进行联调，直至质量基本达标（即确保没有严重阻碍测试工作的缺陷，包括程序无法启动、主要特性不工作、本次版本的主要功能未完成等）。这一阶段需要2~3个工作日。

- **系统测试**：当合入联调完成后，再执行三轮测试。第一轮为全面测试，发现尽可能多的问题，并通知开发人员修改；第二轮为验证测试，不断验证开发人员已修改的缺陷；第三轮为回归测试，选择重要场景用例及重要级以上的缺陷进行最后验证。在此期间，开发人员不断修复测试人员发现的缺陷，直至各方评估，质量达到对外发布的标准才可以上线。系统测试大约需要10个工作日。

- **版本发布**：这里的版本发布是指实现整个的版本发布流程，包括审批、上传、配置、生效，直至第一个用户收到新版本，并不包括全部的灰度放量过程。这个过程需要1天时间。

并不是所有的产品版本都能够按这一流程，按时保质完成。虽然每个人都努力工作，经常加班到深夜，但仍旧会出现"两三个月才能发布一个全网正式版本"的情况，而且整个团队都感觉疲惫不堪。

14.1.2　改进后状态

经过近一年的时间跨度，整个产品线从团队组织、软件架构到研发流程上都做出了非常大的调整。

1．团队组织结构

该产品团队采用业务导向的组织架构。该产品部门的400多人被分成6个业务中心和5个职能部门。每个业务子部门负责自己的功能模块集，有自己的业务子目标，由产品人员和开发人员组成。5个职能部门包括测试中心、后台开发中心、产品设计中心、运营组、项目管理小组。原来的项目管理组一分为二，一部分人员划归6个业务中心，向业务中心负责人汇报，剩余的极少数人负责整个产品的研发项目协调工作。其他4个职能中心的人员都按照业务线进行分组，分别支持对应的业务中心。

最终，每个业务单元的人数不同，规模从十几人到五十几人不等，根据具体业务实际需要的人员数量划分。

2．版本研发节奏

每个月准时发布一个高质量的全网正式版本。产品质量大幅度提高，崩溃率下降90%。每天发布两个产品线级的Beta版本，而每个业务中心根据各自需求，随时发布本业务中心的试验版本，与产品级的Beta版本不会产生相互干扰。

14.2 改进方法论

对一个产品团队的整体性改进来说，涉及人数与角色多。如果没有清晰的目标，就很难让所有人形成合力。因此，团队上下的目标一致，并且"让所有人理解这个目标"是成功关键。

14.2.1 指导思想

"目标驱动，从简单问题开始，持续改善"是整个改进的指导思想。

作为一个互联网团队，用户的真实反馈是最重要的。然而，从"版本启动开发"到"获得用户反馈"一般需要两至三个月。因此，团队希望以最快的速度达到"每个月能够保证发布一个高质量的全网版本"。

14.2.2 改进步骤

由于这是整个产品部门的改进活动，涉及的人数及角色较多。因此，邀请了有经验的外部顾问做指导，进行了为期近一年的改进工作，其改进步骤如下所示。

（1）成立了内部变革小组。

（2）该产品线的负责人亲自挂帅，成员包括外部顾问及核心管理层。

（3）评估现状，定义目标。

（4）成立变革小组后，在顾问的帮助下，评估团队面临的问题，并定义了改进目标："激发个体活力，提升产品研发效率。"达成目标的指标器是"每个月准时发布一个高质量的全网版本，没有延期"。

14

（5）识别具体问题，制订短期目标。

（6）制订解决方案，并实施。

（7）在实施过程中根据真实反馈，不断优化，直到实现短期目标。

（8）返回第（3）步，持续进行，直到达成最初设定的目标。

14.3　改进的历程

整个改进的时间跨度约为一年，改进经历了 4 个阶段，分别是架构解耦、组织解耦、研发流程再造和自动化提升效率。

14.3.1　架构解耦

虽然我们定义了期望达到的目标"每个月保证发布一个全网版本"，但是当真开始动手改进时，团队还是有一点茫然。到底从哪里入手呢？我们需要先定义一个短期目标。这个目标应该解决当前团队面临的最大痛点，并能够给团队带来信心。

技术研发部门的负责人总结了当时的状态："团队一直处于快速应战状态。为了能够快速交付，实现功能追赶，团队规模快速扩大，团队之间的沟通下降，无法让全员知晓某些架构设计的前因后果。团队快速扩大使新进人员培训不足，新加入的开发人员没有时间了解整个系统架构和架构演变的历史就立即编写代码。了解产品架构历史的资深开发人员不断地修复新人引入的缺陷。"

经过讨论，所有资深开发人员都认为，代码合入联调和后期的系统测试阶段是最痛苦的。这两个阶段的时间长短根本不可控，不确定性最大。每个版本都不知道会出现多少缺陷，解决这些缺陷需要多长时间，解决这些缺陷以后，是否会引发其他缺陷？于是，团队决定首先解决这个痛点。

这个 Windows 客户端系统是一个典型的三层系统架构，经过多年的快速开发，其代码结构已显凌乱，经常出现跨层调用和多业务功能模块交叉调用的情况，如图 14-3 所示。产品一共有 6 个业务功能模块，这种交叉调用随处可见。也正是由于这种交叉调用，经常引发"修改一处代码，其他看似不相关的功能模块出现缺陷"的问题。因此，团队最首要解决的问题应该是通过架构解耦来进行客户端系统架构的优化，率先解决累积的软件架构弊端。

从技术侧看，团队早已讨论过架构优化的方案，只是还没有实施。于是，经过组织变革小组的讨论，最后决定：将超过 50% 的研发力量投入架构优化项目，剩余的研发力量用于维护线上的版本，修改严重的线上缺陷，并且开发一些紧急且影响用户体验的功能。这是一个非常艰难的决定，因为需要忍受至少 3 个月内没有重大特性的输出。从这个决策中也可以看出，软件架构问题真的已经非常严重了。

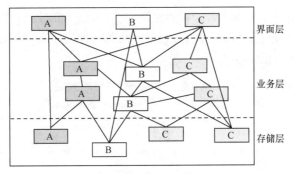

图14-3 意大利面式的代码

这次软件架构调整的设计原则是什么呢？除了要遵循软件架构的基本原则，如分层原则（UI层、业务逻辑层、存储服务层）、高内聚低耦合的组件化原则等，我们还特意强调了"面向业务的插件化原则"，即多个业务之间应该有清晰的调用边界、对外提供业务能力的代码应该放在该业务自己所属的模块内，而不是由其调用方实现，最终形成了客户端的微核架构模式（关于微核架构模式，参见第5章），如图14-4所示。

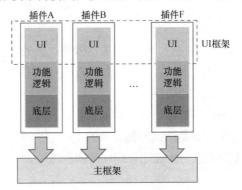

图14-4 面向服务的微核架构

经过近3个月的奋战，这个新架构版本终于上线了。后续版本的开发过程表明，团队版本效率得到提升。在没有增加人员以及整个工作流程没有改变的情况下，合入时间从3天缩短到1天，而系统测试时间从10天缩短到5天。这样，一个版本从启动开发到版本发布之间的周期从29天缩短到了22天，如图14-5所示。由于时间比较紧张，这次架构解耦并不彻底，仍旧有部分功能存在耦合。

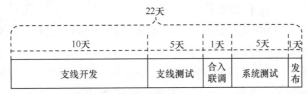

图14-5 架构解耦后的版本开发周期

更重要的是，这次客户端软件架构调整带来了一个更大的收益，那就是整个团队可以分为双版本交替并行开发，即每3个开发组所负责的特性集作为一个版本进行发布，两个版本可以交错运行，如图14-6所示。

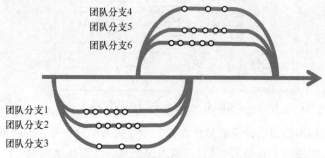

团队分支4
团队分支5
团队分支6

团队分支1
团队分支2
团队分支3

图14-6   架构解耦后的双线版本分支发布策略

从用户视角上，两个版本间的发布时间缩短了，每个版本都有一些新特性，提高了用户的产品感知度。

14.3.2   组织解耦

产品线管理者认为效率虽有提升，但仍旧未达到满意结果。各职能部门之间仍存在信息沟通不顺，尤其是当生产环境上出现问题，在修改后对其进行复盘时，抱怨较多，你会听到每个角色都有非常充分的理由，例如：

- 运维人员说："上线没有提前通知，时间很紧，也没有上线说明文档……"
- 项目经理说："这个问题是测试漏测导致的……"
- 测试人员说："拿到测试包太晚了，测试时间被压缩太多了……另外，开发质量太差，bug太多。"
- 开发人员说："没办法，产品需求变更太多了，重复开发工作特别多……"
- 产品人员说："需求早就提了，设计人力不足，设计稿出得太晚了……"
- 设计人员说："产品需求没有梳理清楚，与之前的功能设计有冲突，开发的程序与设计稿有出入……"

而每次提出的改进措施也总是"老生常谈"，总是带着"防御性协作"的味道，例如：

- 开发人员说："能不能提前想清楚一些，不出定稿不要让我们开发？"或者"需求评审已经通过，需求冻结了，不能改！"
- 测试人员说："P0用例测试不通过，不许提测"或者"进入系统测试阶段以后，需求就不许再改啦！"
- 运维人员说："下次上线操作能不能提前通知一下"或者"上线步骤必须经过我们评审，按照运维标准填写，不能出现漏填现象。"

- 项目经理说："需求变更要严格控制，否则项目进度无法把控。"

为了避免出错，在大型产品团队中，往往通过严格的流程来控制风险。在各个职能部门之间，这种流程常常会形成一种上下游交付时的自我保护。例如，即便开发人员保证"只改动了一小点儿"，测试人员也要做一轮完整的回归，因为测试部门对最终发布出去的软件质量负责，而测试团队的过去经验表明"开发人员的话是不可信的"。但是，管理者心里却在想："这几百人每天都在忙什么呢？很早之前讨论过的功能特性，为什么现在还没有发布呢？！"

正如本文前面所描述的那样，整个部门以工作职能划分成不同的职能部门，希望各职能部门各司其职，齐心协力，共同完成整个事业部的共同业务目标。这种职能划分方式在团队人数不多时，是一种较好的组织结构，比较容易集中精力，高效完成已知任务。然而，当团队人数较多，或者目标实现途径不是非常明确时，这种组织结构可能会导致效率低下。

虽然每个人都知道产品线的总目标，但是，每个职能部门都无法对这个总目标完全负责。各部门会不自觉地更看重自己的工作目标和做事立场。每个版本都需要统一协调这几大部门之间的资源，这就需要大量的沟通协调工作。

如何激发团队成员打破各职能部门之间的壁垒呢？如何促进各职能部门能够以整体利益为重？如何让协作流程不仅仅是看起来美好，而且在实际操作时真正促进各部门目标一致呢？

经过变革领导小组的讨论，最终决定改变组织结构。将这种依据职能划分组织架构的方式转变为依据业务领域划分的组织结构，即"业务FT化"。这个想法源自敏捷软件开发方法所倡导的"特性团队"（feature team）。有所不同的是，每个小团队不仅仅是多角色负责端到端地交付一些软件功能，而且要负责达成明确的业务目标。事实上，每个小团队都是一个迷你业务单元（mini-business unit），独自负责某个范围的子业务，即职能相对完备的一个小组，对该业务领域的业务目标和业绩结果负责。

对这种以业务为导向的全功能团队来说，其目标不再是敏捷软件开发中所提的"快速交付一组功能"，而是负责面向业务价值的交付，即"以业务目标为导向的子业务团队"，确保整个部门业务战略目标的落地实现。

我们以子功能模块为一个迷你业务单元，每个单元指定一个业务负责人，由其带领一个多角色全功能团队。该团队有自己的业务目标，这个业务目标类似于"在接下来的6个月内，让本团队负责的业务能力表现超越其他竞争对手，并且让使用该业务功能的新增月平均日活跃用户增加40%"。

此时的组织框架就显现了改进后的团队状态——以业务导向的全功能团队（6个业务中心和5个支撑子部门）。整个产品线的人员座位进行了重新调整，将原来按职能中心划分的座位区域改成按业务中心划分座位区域。同时，对支撑部门人员（如在测试中心的测试人员）来说，若其参与对应业务中心的工作，则与该业务中心人员的工位在一起，承担相应的工作，同时也对该业务的目标负责。

14

在这次调整中，一个比较大的挑战是业务中心负责人的选拔与任命。因为每个业务中心负责人都可以看作是一名"业务负责人"，而不再是产品负责人，或者是研发负责人。他（她）需要深入了解整个产品线的年度战略，同时制订本业务中心的战略落地方案，达成自己所负责的团队业务目标，而不只是产品功能设计或者实现。

通过这样的组织改造，每个业务中心都有了自己非常明确要为之奋斗的业务目标，整个部门的工作氛围也发生了很大的变化。当你走到业务团队工作区时，时常会听到类似下面这样的对话。

- 开发人员说："这个按钮放在右边，是不是会更好一点。这个用户体验好像不够好，你再设计一下，我晚上加一会儿班，再改改。"
- 测试人员对开发人员说："我可以帮你多触发几种场景来验证一个这个功能。"
- 产品经理对开发人员说："你修改好以后，马上告诉我，让我先来体验一下。"
- 测试人员对开发人员说："现在有新版本可以验证了吗？"
- 项目经理对团队说："大家都好好验证一下……马上就要合入主版本啦……"

这种变化令所有业务团队的积极性和主动性空前高涨，业务中心的内部闭环明显，沟通效率得到了提升。在支线研发阶段中，原来的开发阶段与测试阶段之间的明显界限消失，该阶段的时间周期从15天缩短到了10天，但产出并没有减少，如图14-7所示。

图14-7　FT化后的版本开发周期

"业务FT化"有效地提升了效率，解决了职能部门为了各部门利益解决问题的状况。但是，经历了两个新版本发布以后，各业务中心之间又出现了一些以前没有听到过的呼声："我们中心早都开发完了，还要等其他两个中心开发完成，才能合入代码。他们太慢了，耽误时间啊！""我们中心想自己发一个灰度版本，验证一下需求，不想再等大版本的排期了。"

出现这种声音是意料之中的事情。经过组织架构的调整以后，每个业务中心的团队士气和积极性被调动起来了。每个业务中心都有自己的业务目标，各角色通力合作是第一要务。

然而，整个产品的研发流程并没有发生变化，仍旧是双线并行的运作模式（图14-6），这使得至少3个业务中心只能共同进退，共同开发一个大版本。各业务中心希望自己能有更大的自由度，不想被其他中心的研发进度所束缚。

14.3.3　研发流程再造

是否马上就减少对业务中心的束缚，让各业务中心自由发版呢？项目管理组进行了讨论，列出如下一系列待解决的问题。

（1）各业务中心什么情况下才能外发版本？外发版本的质量要求是什么？如何保障质量？

（2）整个产品线的统一版本与各业务中心的自发版本之间的关系是什么样的？各中心的版本如何归并？应该在什么时机归并到统一版本？

（3）小版本太多，会不会伤害用户体验？如何做到既不伤害用户体验，又能尽早收到反馈？

（4）谁有权审批外发版本？外发版本的策略是什么？

（5）一个业务中心的外发版本中，是否带其他业务中心的功能？带哪些功能？

（6）假如A业务中心刚刚对外发布版本A1，现在B业务中心也完成了一个新的版本B1，这时候B1版本要马上与A1版本合并外发吗？

（7）如果版本A1出现了严重问题，要回滚版本，那么后续的版本B1，甚至C1如何处理？

（8）多个中心在同一时间点都想发新版本，是否需要合成一个版本再外发？

（9）这个新版本发出后，如果发现该版本中某个中心的代码有严重质量问题，怎么办？

要想让每个业务中心都能够根据自己的研发节奏运作，并且不影响其他的业务中心，还能够保障整个产品的研发版本运行顺畅，必须解决上述问题。

1. 多版本发布的目的与原则

一定要先找出其中最关键的问题来解决。可是哪一个问题是最关键的呢？经过深入的讨论，发现最关键的问题并不在上面的问题列表中。这些都是围绕"如何解决外发版本中存在的问题"，而外发版本中最关键的问题是：快速外发版本的目的和原则是什么？只有回答了这个问题，才能以此为基础，讨论前面那一堆问题的解法。

目标当然是为了快速验证。验证有两个方面。

（1）**代码质量**。由于是互联网产品，面向海量的用户，而其产品形式是Windows客户端，不是在服务器端部署。因此可以认为，每个客户端所运行的环境都千差万别，包括操作系统版本、补丁包、所安装的其他软件等。可以通过少量外发，在影响最小的情况下，尽早地发现代码质量问题。

（2）**业务表现**。这种互联网产品，无法直接向用户提问："你的需求到底是什么？"因为用户太多，需求太多，无法穷举。因此，产品经理需要根据用户使用产品的真实反馈对产品进行改进，改进后还需要尽早验证这些改动是否满足了用户的需求。而尽早验证的最好方式就是让用户早一点儿使用这些新特性，并获得尽早的体验反馈（问题上报、体验反馈，以及功能数据采集）。

发版原则有两个。

（1）**不能让用户感觉到骚扰**。如果某个用户因为使用我们的产品，频繁被产品的升级提醒所骚扰，则是对用户的一种伤害。如何不让用户有这种烦恼呢？我们的原则是：

14

尽可能让每个用户在一定的时间周期内接收多于一次的升级提醒，并确定这个时间为一个月。

（2）外发版本的质量要达标，不能让尝鲜的用户感受到不愉快的体验。必须定义质量标准，一是Beta版本外发标准，二是版本撤回标准。所谓Beta外发标准，就是指判定某一版本质量是否达到可以外发的质量标准。版本撤回标准是指已经外发后的版本，其质量反馈达到什么样的水平，就应该被定义为"质量低劣，必须回收"。要想明确回答这个问题，并不是件很容易的事，既需要有历史数据支持，也要收集很多新的数据。

现在大家对原则达成了一致，接下来就到实施方案的设计阶段了。

2. 虚拟主干的混合分支模式

团队希望在较短时间内就能做到产品线的多版本高频发布。首先想到的方案是"主干开发，分支发布"模式。因为要想加快发布频率，原来使用的长周期分支方式是影响效率的，频率越高，越应该使用主干开发的模式，如图14-8所示，正像PaulHammant在2013年发表的一篇关于Facebook主干开发模式的论文中指出的那样。然而，团队只有少量端到端的自动化回归测试用例，而且不能非常稳定地运行，无法发挥测试保护网的作用。在短时间内建立一个自动化测试保护网是不现实的。另外，在短时间内让所有开发人员和测试人员改变工作习惯，同时要应对业务交付压力，挑战实在太大了，很难在短时间内完成。因此，数十人在同一主干上开发，根本无法保障主干代码的质量。

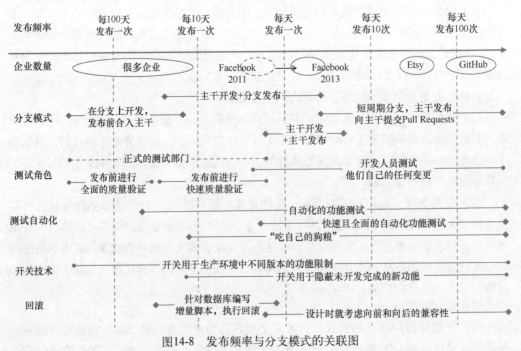

图14-8　发布频率与分支模式的关联图

既然此路不通,我们决定不对原有的研发模式做出太大的改变,只做出一些改进。原有的研发分支模式是团队分支模式,即每个FT独占一个开发分支,详见第8章。这种分支方式的代码合入验证成本高,集成频率低,质量风险不可控。假如能够做到"不需要分支合并",就解决这个问题了吧?于是,我们决定直接将产品线的代码库按业务进行拆分。这样一来,每个业务中心拥有各自独立的代码库,且不修改其他业务团队代码库中的代码,如图14-9所示。

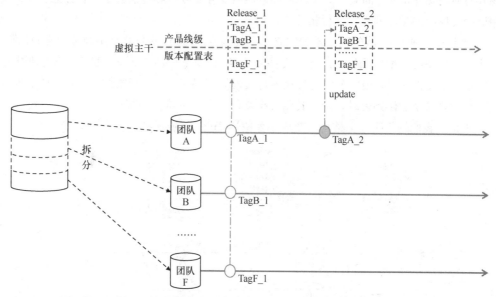

图14-9 以版本配置表为中心的多代码仓库开发模式

那么,代码分库以后,6个团队如何合作呢?

假设该产品线刚刚发布了一个质量达标的版本,即图14-9中的版本Release_1,这个版本的源代码对应各业务中心代码仓库的不同标签(TagA_1,TagB_1,…,TagF_1)。这6个标签共同组成了一个配置元组,被称为一个版本配置表,即最新质量达标版本标签(last_good_version_tag)。

当团队A完成一组新功能,希望对外发布版本时,只要将其对应的版本标签TagA_2与其他几个团队的last_good_vesion_tag组合在一起,形成一个新的版本发布配置表,根据这个配置表对代码进行编译打包,验证通过后,即可发布。此时,将A团队的last_good_version_tag变更为TagA_2,并将这个新的版本发布配置元组作为下一次版本发布的基线。当其他团队需要发布新功能时,也同样操作即可。

这样的设计使得在产品线这一级别上,不再存在真正的代码仓库,取而代之的是一个由一系列版本配置表组成的虚拟主干,每个版本标签配置元组就是该虚拟主干上的一个版

14

本标签（Tag）。

可是，现实并非如此理想。有一些代码或文件无法直接划分到某一个业务代码库中，因为它们可能被每个团队使用或修改。进一步分析后发现，可以分成两种情况。

（1）一些文件是公共文件，并不属于业务功能模块。例如，那些用于生成该产品的应用程序安装文件的代码。

（2）一些文件由每个中心维护其中部分内容。例如，某个文件的内容是一系列的文件名和对应的文件路径，而其中的文件名和路径需要各业务中心提供并维护。打包程序会使用这个文件中的文件列表，进行相关的操作。

对于第一种情况，我们决定单独建立一个代码库，存放这些公共且不经常改变的代码。对于第二种情况（如前面提到的保存文件名及路径列表的那个文件），我们将其按照中心分割成多个文件片段，由每个中心放在各自负责的代码库中，自行维护属于自己的文件片段。当需要这个文件列表时，由工具将多个文件片段再拼接在一起。

于是，我们的代码分支结构就变成了如图14-10所示的样子。

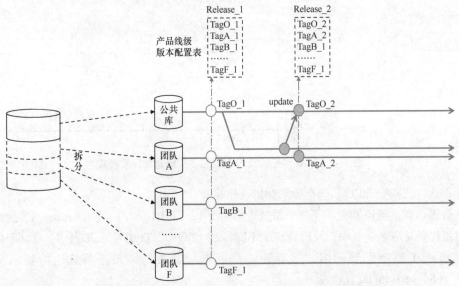

图14-10   带有公共代码库分支的混合分支发布策略

图14-10中，当A团队需要修改公共库的程序时，要从公共代码库拉取分支，与其自己的代码库一起，作为其工作中可修改的代码。当团队A当前的版本质量验证通过后，即可将公共库分支上的代码变更合入公共库的主干上，并打上标签TagO_2。这样，最新的产品版本配置表就由下面的标签集合组成{TagO_2, TagA_2, TagB_1, …, TagF_1}。

3．建立统一制品库

我们还有一些具体的细节问题需要解决。当把代码仓库分开以后，给开发人员带来的一个基本问题是：如何在本地调试自己开发的新功能。因为每个开发人员都需要其他5个团队的代码，应用程序才能启动运行。因为不提供其他5个团队的源代码，所以每个团队必须为其他团队的工程师提供自己构建出来的质量合格的二进制组件。

为了解决这一问题，我们需要对原有产品的解决方案文件（即Visual Studio项目的solution文件）进行拆分，以便可以独立生成各自的组件制品。拆分原则如下：

- 每个团队有自己代码库的工程构建文件；
- 每个团队自己的代码应该可链接生成二进制库文件；
- 将对其他团队的代码依赖修改为对二进制库文件的依赖；
- 让每个开发人员都能很方便地获取其所需要的其他团队质量合格的二进制库文件；
- 产品仓库中的每个库文件都应该可追溯，即根据库文件的信息，能很方便地找到对应的源代码、对应版本以及作者；
- 对外提供相应功能服务的业务模块拥有相应代码，调用方仅可使用其对外开放的接口。

根据上述原则，我们整理了需要完成的任务：

- 将现有的工程构建文件重新规划、分割整理，为每个业务模块建立相应的工程文件；
- 提供一种方式，将各业务模块编译生成且验证通过的二进制库文件自动放入统一的二进制文件制品库，做到统一管理；
- 提供一种工具，使开发者可以一键式从统一的产物仓库中获取其所需的所有二进制库文件，以方便开发过程中的调试。

在讨论过程中，我们还发现了一个遗留的软件配置管理问题。他们在SVN中保存生产过程中产出的PDB文件，这严重违反了我们在第11章中讲到的源代码管理原则。因此，也一并将其从源代码仓库中拆分出来，放入统一制品库保存。

为什么团队会把二进制文件放到SVN中

深入讨论细节后，才发现他们的动机非常简单——"懒"。该产品用到了很多的第三方库文件。为了方便找到这些库文件，团队会把它们直接提交到代码仓库中。另外，每次发布前构建正式发布包时，会同时生成PDB文件，这个二进制文件很大，但也被提交到代码仓库中了。这样，当某个用户遇到问题后，上报缺陷给团队，开发人员可以从代码仓库找到对应版本的PDB文件，用于定位问题。

这种做法会产生以下两个问题。

（1）开发人员拉取代码时，经常导致拉取失败。

（2）源代码仓库过大，存储空间膨胀过快。

4. 两级发布体系

我们希望每个业务中心都可以发布自己中心的软件版本，以便尽早验证其软件质量，并收集新功能的效果数据。只有当质量达标且功能特性效果也不错的情况下，才能将其功能放入全网版本，进行全网推广。因此，我们设计了两级发布体系。一个级别是业务中心级，指每个中心可以对外发布试验版本，每个中心会有一份本中心的版本配置表。另一个级别是产品线级，指真正有可能推广的统一版本，它只有一份统一的产品级，如图14-11所示。

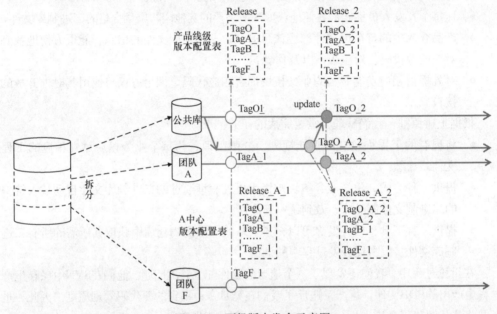

图14-11　两级版本发布示意图

A团队修改代码，添加了新特性以后，首先要进行业务中心级发布，即使用图14-11中的Release_A_2这个业务中心级的版本配置表进行构建验证，并对外进行业务中心级的灰度发布。如果质量及功能等各方面都达标，就可以将属于A团队的公共库分支代码合入公共库主干上，产生标签TagO_2。之后，就可以使用Release_2这个产品线级版本配置表进行构建验证，再对外进行产品级的版本发布。

一旦产品线级发布成功，持续交付平台就自动将更新公共库标签TagO_2的代码下推到其他团队的公共库分支上，通知各业务中心，并更新业务级版本配置表的Last_good_version的内容，与产品线级版本配置表保持一致，这就意味着，所有业务中心在进行下一次发布（无论是中心级还是产品线级）时，都要使用这个最新版本代码基线。

当产品线级发布中某个新版本出现质量问题，需要进行回滚代码时，只要将版本配置表中的信息使用上一个版本的版本配置信息重置一下，并通知所有业务中心即可。至此，整个产品线的开发工作流程如图14-12所示。

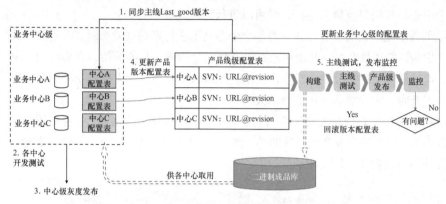

图14-12 两级版本配置表的更新流程

5. 版本质量管理机制

PC客户端互联网产品的质量管理挑战在于应用版本的分发、回收，以及运行环境的不受控。不同的用户会从不同渠道获得各种各样的产品版本。操作系统也会不断打补丁或升级，尤其是Windows平台，几乎每周都会有补丁包。另外，为了提供更好的用户使用体验，几乎所有的产品团队都会避免强制用户升级。为了确保对外发布的版本质量，我们在业务中心级和产品线级的两级发布中都建立了灰度发布机制。

当前设计的这种多团队混合分支、多个小版本发布方式与改进前的统一大版本运作模式相比，带来一个明显的差异就是外发版本数量的增加。假如没有良好的机制来控制每个小版本的外发、质量监控和回收，以及质量达标后向主版本归并的策略，那么就会出现版本混乱甚至失控的状况。

因此，我们对每个团队的支线外发版本和主线外发版本都制订了质量标准并进行相应的监控。不同的灰度级别对应不同的质量标准。例如，对支线外发版本，分成4个灰度级别，分别是1x、5x、10x和20x，用于验证该业务中心新版本的质量稳定性。主线外发版本则包括1y、2y、10y、50y、100y和200y等在内的8个级别。每个级别都有基础稳定性质量指标，其中一个基础质量指标是软件崩溃率。在每天的软件崩溃率统计中，如果某个业务中心的指标未达标，则该团队不准许合入新功能，必须立即开始着手修复问题。只有达到质量标准后，才允许该业务中心发布新功能。

这样的机制使得业务中心负责人既要关注业务指标，也必须关注软件基础质量。如果软件基础质量不达标，即便开发了新的业务特性，也无法及时发布。

6. 多业务协同发布机制

这种研发流程可以支持多个业务中心并行工作，支持业务中心级的随时版本发布。那

14

么，如何组织产品线级的版本发布频率呢？我们尝试了很多种管理机制，来协调多业务中心的统一发布，最终证明，有效运行机制并不是计划经济（统一指定发布时间），而是自由经济（每个中心的代码只要质量达标，就可以进行产品线级的发布）。

产品线级的版本发布设有一个令牌，当某个中心马上进行产品线发布时，需要获取该令牌。发布完成后，归还该令牌。其他中心在没有得到令牌前，只能等待，直到前一个中心释放令牌。这就是典型的持续集成六步提交法。在这种情况下，如果握有令牌的业务中心因质量验证不及时，就会导致各中心排队发布现象。

这个持续交付管理平台同时支持两个以上业务中心共同发布一个版本。只要更新产品级版本配置表中两个中心的最新代码标签即可。如图14-13所示，某次发布必须以某个业务中心为主，其他中心被称为"搭车中心"。

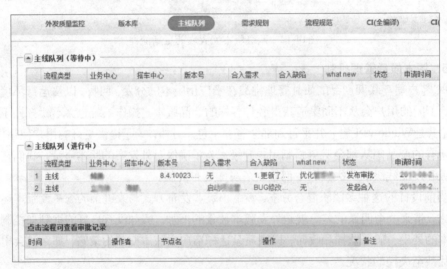

图14-13   定制化的持续交付管理平台

经过一段时间的运作，两个或多个业务中心一起发布版本的现象越来越少。为什么呢？因为我们制定了一个规则，也就是说，当有合并发版时，如果因为质量不达标，需要回滚时，该版本所涉及的所有业务中心都需要做回滚。因此，每个业务中心都希望自己独立发版，以免被其他中心连累回滚。当然，真正的持续交付管理平台所管理的版本配置表也比较复杂，因为每个业务中心会有多个代码仓库，整个产品共计12个代码库，并且配置管理和版本编译时需要支持变量，如@latest、@last_good等。

7. 编译构建云平台

在研发流程改进之前，每个业务中心都自己管理自己的编译环境。当在产品线级编译构建时，经常出现一些未预期的失败。经过分析发现，很多失败是因为各业务中心管理的编译机环境不统一，比较混乱。于是，我们建立了一个产品线级统一维护的编译构建云平台，供各业务中心统一使用。即便是各业务中心发布的业务中心级版本，也是通过这个编译构建云平台编译完成的。为了提升编译速度，还购买了支持增量编译的商业工具。

14.3.4　自动化一切

现在，我们建立了一个可行的研发管理模式，并且通过了实际运行验证。接下来就是要优化整个流程的运转速度，以及进一步提升软件质量。

例如，当外发出现质量问题后，仍旧使用人工方式修改版本配置表，容易出错。每次更新Last_good的版本号以后，向各团队的分支同步代码时也是手工方式，有些团队容易忘记。发布数量变多，测试效率需要提升。

因此，接下来就是将一切能够由机器完成的工作全部自动化，尽可能消除手工操作，避免人为操作失误，以及提高质量保障效率。例如，我们建设可视化持续交付平台、自动化测试系统、冲突可能性分析用例系统，并将分布式编译引入编译云平台。这样，团队在产品线级发布流程中，从合入到发布的时间，从双线版本运作的7天直接缩短到了4个小时，如图14-14所示。

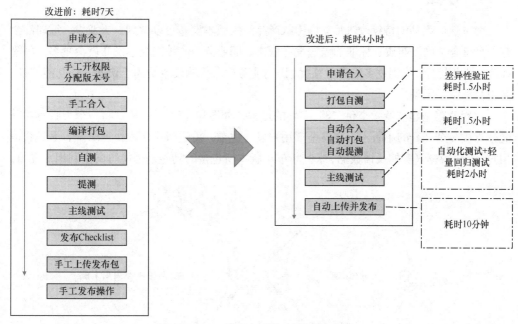

图14-14　从合入到发布的时间对比

当软件崩溃率比较高时，我们专门组织了一个攻坚小组，将该指标打压到一定的水平之下。对于长尾的崩溃，不是很容易复现和修复，我们就解散了攻坚小组，将发现的所有崩溃分配到各业务中心，由各业务中心负责自己代码中的崩溃修复。由于代码已经解耦，只要根据崩溃反馈上来的日志分析，就可以定位到具体的功能模块，也就认定了具体的责任业务中心。同时，我们还建立了全方位的质量平台，包括监控、分析和验证等，进一步提高效率。

Beta版本每天可以发布两个。为了能够让各中心及时与产品线级配置中心的配置表保持一致，我们还开发了自动同步机制。一旦产品线级版本配置表有更新，就自动向各业务中心同步，使得各中心第一时间更新代码基线，快速与其他中心的功能进行集成，从而达到6个业务中心之间持续集成的效果。

为了检验新建立的一整套快速发布、监控报警、一键止血、一键回滚机制，我们还进行"消防演习"。也就是说，人为制造有问题的代码模块，在指定时间段内，随机向内部指定机器群组发布，以验证整个产品团队应对突发问题的流程是否有效，并不断加以改善。

通过这些自动化监控手段做应急处理，确保对用户的影响最小化，提升整个产品线的应急响应能力。

14.4　小结

经过这一系列的持续改进后，该团队产品线级版本发布可以做到一天双发。每周都会有一个符合全网发布质量标准的候选发布版本。而业务中心级的版本发布就会更多。尽管如此，用户也不会收到过多的升级骚扰，因为业务中心级的版本是为了快速验证功能特性，对用户都做了区隔。

这次改善是建立持续交付"8"字环的过程，如图14-15所示。通过将一个大版本的功能分拆成多个并行的小版本，在向全部用户发布之前，就进行小版本快速验证，尽早获得用户反馈。根据真实的反馈数据，来判断该小版本所包含的功能是否能够向全网用户发布。

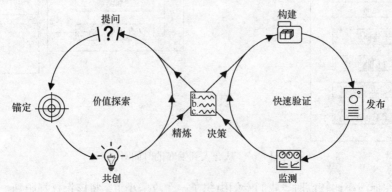

图14-15　持续交付"8"字环

我们将客户端软件架构变成"微核结构"，然后将产品线人员按业务导向重新组织团队，之后改变了整个团队的分支发布策略，最后建立编译构建云平台，强化发布后的监测系统。这些改进不但达成了最初制订的目标（即每月按时发布一个稳定的全网版本），更为产品线创造了更多与用户进行互动，进行快速验证的机会。而且，通过工具平台的建设让研发流程可以固化到平台上，规则明确，减少了很多事务性的版本发布沟通成本。

将这些改进映射到持续交付七巧板（如图14-16所示）之后，您可能会发现，在整个改进过程中，尽管我们按图中所示的顺序着重改进了其中的5个板块，但并没有对"持续交付2.0"中的所有实践进行面面俱到的实施。例如，我们并没有提及自动化单元测试和功能测试，没有提到迭代管理、回顾会议和故事墙管理等实践，也没有强调开发人员的持续集成六步提交法。事实上，我们的确没有花过多的时间在这些小团队级别的实践上，而是把更多的精力放在了整个团队的整体优化上。

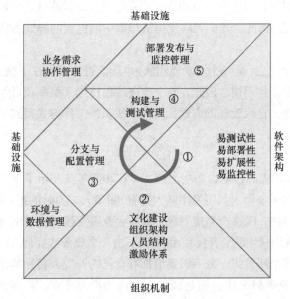

图14-16 持续交付七巧板

当然，这并不是说"小团队级别的迭代管理、回顾会议，自动化测试以及个人持续集成六步提交法"等不重要。但在实施过程中，需要根据团队状态、产品阶段，具体目标的不同，灵活地制订方案。我们的目的并不是引入多少个最佳实践，而是在有限的时间里，解决团队面临的最高优先级的问题。

大型互联网公司做持续改进最重要的就是核心管理层要有持续改进的决心，特别在短期改进没有明显效果的情况下，需要管理团队有坚定的信心，并克服组织惯性对变革的阻力而坚持下去。

14

第 **15** 章

小团队逆袭之旅

本章讲述的是一个小型团队（不足十人）从"死亡行军"的阴影走出来，实现"零缺陷交付"的持续改善历程。该团队所参与开发的软件产品并非是互联网产品，而是随移动设备一同分发到用户手中的嵌入式系统软件，其特点是分发成本高，若出现缺陷，修复成本也很高。因此，我们无法使用第13章中所提到的测试右移策略，而只能使用测试左移策略。

团队已包含多个角色，是一个全功能团队，本次改进的关键在于挑战原有的工作模式，改善团队成员的日常工作习惯。因此，整个改进过程持续了整个项目的开发周期，并且通过引导团队自我发现、自我改善的方式，使团队成员的工作方式得到固化。

15.1 背景简介

N公司曾是国际领先的移动设备生产商，早在2009年就开始了全面敏捷转型。本案例发生在该公司的国内子公司，其研发团队大约有500多人，当时的组织结构如图15-1所示。子公司下设多条研发线，以及产品规划线。每条业务研发线对应于移动设备某个功能领域的产品研发（如系统内核团队、音视频团队等），由一个业务线经理（Line Manager）负责。该业务线经理管理多个研发组，每个研发组都有自己的开发人员和测试人员。但产品经理的汇报关系并不在业务研发线，而是属于规划线的产品管理团队（Product Management Team，PMT）。这也与该公司的产品形态有关，它生产移动设备，而非直接面向大众的分发类软件。移动设备的整体产品战略由N公司统一制订，面向全球不同的市场区域。每个业务研发线的团队负责所有型号产品在该业务领域的开发与维护工作，而每个新产品的研发周期都需要10个月以上。

当开启新产品研发时，子公司以项目制形式，从各条服务线调派人手，组建新产品项目组，并按各自负责的业务领域划分成子团队。图15-1中的技术组长为子团队的Scrum Master，而PMT团队会指派一名产品经理成为子团队的Product Owner。这个新产品项目以Scrum of Scrums的模式运行，即每个子团队的运作模式都遵循Scrum框架，并且该新产品项目有各Scrum之间的沟通渠道（如图15-2所示）。另外，有个专职持续集成团队，负责该新产品持续集成服务器的维护，每天定时构建该产品，并运行一些自动化功能测试用例。

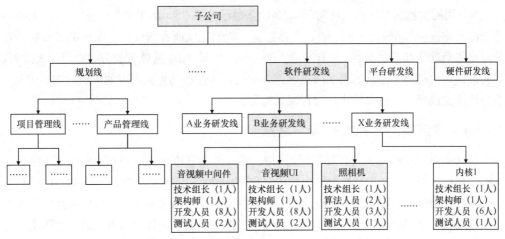

图15-1　N公司敏捷转型后的组织结构示意图

然而，即便使用这种运行模式，当项目进行到系统集成阶段时，新产品仍旧会出现很多缺陷，项目进度和质量仍旧有很高风险。不仅如此，团队协作也并没有因为使用Scrum模式而变得更顺畅。我们从下面在电梯间中关于"回顾会议"的对话中"可见一斑"。

A："你这是去开会吗？"

B："嗯，有一个关于新功能开发的讨论，我要去参加一下。"

A："你们团队不是马上要开回顾会议了吗？你不参加吗？！"

B："哦，幸好有这个技术讨论会，否则又要到回顾会议上受罪去了。"

A："是啊，回顾会议解决不了什么问题，感觉就像批斗大会一样。"

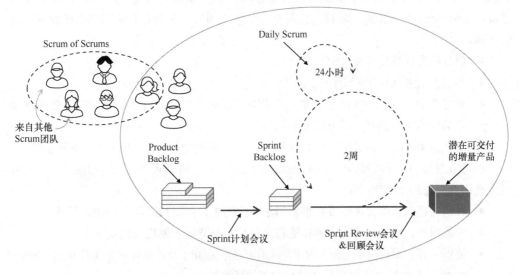

图15-2　Scrum框架

N公司的敏捷转型工作已历时3年，各团队早已拉开"Scrum架势"，但是"有形无神"，并未深入掌握Scrum精髓。乍一看，套路连贯，能够完成所有的动作，而仔细观察后，总是觉得每个动作都似是而非，没有力道。在这种情况下，很难通过宣教方式进行深入改善，只有以公司内部典型团队的真实改进案例为支点，才能撬动更大范围的组织改善。因此，业务线决定选择一个试点团队，进行深入辅导。

15.1.1　改进前的"死亡行军"之旅

所选的试点团队是负责音视频UI的研发团队，他们在刚刚完成的产品项目中才经历了一次"死亡行军"。"死亡行军"这个词源自Ed.Yourdon在1997年出版的《Death March》一书，通常是指那些超过预期一倍以上时间的软件项目。它用来描述按照进度表几乎不可能完成的项目，说明项目参与者的周围弥漫着的是难以忍受的潜在的失败气息。团队由来自产品管理部门的一名产品经理和该音视频UI业务的研发团队构成，如图15-1所示。

（1）团队成员的研发经验比较少。大部分开发人员和测试人员在公司都不超过半年，还有不到3个月的同事。

（2）团队士气低落。在刚刚完成交付的前一个项目中，该团队所负责开发的特性，开发时间才一个月，但是修复缺陷的时间前前后后却用了一个半月，而且还伴随着很多加班。

15.1.2　改进后的无缺陷交付

所选择的项目是一款新型移动设备的操作系统级产品研发，需要3个大研发线团队（硬件团队、平台研发团队和软件研发团队）参与，项目团队共200多人，整个产品的研发周期预计10个月。其中，软件研发团队大约包括100多人，根据所负责业务功能模块的不同，分成多个Scrum团队。作为一款移动设备产品的研发项目，其与互联网产品的研发有很大的不同，例如：

- 项目研发周期长（超过6个月的时间）；
- 参与人员多（约200人）；
- 质量要求高（因为功能手机售卖后若有问题，召回修复成本很高，所以要求全面且彻底的质量控制，尽可能无缺陷交付）；
- 大型遗留系统。该系统已经有10年的历史，整个代码库超过1500万行代码。

经过数月努力，音视频UI研发团队取得了此前没有任何团队能够取得的成绩——准时且无缺陷地交付软件功能。

- 时间与范围：即便在研发后期新增了优化需求，仍旧按时间完成研发任务。
- 产品质量：负责开发的所有功能在交付后，经验证未发现任何缺陷。
- 协作流程：团队摒弃了很多原来的工作流程，建立了全新软件研发工作实践。例如：
  - ◆ 使用需求拆分（用户故事）与相对估算方法；

◆ 建立以小需求（用户故事）流动为主的看板实践，不再跟踪个体活动与任务；

◆ 使用主干开发模式；

◆ 开发人员编写自动化单元测试；

◆ 每个小需求拆分成多个开发任务进行；

◆ 每个任务完成即向主干提交代码；

◆ 每个小需求完成后即进行需求功能验收测试。

15.2 改进方法论

大团队的转型路径与小团队的改善路径完全不同。大团队从整体结构入手更加有效，而对小团队来说，由于其掌握资源较少，决策影响小，因此，应该更加关注团队内部的持续改善。

15.2.1 指导思想

"目标驱动，从简单问题开始，持续改善"的指导思想是不变的。经过与团队的管理者（也就是业务线总负责人）讨论后，确定了音视频UI研发团队在这个试点项目过程中，需要达成的目标。

- 时间与范围：在规划时间表内，完成该业务领域的功能特性开发。
- 质量：产品研发质量一次性达标。
- 流程：建立良好的工作流程习惯，团队经验可以固化。

15.2.2 试点团队的选择

选择试点团队通常考虑以下4点。

（1）项目压力适中，有相对富裕的时间（slack time）。毕竟需要团队中的每一个人都要有能力提升，并非只是工作流程的改变。如果一个项目的时间压力巨大，研发团队已经"疲于奔命"，那么，团队成员通常会拒绝一切改变。因为对团队来说，此时的任何改变都有很高的不确定性，是一个巨大的风险，但是也不能没有项目压力。如果没有交付压力，那么在组织中也无法起到试点效果，失去了试点的意义。

（2）团队负责人心态开放，能够承受压力，勇于尝试。这种改变对团队的每个人都是一种挑战，但对团队负责人的挑战最大。因为他（她）仍旧要对最终的软件交付负主要责任。如果没有开放的心态，在压力面前，很容易按原有习惯处理面对的问题与挑战。一旦如此，就会陷入自我封闭的保护状态。

（3）团队成员有热情。假如团队成员对即将进行的改变并没有热切的渴望，在改进过程中就会缺乏积极的思考，缺少互动与反馈。在试点结束后，也无法形成强烈的自豪感和成就感。这将与试点团队的意义和初衷不符。

15

（4）业务方有频繁及快速频繁交付的强烈诉求。如果业务方在这方面的诉求不高，那么即便团队掌握了各项技能，由于得不到业务方的积极反馈，将使团队的交付成果黯然失色。

我与某业务线管理者进行了充分的沟通，达成一致意见。根据新产品项目的需求状态，以及团队负责人的能力和团队成员的热情，在其负责的几个子业务领域团队中选择试点团队。

15.3　第一阶段：研发准备期

试点开始时，该产品项目已经进入研发准备期。产品经理和技术组长已经拿到了其所负责的功能需求列表（product backlog），并且技术组长进行了初步估算，估算单位为"人周"，如图15-3所示。团队内的其他开发人员和测试人员尚不了解具体的开发内容。细心的读者会发现这个功能列表有以下特点。

（1）图中有两个史诗级故事（图15-3中的①和②），每个史诗级故事包括多个用户故事（需求）。

（2）每个用户故事都是按照"As a user, I'd like to do xxxx"的格式书写。

（3）每个用户故事都有一个业务优先级（图15-3中的第一列数字）。

这也说明，团队接受过Scrum培训，对Scrum运作流程比较了解。

优先级	史诗（Epic）	用户故事（User story）	估算（人周）	UX估算
①	(Easy Editing-Video Editing mode UI)			3
116		As an user, I'd like to enter the edit mode by choose "Replace voice"	2	
113		As an user, I want to see the progress bar in the editing mode.	0.5	
117		As an user, I want to see the current playing time and length of the progress	0.5	
120		As an user, I'm able to adjust the volumn in the editing mode.	0.5	
114		—Depends on video MO design, current effort based on simple design	1	
111		As an user, After I choose "Replace voice" in opthon menu, current video should start to play from the top	1	
119		As an user, After I choose "Replace voice" in opthon menu, MSK	1	
118		As an user, After I choose "Replace voice" in opthon menu, play icon	1	
②	(Easy Editing-Video Editing mode UI)			
90		As an user, I'd like to record voice while playing video and replace the original sound in video clip.		0.3
93		As an user, I'd like to choose the start point of recording through	2	1
91		As an user, I'd like to start recording by press MSK（"select" key）—Depends on video MO design, current effort based on average design	4	

图15-3　原始的功能需求列表示意图

15.3.1　功能简介与需求拆分

团队召开了产品功能介绍会，由产品经理讲解图15-4中的功能需求，并将这个功能列表进一步拆分与重组。对一个开发经验较少的人员来说，每个需求的估算时间越长，准确性就越低。同时，大块的需求也不利于产品人员、技术人员和测试人员对需求的理解和沟通，容易产生歧义，对后续开发质量和效率都有负面影响。

序号	依赖外部	用户故事	估算点数
UI_001		As an user, I'd like to see an option to clip my music/voice file	0
UI_002		Building UT framework for Audio clipping Delegate and run locally	2
UI_003		Create the skeleton for the Audio Clipping Delegate	3
UI_004		Make the Audio Clippintg Delegade unit test run automatically	2
UI_005		As an user, I'd like to enter the edit mode by choose "Clip" from opton menu. —Launch the Audio Clipping Delegate when selecting the Clip option from the	5
UI_006	Core_005	If Core_005 CAN be done before UI_006, user story is: —User Edit Delegate interface with delayed feedback. If Core_005 CAN NOT be done before UI_006, user story is: —Fake functionlity in UI layer（copy file in FS）	2
UI_007		As an user, I'd like to have a visual indicator while saving file. —Stqrt the Audio Clipping controller and make htat clip the predefined file	5
UI_008		Handle end key pressed on the wait note（Saving process）	5
UI_009		Current track in NPS as input to the Audio Clipping Delegate	1
UI_024		Spike on US_014	5
UI_014	Core_005	As an user, After I choose "Clip" in option menu, current music should start to play from the top: —Create a new MO MO clip which inherit from MO Sound —Make the Audio Clipping Controller create it —Make the MO Clip have the interface to the Tone Server	8
UI_012		As an user, After I choose "Clip" in option menu, MSK change to "Select"	1
UI_013		As an user, I'd like to see a progress bar which can indicate: —Music playing progress	2
UI_015		As an user, I'd like to use MSK to mark the start point	2
UI_016		As an user, After start point marked, I'd like to use MSK to mark the end point	2
UI_017		Display FF button in the Audio Clipping UI Delegate	1

图15-4　拆分后的需求列表及估算点数

事实证明，的确在需求拆分过程中，团队发现并澄清了一些原本存在的需求理解不一致问题，还有一些业务场景，是产品经理没有事先想到的。最后的需求列表如图15-4所示。关于详细的需求拆分方法参见6.3节。

细心的读者可能会发现图中的一些细节问题。估算并不是在这个时候做的，而是完成下面的活动以后加上去的，而且，列表中的一些条目与教科书上对用户故事的要求也不一样。

- 技术实现注释：条目UI_014同时也标注了如何实现（见图中带有下划线的文字）。
- 题目格式没那么重要：UI_017没有按用户故事的标准格式写。
- 特别的用户故事：条目UI_024的名字叫"Spike on US_014"。[①]这是由于团队评估认为US_014的实现方式非常不确定，需要事先做一点研究。

15.3.2　架构设计与需求依赖识别

需求拆分的同时，团队还进行了一些设计上的讨论。由于这个功能在之前的产品中根

_____

① Spike是穿刺的意思，表示快速了解和尝试。

本没有提供过，我们希望将其与原有的系统代码进行隔离，通过提供一个代理层，实现与原有系统的交互，这是设计模式中典型的门面模式（Façade pattern）。通过这种设计隔离，可以保障该功能的独立性，后期容易做功能增强或代码维护，其示意图如图15-5所示。

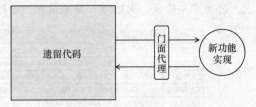

图15-5　架构解耦示意图

这其实是一次小的架构解耦设计，团队需要付出一些额外的工作量。另外，在讨论中也识别出了一些需求依赖。这些依赖既包括团队内部这些需求之间的依赖关系，同时也包含对其他团队功能的依赖关系。例如，条目UI_006和UI_014需要依赖音视频中间件团队（Core团队）的005号需求提供的接口才能完成。

在此之后，团队马上安排了一个会议，讨论进入正式开发阶段之后，团队应该执行哪些活动，来确保完成我们的质量与进度目标。在讨论结束后，团队确定将引入3个新的实践，分别是自动化单元测试、提交前的代码评审和编码规范检查。这就是图15-5中会存在条目UI_002和UI_004的原因。它们并不是用户故事，而是为了提升质量和效率，团队认为必须投入的两个技术任务。

15.3.3　工作量估算与排期

需求拆分清楚之后，就到了工作估算和排计划的时候了。有的同事提出了一些疑问，例如：

"如果我们写单元测试，原来的工作量估计是否要翻倍？

"因为我们没有写过单元测试，所以是否要加上学习单元测试的时间？

"我们代码评审的时间需要加多少呢？

"测试时间是否需要单独估算？"

最后，团队使用了一种新的工作量估算方法，即点数估算，这是一种没有时间单位的相对大小估算。这种方法基于以下几种假设。

（1）开发活动永远应该是整个流程中的瓶颈（这也是最理想的价值流动状态）。也就是说，某个需求完成后可以很快完成测试工作。那么，相对开发时间来说，测试独占周期则可以忽略不计，如图15-6所示。

（2）从功能需求开发的整体工作量角度来看，我们可以近似地认为，需求开发的工作量越大，其单元测试及代码评审的工作量也越大。也就是说，对i和k两个需求来说，其编写和调试代码所需工作量之比，与其单元测试所需工作量以及代码评审所需工作量之比相近，如图15-7所示。图中V_c为某个需求的编码调整工作量；V_t为该需求的自动化测试工作量；V_r为该需求的代码评审工作量。因此，在做工作量估算时，可以仅考虑需求开发的工作量。

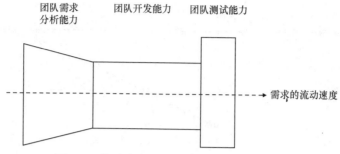

图15-6　流动速度受限于整个管道的最小瓶颈

$$\frac{V_{c(i)}}{V_{c(k)}} \approx \frac{V_{t(i)}}{V_{t(k)}} \approx \frac{V_{r(i)}}{V_{r(k)}}$$

图15-7　开发、单元测试及代码评审工作量成比例

　　具体的估算方法可以参见附录B。需要注意的是，既然是估算，那么总会有偏差。偏差的大小与很多因素有关，但只要拆分后的需求大小相当，且工作量少于1人周，对较长周期的软件项目来说，偏差通常可以接受。

　　经过需求拆分与估算，我们得到了全新的用户故事列表和工作量，如图15-4所示。在这个列表当中，共计有39个用户故事，总规模为120个点。

　　现在团队得到了项目总工作量，接下来就是预估计算项目完成的时间了。当讨论每个迭代可以完成的工作量时，需要考虑以下4个因素。

　　（1）最初3个迭代工作产出会有所下降。由于在项目启动开发后，团队还需要一些准备工作，例如，团队级别的持续集成服务器及自动化构建脚本、学习自动化单元测试的编写、熟悉新的工作流程等。

　　（2）在3个迭代后，工作速度会有所提升。因为那时的基础工具准备已完成，团队成员已经熟悉工作流程，并且自动化单元测试会为我们修改代码提供一个"保护网"，及时发现问题。

　　（3）虽然对结果有信心，但技术组长仍旧为了有更大的把握，加了1.5个迭代的缓冲时间。

　　（4）团队工作时间的构成。我们排除了公休日与节假日的时间，且平时按照正常作息时间上下班（晚上不加班）。由于时间跨度大，征询了团队所有人的休假安排，将休假刨除在计划之外。

　　根据上面的估算和时间、速度因素，我们前3个迭代中，每个迭代计划完成9个点的工作量，之后完成13个点的工作量，如图15-8所示。值得注意的是，这里所说的"完成"并不是指开发人员的开发活动完成，而是指测试人员验收通过才算"完成"。

15

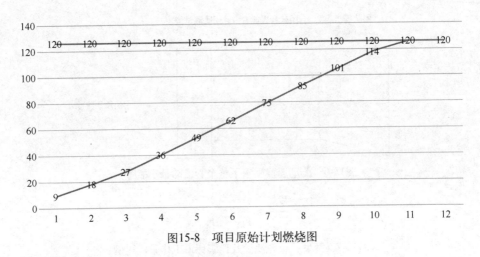

图15-8   项目原始计划燃烧图

15.4   第二阶段：软件交付期

当需求拆分、工作量估算以及项目排期完成后，接下来就进入了正式的软件交付期。这一时期是团队实现真正转变的重要阶段。因为，在没有得到最终结果（即软件交付）之前，研发准备期所做的一切活动尚无法让团队对软件交付有信心。在这一过程中，通过引导团队识别问题、持续改善，让团队成员共同参与流程改进与建设，从而实现团队自组织。

15.4.1   通过可视化看板改进工作流程

看板（Kanban）方法首先是一种发现流程问题的有效方法。通过可视化当前的流程状态，识别存在的问题，并快速制订和实施相应的对策，从而持续改进，达到提升效率的目标。我们接下来就介绍这个团队通过将流程可视化来识别和解决问题的过程。

1．识别坏味道

在这个项目之前，整个团队每个迭代只能交付两个需求。由于需求粒度较大，这两个需求一直贴在大白板的左边，一动不动，直到迭代结束。大白板的右边写着团队成员的人名，之后就只有3列，分别是To Do（已计划）、Doing（进行中）和Done（完成）。每一列中贴着团队成员的具体工作任务，每个成员拥有一个甬道，如图15-9所示。

这个故事墙布局有两个坏味道，一是为期两周的迭代，一个团队只做两个工作量很大的用户故事Story1和Story2；二是开发人员和测试人员的任务分解模板化，通常如表15-1所列，这完全符合第6章所讲的，以传统瀑布开发方式进行任务分解的方法。

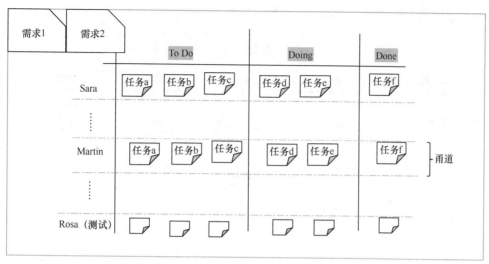

图15-9　原始的任务墙（用于跟踪成员的工作任务）

表15-1　开发人员与测试人员的任务分解

开 发 人 员	测 试 人 员
(a) 设计<X>模块 (b) 修改<X>模块 (c) 对<X>模块修改进行代码评审	(a) 写Story<A>的测试用例 (b) 对Story<A>进行测试

这两种坏味道可能会引起3个问题。

（1）集成时间太晚。只有本次迭代末期，才能将开发人员的代码集成在一起，开始对这两个需求的测试，集成时间太靠后，质量在过程中不可控。

（2）开发任务的质量无法验证。在工作过程中，并无具体完成的工作内容标准，仅仅按工作活动本身的类型进行拆解。

（3）测试人员写了测试用例，只能在迭代后期集成时间才能用到。

2．让价值流动起来

在本项目中，我们把那些像模板一样的任务类型当作故事墙的"栏目"，放在列首，而将拆分后的用户故事（细粒度需求）作为工作项，放到故事墙上对应的状态栏中。随着开发工作的进行，这些细粒度需求从白板左侧向右侧流动。每当一个用户故事走到最后一列（"完成"）时，就代表着验收合格，其故事点数可以计入"迭代速度"。这样，团队在每时每刻都可以看到真实的项目（需求）进展，如图15-10所示。

你也许已经注意到在"开发"一栏中，第一个需求的右上角有一个小纸条，写着"bug"。在真实的故事墙上，那是一个红色纸条，附在该需求上。这个状态说明，它已经开发完成了，但在测试过程时发现了bug。测试人员将缺陷简写在红色纸条上，并贴在该需求卡，

15

将其放回到"开发"一栏，由开发人员自行修复。

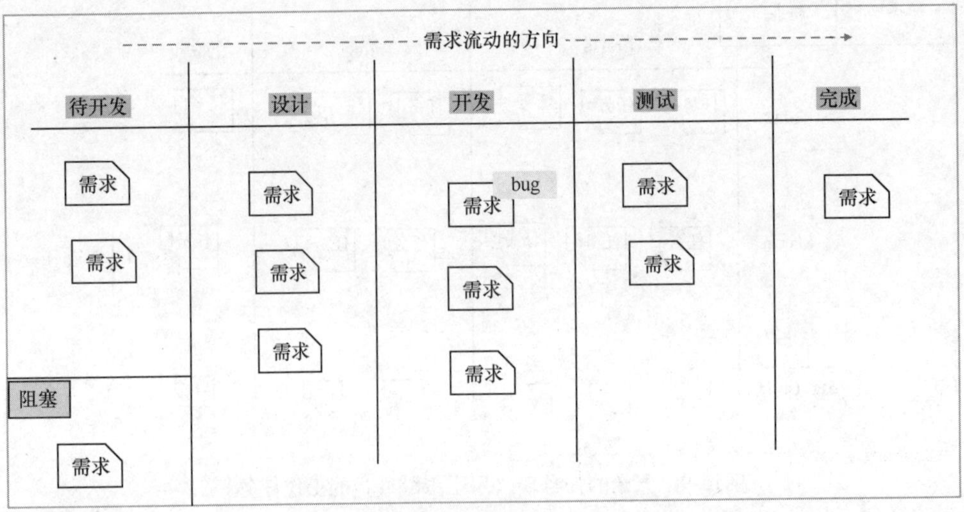

图15-10 以价值流动为核心的故事墙

"阻塞"一栏中放入那些已经启动开发，但是在过程中由于外部原因（如外部依赖、外部环境没有准备好等）而暂时无法继续进行的需求。这一栏需要Scrum Master特别关注，并推进解决。

测试人员的困惑

（1）测试相关的工作（如编写测试用例）在故事墙上怎么体现呢？

在故事墙上，我们只跟踪需求状态的变化，并不是为了记录团队成员每个人的工作量。而被放入"待开发状态栏"中的需求，就应该是写好验收条件或测试用例的需求了。

（2）什么时候写测试用例？

我们希望在进入一个迭代以前，尽可能准备好该迭代中每个需求的测试用例。但是，需要保证的是在开发人员启动该需求的开发之前，一定写好测试用例，并且评审通过，评审形式不限，既可以通过电子邮件，也可以通过小范围当面沟通。

3. 显式声明"完成"的标准定义

很多开发同事都是"新手"，为了让大家能够快速了解系统架构，熟练且正确地使用现成的系统开发框架，从而保证代码质量，减少后期缺陷太多的返工，在项目启动会上，团队曾经做了两项约定：一是需求在启动开发之前，要写模块设计文档，并经过评审，才能开始编写代码；二是编写完代码之后要做代码评审。然而，在项目实际运行过程中，开发人员却并没有这么做，而是在代码编写完成之后，才补写设计文档。

在迭代回顾会议上，我们重新强调了这个要求，而且明确了每次挪动Story时必须完成的活动。为了时刻提醒每个人，我们还把它打印出来，贴在了每个栏目之间，如图15-11所示，这被称为"完成的定义"（Definition of Done，DoD），其状态迁移条件如下。

- **待开发→设计**：验收条件（或测试用例）必须写完，并经过产品人员、开发人员和测试人员共同评审，没有异议。
- **设计→开发**：完成设计文档的更新，设计评审完成。
- **开发→测试**：编写对应的自动化单元测试，确保所有单元测试用例成功通过，完成代码评审。
- **测试→完成**：全部测试用例都能通过，所有缺陷被修复。

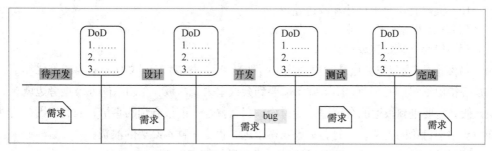

图15-11 DoD（"完成"的标准）示意图

4. 涂鸦设计，消除浪费

我们用字母来表示需求所处的状态，D代表"设计"（design）一天，C代表"开发"（coding），T代表"测试"（testing），B代表"阻塞"（blocked）。同时每天站会时用代表字母来记录每个需求在该状态的停留时长（并没有精确到小时，而只记录到天）。如图15-12所示，需求US_009在设计状态持续了2天，在开发状态持续了3天，被阻塞了1天，测试已经进行了1天。

技术组长发现了一个奇怪现象。简单的需求与复杂的需求相比，在"设计状态"的时长上并没有显著差异。这是为什么呢？通过观察每个人

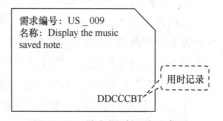

图15-12 需求用时记录示意图

的工作方式，他找到了原因。原来，每个人在拿到一个新需求时，习惯性的行为是下面这样的。

（1）自己先在Word文档中编写相关模块设计。

（2）再发邮件给其他开发人员评审。

（3）等对方给他回复邮件后。

（4）再根据邮件中的内容修改Word文档。

（5）修改完成后才算设计完成。

工作步骤并没有问题，问题在于工作的方式。当使用Word文档进行编写时，人们会花时间在文档的美化上（这是一个很自然的事情，谁都想让自己画出来的设计图好看一些）。然而，在没有确定这个设计的有效性之前，这种文档美化工作是一种浪费。因此，我们改变了一下要求，让大家做"白板上的设计"，即工作流程与方式分为以下步骤。

（1）开发人员Sara拿到一个需求后，自己做初步设计。不需要写Word文档，只要用笔在白纸上画一画就行。

（2）Sara邀同事一起到白板前，一边在白板上画，一边给大家讲（一般只需要5分钟左右）。

（3）大家直接给出反馈和改进建议。

（4）Sara根据讨论结果，编写设计文档。

（5）提交文档，完成设计。

虽然也是5个步骤，但是这里消除了两种浪费。一是对Word文档不必要的美化环节。二是等待回复邮件的环节。团队并不需要到会议室去找白板，在团队的办公桌旁边就有一块。假如需要走到很远的会议室才能讨论，那么就是一个很麻烦的事情，人们会因为惰性而放弃很多讨论的机会。同时，如果走得很远，也是一种不必要的浪费。

这种改进之后，需求在设计状态的时长明显缩短了很多。

5. 明确状态，关注需求的快速流动

我们还注意到，在故事墙的"开发"一栏中，经常有需求卡片堆积现象。经过了解发现，每个开发人员把手上的需求开发完以后，就会发邮件给代码评审者，并提示对方。然后，他马上就会拿下一个需求，开始启动设计开发。

代码评审者本身也是开发人员，自己也在开发需求，这个需求可能还很棘手。此时，代码评审者本身通常的做法是：尽快完成自己手中的开发工作，然后再去评审别人的代码。因为每个人都有这种倾向，所以会产生卡片在"开发"一栏上堆积。很多需求开发完成了，但是在"开发"一栏中，等待代码评审。

于是，团队在故事墙上增加了一栏，名为"代码评审"（code review）。当开发人员完成手中需求的开发，并发出代码评审邮件后，就可以将这个需求移动到"代码评审"一栏中。这样，我们就可以清楚地知道，哪些需求是在开发中的，哪些需求是在代码评审中的，如图15-13所示。

团队还约定，当发出代码评审申请后，需要告知代码评审者。如果代码评审者在两个小时内还没有回复的话，开发者需要再次提醒他。这参考精益理论中的流动原则，即让在制品（work in progress，WIP）在整个价值流中快速地流动起来，否则会对下游工作造成不良影响，例如，大批工作的积压使下游工作负担不均衡。

6. 避免不必要的任务切换

在一次迭代回顾会议中，Rosa（测试人员）提出了两个不好的现象：一是有一些需求

有非常明显的缺陷，也会进入测试环境；二是缺陷被提出来以后，即便是简单的缺陷，也要等上一段时间才能修复好。

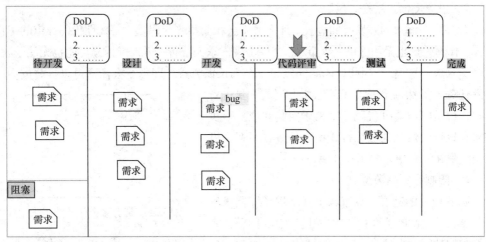

图15-13 增加"代码评审"，明确状态

原来，开发人员习惯于先忙完手中的新工作，再来修复这些缺陷。这里存在两个"坏味道"：一是开发人员对需求的自测不充分，有将测试人员当"小工"的嫌疑；二是不能马上着手修复缺陷。根据之前的团队约定，开发人员要根据每个需求的验收条件，进行开发自测，确保没有明显问题。为了再次强调这一点，我们在白板上增加了"开发自测"一栏，如图15-14所示。同时，也定义了从"开发"到"开发自测"的DoD，即重新阅读需求卡片，确保需求内容无遗漏。"开发自测"到"测试"的DoD增加了一项，即逐条查看该需求的验收条件，确认已满足它们。

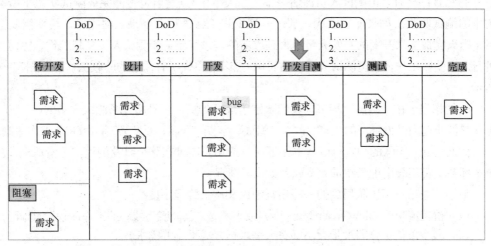

图15-14 将"代码评审"替换成"开发自测"

另外，由于上次对代码评审工作模式的调整，基本在两个小时之内就可以完成代码评审工作。因此，我们将其从故事墙上移除了，如图15-14所示。

7. 没有反馈，就是"风险"

如果一个需求的开发时间过长，那么通常会积累很多代码量，一次性代码评审的工作量大，代码质量也无法保证。然而，总会有个别需求无法拆分（强行拆分可能也无法验收，或者验收成本过高）。因此，团队约定了一个弱反馈方式，即每个大需求可以拆分成多个开发任务，虽然每个开发任务无法由测试人员进行验收，但是可以通过代码评审来确定其完成。这类需求在设计阶段就会被分拆成多个任务，写在小纸条上，附在需求中，如图15-15所示。

8. 限制在制品数量

随着项目的进展，故事墙上又出现了"需求堆积"症状。这次的"堆积"发生在"测试状态"。系统增加的功能越来越多，需要测试的回归内容比项目前期要多。另外，开发完成后，验收出来的缺陷数量也有所增加。团队虽然可以在比较短的时间内修复这些缺陷，但是，团队只有一名测试人员，来不及验证这些被修复的缺陷。

图15-15　带有多个任务的需求卡片

怎么办呢？除强调开发人员的自测活动，增强测试用例的完备程度以外，团队还采用了精益管理理论中的"限制在制品数量"策略。"在制品"（WIP）这个概念来自精益生产管理理论，它是指尚在生产流程中未交付的半成品。在精益生产体系中，库存分为原材料库存、在制品库存、成品库存3种类型。精益生产管理理论认为，库存不增加价值，而只增加成本。

在每日站会时，由测试人员评估一下，当天下午4点之前是否能完成测试状态下所有需求的测试验收。如果能够完成，那么一切工作正常进行；如果无法完成，技术组长会指定当天完成需求开发的开发人员不再领取新的需求，而是和测试人员一起工作，协助其进行需求验收工作，直至测试人员评估可以4点以前完成所有需求的验收工作，如图15-16所示。

这就相当于在"测试"环节，我们限定了最高带宽，一旦超过了测试人员的生产力，那么就停止前面开发环节的生产，扩大"测试"环节的产能，参见第3章中的4个工作原则。

到此为止，团队的约定可以基本保证所有的用户需求在整个研发流程中平滑流动，在每个环节上都不会出现工作量太多或者太少的情况。

最后，总结一下团队用到的一些精益理论和质量管理小技法。

（1）价值流映射Value Stream Mapping（故事墙是"以价值为核心的工作流程"的体现）。

（2）减少单位工作的批量大小（将大需求拆分成更小的需求）。

（3）持续改进（不断观察工作流程，并发现问题，改进工作方式）。

（4）限制在制品的数量（测试人员每日评估产能）。

（5）质量内建（每个环节都定义了该环节的完成标准，避免不必要的任务切换）。

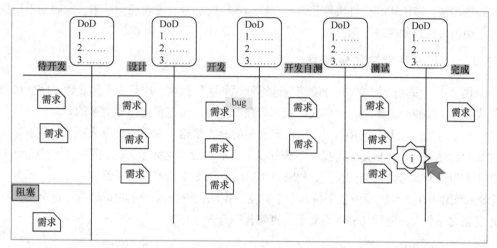

图15-16 增加WIP限制，限制开发同时扩大测试产能

15.4.2 无缺陷交付

项目并没有按照团队最初项目计划正常进行，而是提前在第10个迭代成功交付了所有的特性开发，根本没使用预留的两个缓冲迭代，如图15-17所示。从图中可以看出，实际项目执行过程中，需求范围也在不断变化（迭代6、7、8和10）。在第9个迭代时，团队已经完成全部原定的所有特性。当该新产品体验的总负责人验收时，希望再增加一些体验优化功能，因此在第10个迭代又完成了13个点的新增工作量。

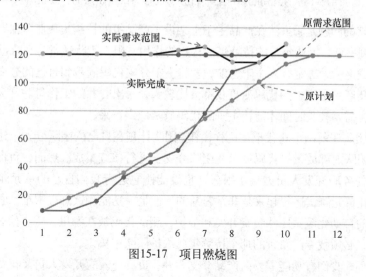

图15-17 项目燃烧图

15

在第10个迭代交付后，团队就开始忙于其他项目的工作了。而对这个新型移动设备的操作系统开发来说，工作还没有结束，还有几个重要的阶段，它们是集成测试、系统测试和外场测试。该团队的交付质量非常好，后续各阶段都没有发现任何缺陷。这归功于项目过程中很多细致的改进工作。

15.4.3　主干开发与持续集成

图15-17中的前3个迭代的开发速度远远低于团队的预期。这是由于团队建立团队持续集成服务、改变分支策略、迁移代码版本管理系统等工作花费比预期更多的时间。

对于百人以上参与的项目开发，代码仓库的分支策略一直是一个令人烦恼的问题。在这类持续时间较长的移动设备操作系统开发中，如何协调这么多人的代码合并操作呢？N公司采用的方式为团队分支模式，如图15-18所示，即整个新产品有一个产品主干，而每一个Scrum团队在开发过程中也会拉取一个分支。团队代码合入主干的策略是：每个团队在开发完成一个大的完整功能特性集后，再将代码合入主干。

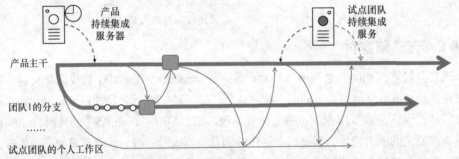

图15-18　N公司的新产品项目分支策略与试点团队的分支策略

这样带来的问题是：虽然在产品主干上架设了产品级的持续集成服务器，但由于团队不多，合入频率低，因此每日的持续集成构建的作用有限。团队通常是在自己的功能特性开发测试完成之后，决定合入主干之前，才将主干分支代码同步到自己的分支上，因此每次自己分支及产品主干上的代码变更集都会比较大，一次合并的工作量非常大。一旦某个团队合入后，需要较长时间才能让主干的代码质量稳定下来。

该试点团队在前两个迭代也是这样操作。团队计划在自己的团队分支上建立持续集成服务器，使团队内部成员的代码可以在团队分支上进行持续集成。然而，负责架设这个团队持续集成任务的开发人员鼓捣了很久，也没能让它运行我们自己的单元测试和功能测试。原来，让单元测试运行起来是非常容易的，但是，功能测试却很困难。它们统一由另外一个专门的自动化测试团队负责开发和维护，测试代码放在哪里，需要什么环境，团队完全不知道，必须找专门负责的那个持续集成维护团队来搞定。

在这期间，我们有功能需要向产品分支合并，负责合入的开发人员又花费了很长时间来搞定。另外，在这两个迭代中，N公司整体从Synergy（一种代码版本控制系统）切换到Git，对团队也有一定的影响。这些因素加在一起，使我们前3个迭代的交付量都不高。

团队开发人员提出，放弃团队分支，直接使用产品主干开发。因为有了架构隔离，有了自动化单元测试，需求粒度也拆分得比较细，代码质量可控。同时，也减少了一次从团队分支向产品主干的集中合入操作，如图15-18所示。开发人员在每次向产品主干提交代码之前，都会自动运行单元测试和代码扫描，这样，团队就可以遵守持续集成六步提交法（参见9.2节），及时得到质量反馈。

值得一提的是，在研发准备期，团队所有人员通读了N公司的代码规范，并且让团队成员提出个人对规范的疑惑，共同讨论。其目标是要求团队成员了解并遵守规范，并在持续集成服务中进行代码规范扫描。

15.4.4　测试活动左移

我们在第13章中，简单讨论了测试活动扁平化趋势，并指出，对于那些分发后缺陷修复成本较高的软件，通常测试活动无法右移，只能"测试左移"。而本案例中的移动设备软件正是属于这种类型。因此，在软件交付期，我们将很多测试活动左移。

- 在拆分需求时我们就以"能够验证"为拆分标准之一。详细的需要拆分方法和原则参见第6章的相关内容。
- 每个需求在开始编码前，测试用例会提前准备好，并且产品、开发和测试共同评审，达成一致，做到了测试用例先行，在第一时间明确软件需求质量要求。
- 开发人员编写自动化单元测试，保证自己的代码质量。
- 测试人员在每个用户故事开发完成之后，就立即进行验证，而不会像以前那样，等到一个相对比较完整的功能开发完成后才进行相关功能的测试。

该产品由C/C++编写，因此，在项目开发启动前，团队利用一个下午的时间，以代码道场（Code Dojo）的形式，培训所有开发人员如何使用CppUnit框架以及如何编写单元测试，并且让大家体验了以测试驱动开发方式编写产品代码。在实际工作中，对TDD并没有要求，只要求必须编写单元测试代码。

根据该项目代码的最后统计结果，产品代码与测试代码的比是1:1.2，即每100行产品代码会有120行测试代码。测试代码中包括那些自动化测试脚手架。关于自动化测试管理及测试脚手架的相关内容参见第10章。

15.4.5　代码评审

当N公司将代码版本控制系统从IBM的Rational Synergy切换到了Git，且提供Gitflow和code review工具后，我们的代码评审工作流程就顺畅很多，其图形界面如图15-19所示。该工具执行过程如下。

15

（1）当个人有代码提交动作时，系统平台会自动创建一个临时分支。

（2）在这个分支上会有一系列检验，这些检验全部通过后，才会真正合入产品主干。这些检验如下。

- 自动创建的自动化测试任务（ROBOT_task）必须执行成功（我们也要求负责配置这个自动化测试任务的团队将我们团队的单元测试用例也放入其中），这相当于强制执行持续集成六步提交法的第4步，即第二次个人构建验证。
- 每次提交的代码评审得分必须在2分以上。
- 内容检查（Content Check是内部术语）必须通过。
- 手工测试必须通过。

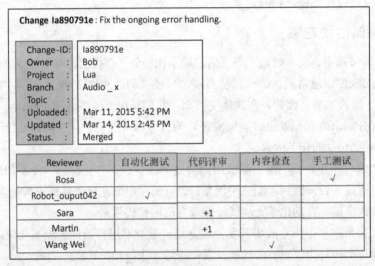

图15-19　代码提交状态示意图

15.4.6　关注结果，更要关注过程

在N公司引入Scrum时，非常关注迭代成功（Sprint Success）。常听到一些使用Scrum框架的Scrum Master在迭代总结会上说："这次迭代我们失败（failed）了。"甚至统计失败迭代的占比。这种做法会令尚不成熟的敏捷团队过于关注迭代速度，而忽略了在项目执行过程中的改进。

在我们的试点项目，特意弱化了"迭代成功"的概念，而更多地关注工作方式与方法的改进。如图15-20所示，我们前期并没有按照迭代计划速度完成每个迭代，但这也不影响我圆满地完成交付任务。结果总是由过程决定，因此还是让团队更多关注过程，多花一些时间在过程的改进上更有价值。

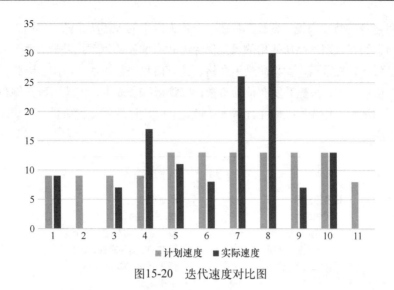

图15-20 迭代速度对比图

15.5 小结

由于N公司的移动设备软件产品线已经按照Scrum框架组织运行，其架构也不需要整体改动，因此，我们主要的改善活动集中于持续交付七巧板的"基础设施"部分。通过团队的"业务需求协作管理"，分别拉动"分支与配置管理"和"构建与测试管理"的改善，如图15-21所示。

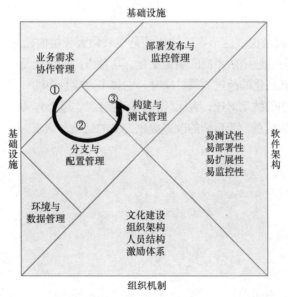

图15-21 持续交付七巧板

从项目自身的特点来说，虽然都是在一个百人以上的大团队中做产品研发改进，但本案例与第14章的互联网产品所使用的质量保障方式有明显的侧重点差异。由于该移动设备的操作系统版本外发以后，如果质量不合格，其召回和修复成本非常高。因此，更多地使用"测试左移"方式，来提升发布前的质量，以降低综合成本。因此，该案例在团队内部开发过程中的细节工作流程上做了比较多的改进，以确保软件交付质量。这些改进项对比如图15-22所示。

改进前		改进后
· 任务拆分	→	故事拆分
· 人天估算	→	排序法估算
· 拍脑袋的计划	→	基于显式PRIAD的发布计划
· 跟踪个人的任务墙	→	关注需求流动的故事墙
· 强调Sprint的成功	→	弱化Sprint成功的概念
· 分支开发	→	主干开发
· 基于故事的代码提交	→	基于开发任务，每人每日提交
· 打补丁式的开发	→	通过设计，分离关注点
· 形同摆设的编码规范	→	团队认可并严格遵循的编码规范
· 最后集成测试	→	实时测试
· Synergy	→	GIT
·	→	单元层次的集成测试
·	→	单元测试

图15-22　改进项的前后对比

从组织文化方面来说，这个案例的特点是在公司大环境内建立团队自有的一个小环境，并在其中建立与其他团队不同的质量文化。这种方式的好处是涉及人数较少，影响可控，容易产生比较系统化的改进效果。同时，它属于大项目中的一个子团队，可以与其他同样的团队形成鲜明的结果对比，有比较大的示范意义，适合作为整个公司敏捷精益转型项目启动后的最初的试点，为后续的改进提供更多的经验与信心。

第 16 章
研发推动的DevOps

现在，每当人们提起DevOps时，总会联想到微服务、Docker技术、Kubernetes服务编排、部署流水线等。然而，《敏捷软件开发的组织模式》一书的作者James O. Coplien在GOTO2017指出："过分强调并专注于docker、Jenkins、测试框架、Mock框架或者持续集成服务器等工具，有悖于敏捷宣言中的第一条——和流程与工具相比，个体与交互更为重要。"工具可以让很多重复的事情变得简单，但并不能解决一切问题，人与人之间的协作更为重要。各角色协作顺畅，才能让效率提升更多。

本案例发生于微服务概念诞生之前，Docker技术尚未成熟。但是，团队应用"持续交付2.0"理念，加强研发团队与运维人员的协作，经过4个月的改善，在保障交付质量的前提下，既提高交付频率近6倍，对需求的响应速度明显加快，业务请求方的满意度大幅提高，同时，在测试人力上投入也减少约30%，成功实施了一次向DevOps工作模式的转变。

1. 案例背景

2010年前后，国内互联网行业飞速发展，敏捷开发方法也在国内软件行业扩展开来。当时B公司的组织架构如图16-1所示。测试人员隶属于大测试部门，运维人员隶属于大运维部门。产品人员和开发人员均隶属于各条业务线。每条业务产品线由多个业务部门组成，每个业务部门有本业务产品的产品人员和开发人员。公司还设有项目管理部（PMO），其工作内容主要包括以下3部分。

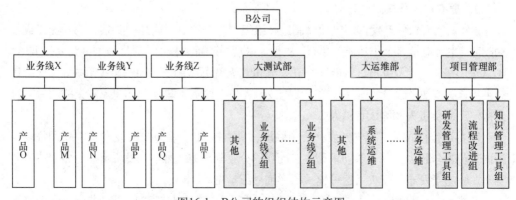

图16-1 B公司的组织结构示意图

（1）研发流程工具平台管理：包括项目管理平台、公司代码与版本管理平台，以及需求管理工具和持续集成工具。

（2）过程改进组，负责研究并引进业界先进的软件项目管理理念，并在公司试点推广，指导公司项目的过程改进工作，提升流程效率。

（3）知识管理，主要是建设用于知识沉淀的支撑平台。

本案例发生在2011年B公司某业务线下的一个后台服务业务团队，这个团队负责网页搜索产品的后台服务（以下简称为S服务），该服务是一个相对独立的子系统，其架构如图16-2所示。S服务接受其他服务的请求，也将自己服务的处理结果提供给其他服务使用。它由7个程序模块组成，总体代码量约为10万行，全部由C/C++语言编写，每个模块都是一个单独的进程服务（可以认为是微服务），运行在近300台服务器上。从前端的数据流获取开始，再到数据流的解析、分类入库。

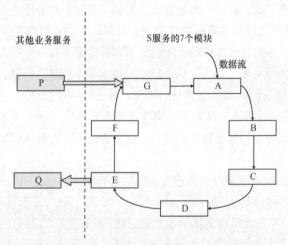

图16-2　团队负责的S服务架构示意图

2. 原有的工作模式

B公司所有软件开发都是以项目制进行组织，一个项目可能是一个很大的功能点或架构改造，也可能是多个小功能的集合。根据需求规模和重要程度，项目被划分为4级，即A、B、C和D级。一个D级项目可能一个开发人员几天就可以搞定，而一个A级项目可能会历经半年，甚至更长。D级项目通常直接由技术人员直接负责即可。而规模较大的项目，也会指定产品负责人和测试负责人。

项目运作模式为"分支开发，集中联调、集中提测"。在分支开发和集中联调阶段，测试人员参与较少，以了解需求为主，而代码分支管理方式如图16-3所示，是典型的"分支开发、主干发布"模式（这种模式的详细介绍参见第8章）。

考虑到生产环境上的稳定性，运维部门规定只能在星期二和星期四进行上线部署操作，并且每次只能上线一个项目。因为项目分支较多，所以经常有多个项目同时在项目开发分支上验证完成并排队等待合入发布分支的情况发生。

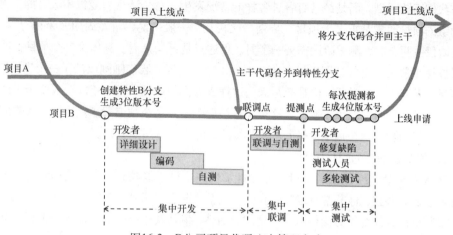

图16-3 B公司项目代码分支管理方式

为了实现S服务的新架构升级，设立了一个A级项目，预计需要3个月的时间。在这个项目开始前，除4名开发人员外，还为其指派了两名测试人员，他们隶属于大测试部。S服务是一个后台技术服务，并没有前端的UI展现需求，因此没有安排产品经理，需求收集等工作由开发人员自己承担。

16.1 改进的关键点

本节我们重点讲解一下改进的关键点。

16.1.1 改进方法论

"目标驱动，从简单问题开始，持续改善"是整个改进过程的指导思想。团队原来使用项目制发布模式（参见第8章），在开发联调和集成测试阶段，软件存在的问题或缺陷才集中爆发。这些问题不仅仅是软件质量问题，还包括需求不清晰、理解不一致等问题，而它们都会导致项目完成时间的不确定。同时，生产线上的突发问题也会打乱项目节奏，为交付时间增加了不确定性。

上述问题产生的原因与其研发项目管理理念和开发方式有关，需要在项目运作方式、代码分支管理、研发基础设施和团队成员工作意识等方面做出改变。

16.1.2 定义改进目标

每个角色在工作过程中都有一些痛点。只有了解这些痛点，才能综合评估团队的现状，并制订合理的阶段性改进目标，同时也可以找到改进的路径。

16

1. 部门负责人的期望

产品部门负责人说，"从项目管理上讲，我们面临的一个大问题是计划性非常差。并不是我们不做计划，而是经常有各种各样的情况发生，总会让项目变得不太可控。例如，架构组的项目通常是重要大项目，周期会比较长，一般来说，研发周期多为3个月，其中开发阶段占两个月，测试阶段需要一个月。但这只是平均来看。具体到每个项目，计划的不可控性非常大，交付日期经常有变。例如，就在上周，我们刚刚取消了一个项目K。这个项目投入30人月的时间，但是总是因为这样或那样的原因，迟迟不能合入主干上线，最终因为时机和环境都发生了变化，这个项目被取消了，完全被浪费了。因此，我的期望并不高，能帮助我让这个周期比较长的A级项目交付时间可预期就行。"

2. 团队管理者的交付压力

团队管理者说："首先，我非常希望能够快速交付，但我们对这类架构变动类的项目不知道怎么能做到，你非常有经验，我们一定全力配合。另外，我们虽然在这个项目的需求范围和交付时间要求方面可以有一定的灵活性，但是其中有一部分需求一定要在某月某日这个时间点前完成。"

3. 项目负责人的烦恼

与开发负责人和测试负责人沟通以后，他们也总结了让他们痛苦的事情：

- 估算不准确、临时插入事情多、项目计划很难做；
- 到了计划的测试时间点，开发人员还没有联调完，无包可测；
- 当有软件包可测的时候，测试人员却被调去测试其他项目了；
- 好不容易有测试人员了，一测试就发现很多低级问题，可能都启动不了；
- 没法继续测下去，还要打回给开发，继续修复；
- 测试环境和测试数据的准备要耗费很长时间；
- 测试时需要将线上环境的一些配置同步下来，因为那才是最可靠的环境；
- 反反复复提测好几次，手工重复测试真是受不了；
- 终于可以准备上线发布了，还要排队等待；
- 当轮到自己的项目上线了，还要把前面已经上线的代码拉取合并，再测试；
- 假如前面上线项目出了问题要回滚，我们还要把代码剥离出去，再打包，再测试；
- 写了一大堆上线文档，交给运维人员，运维人员说不符合运维规范，要重新修改；
- 运维人员终于可以部署了。可是，刚部署上去，就出问题，原来是把配置文件搞错了；
- ……

经过调研与讨论，团队各级管理者一起定义了这个项目的改进目标，并在项目启动会上，向所有干系人解释和说明。目标包括短期目标和中期目标。短期目标如下，优先级由高到低。

（1）项目近预期时间交付。

（2）创建新的软件研发协作方式。

（3）建立必要的基础设施，以支持后续的持续发布模式。

中期目标如下。

（1）缩短发布周期，可以快速上线。

（2）不降低生产环境的质量。

（3）降低测试人力总投入。

这两个目标分别对应两个实施阶段。第一阶段是以持续集成牵引的"敏捷101"，顺利完成一次发布，并为后续的持续发布奠定流程与工具基础。第二阶段是向DevOps工作模式转型的持续发布之旅。

16.2 第一阶段：敏捷101

"敏捷101"模式也被称为"Water-Scrum-fall"模式，是指在瀑布开发框架模式下，对各个阶段内部进行迭代时间盒的划分，迭代周期通常是1～4周。其中，开发阶段中的每个迭代周期内，都会发生需求分析、代码开发和测试活动。而且，要在每个开发迭代结束时，做演示验收。但是，在进入开发阶段前，仍旧有需求收集、分析和计划的阶段，并且在开发阶段结束之后，也会安排一到两个迭代，作为最后的系统测试迭代。最后可能会安排系统试运行阶段，然后再正式上线，如图16-4所示。

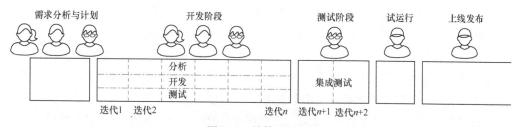

图16-4 敏捷101模式

敏捷101模式的特点是：瀑布开发模式中的几大阶段没有变化，只对各个阶段内部的活动进行适当调整。此模式通常应用于对持续交付理解不深、研发基础设施不完备，但希望进行改进的团队。

在这个团队中使用这种模式，一是为了未来能够实现"城际快线"模式做能力储备，二是为了培养团队人员的质量意识和良好的团队协作习惯。

16.2.1 做个靠谱的计划

首先，我们要回答的问题是："这个项目什么时候能够做完上线？"此时，开发负责人已经拿到了这个项目的需求，并根据以往的工作经验，做了一些需求分析工作和概要设计工作。然而，这是一个研发工作量较大、交付周期较长的项目，因此，我们决定采用新的

16

需求分析、估算和制订项目计划的方法，来进一步完善项目计划。

1. 需求拆分

如果按照过去的项目做法，现在团队就已经开始启动代码开发工作了。然而，我坚持要求对需求进一步分解，并且邀请测试人员参加需求拆分。这种拆分并非一定要在会议室中进行。在这个项目中，开发负责人自己根据下面的3个要求进行了一轮拆分，并交给测试负责人评审。测试负责人对拆分列表进行线下评审和补充后，再与开发负责人讨论，形成一致意见。

（1）每个需求实现少于3天。在这次试点中，为了能够尽早地了解我们所写代码的质量，及早发现代码中存在的缺陷，我们把所有的需求拆分成细粒度需求，每个需求的实现时间估计在半天到两天之间。这样，每当开发完一个需求后，测试人员就对其进行测试。如果存在问题，就可以尽早发现了。

（2）拆分要遵循INVEST原则。拆分的基本原则就是INVEST，即独立的（Independent）、可协商的（Negotiable）、有价值的（Valuable）、可估算的（Estimatable）、较小的（Small）和可测试的（Testable）。具体方法参见第6章。

（3）拆分过程中的权衡。在刚刚开始学习拆分时，团队遇到了问题，即觉得拆分后无法同时满足这6个原则。例如，"有一些比较大的需求，如果拆分成小的需求，产品人员或测试人员好像就无法完整验收了，因此没有拆分。"

事实上，的确会遇到个别需求在完整开发完成之前，无法在用户界面验收的情况。但是，假如我们能把它拆成小需求，同时测试人员能够找到一些方式验证其运行的正确性也是可以的，如直接查看日志或数据库中的结果。虽然从用户的角度看，该功能还无法交付，但是，我们可以尽早测试每一个小需求，以得到更早的质量反馈，确保其实现的正确性。但一定要记住，这种需求数量不应该太多。

假如这6个原则一定要分先后的话，在将需求拆分到更细粒度时，后面3个原则（EST）要优先于前面3个原则（INV）。

2. 相对估算

我们得到了开发人员和测试人员都理解的需求列表，并对每个细粒度需求的验收条件达成了一致。接下来就是工作量估算步骤了。我们使用排序法对需求进行估算（详细的操作方法参见附录B）。这种排序法有2个主张和4个前提。

2个主张具体如下。

（1）与传统的相对估算方法相比，这种方法将较多的需求放在一起比较时，结合上下文，更容易估算，而且能够降低因人员能力差异带来的估算偏差。

（2）尽管单个需求自身规模并不一定准确，但在需求数量较多时，项目整体规模估计会相对准确。

4个前提具体如下。

（1）每个需求至少有两个人比较了解，且可以完成（所需的时间长短可能不同）。

（2）不需要评估测试活动的工作量。其原因在于，我们假设测试不是流程瓶颈，能够及时完成测试，而开发环节才是整个系统的瓶颈。如果测试环节成为流程瓶颈的话，我们甚至可以认为"开发资源投入过多"。

（3）所有需求已被分解，其规模大小不会相差太大。

（4）需求的个数相对较多。

经过估算，我们整个项目的总体工作量规模为66个点。有时候，估算会出现相对工作量为"0"的现象。这是因为它的工作量相对来说，实在太小。当时处理这种情况的方式是，将几个"0"点需求合计为1点。注意不是需求合并，只是工作量估算相加，即"0+0+0+…+0=1"。

3．初始计划

现在，我们虽然知道了规模，但还是无法知道项目完成的时间点。现在我们需要知道团队的产能才能做计划。而要想知道团队的产能，我们必须回答下面几个问题。

（1）**理想情况下，团队每周工作时间是多少？**

假设每个人每天工作 8 小时，减去每周架构组的团队例会需要1小时，再减去我们项目组每天早上10分钟的站会，再减去每天未工作时间（我们按每天2小时计算，谁能每天8小时都在工作呢），那么，团队实际在一周内每人的生产时间为28小时，即每人每天大约可以有5.5小时的开发工作。

（2）**理想情况下，每周能完成多少需求？**

接下来引导开发人员进行每周开发速度的估计。我把所有的需求都打印到了纸上，每张纸上有一个需求。规则是这样的：我会拿出一些需求，给大家展示。作为一个整体，如果团队认为可以完成，就说"能"，如果无法完成，就说"不能"。在开始估算之前，提醒团队：每人每天只有5.5小时的生产时间。

我拿出了第一个需求，大家点头。我拿出第二个需求，问道："加上这个需求，一周内能完成吗？"大家仍旧点头。当我拿出第五个需求的时间，大家开始摇头。于是我从桌面上拿回了一个需求，又放上一个需求，问道："现在呢？"大家又点头了。我又加了一个需求，大家仍旧点头。于是我再加了一个需求，大家就摇头了。于是我把桌面上除最后一个需求外的所有需求都标记了一下，并收好，作为一组。又换了一组需求，过程不变，再进行一次。最后把第二次桌面上的所有需求也收在一起，作为第二组。

此时，将每组需求的点数求和，并对两组的结果做对比，相差不大，平均点数为22。那么不算后面的集成测试阶段的话，理论上只要3周的时间，团队就能开发完成这个项目。

（3）**实际每周最有可能开发完成多少需求？**

互联网每天有很多线上问题要处理（线上异常监控与诊断、紧急的hotfix、与其他团队的临时沟通），也会花去一些时间。评估一下，处理不属于该项目的事务，平均每天大约会占用团队多长时间？该项目的结论是：两个资深人员是大约50%，另外两个开发人员是大约30%。我们就算团队有40%时间在忙其他的事务。

另外，我们不可能剩余时间都做开发工作，可能还需要一部分时间用于交流，例如，和测试人员讨论需求细节、确认验收用例等。这可能会占去我们10%的时间。这么算下来，开发人员还有50%的时间可用。因此，每周可以完成11个点的需求（22×50%=11），那么迭代开发需要6周（66÷11=6）。

我们要求在迭代开发过程中，测试人员会做增量测试，即一旦有需求开发完成，立即进行测试。测试中如果发现问题，要求开发人员立即着手修复。因此，开发速度可能要比刚才的估计慢一些，因此，我们先按6.5周开发时间来计算。

（4）如何处理整个项目开发过程中的线上需求变更？

这是团队第一次使用这种迭代开发方式，还无法达到持续交付的状态，因此分支方式并没有改变，仍旧如图16-5所示，是在发布主干上拉一条项目开发分支，所有人基于这个分支进行开发。对于临时的紧急需求，在线上发布版本分支上单独拉分支，快速修复线上问题或开发紧急需求，快速合并上线的策略。

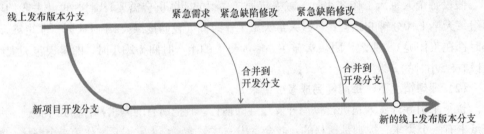

图16-5　敏捷101时采用的项目主干开发策略

但是，所有这些新增的需求或缺陷修改，要一并记录到本项目的需求列表当中，并根据实际情况，合并到新项目开发分支。因有架构改变，有一部分紧急需求的代码无法合并，只能在新项目开发分支上重新再实现一次。因此，我们预留3天的时间实现这部分遗留线上需求。

至此，开发阶段的总时间预计为7周。

（5）系统测试的时间在哪里？

测试人员提出了一个疑问：“7周是需求开发完成的时间。最后那个迭代最后一天开发完的需求也需要测试。另外，在此之后，还需要做整个系统的完整测试。原来这部分系统测试的时间要一个月。那现在系统集成测试需要多长时间呢？”

以前是传统开发方法，因此，提测时间比较靠后，需要测试的内容比较多。除了功能测试，还包含性能、压力和稳定性。花费最长时间的是“大环测试”（大环测试可以认为是与生产环境最相似的测试环境，使用真实且实时的数据，只是处理结果并不进入生产库保存而已）。按惯例，通常需要两周时间，最少也要一周。这期间也会有一些小修小补。大环测试主要是对实际数据进行部分引流，观察有无异常情况发生。如果有异常，需要再分析解决。

我们现在使用"迭代开发，并且每个需求完成就进行集成测试"，通常这会大大减少在后期测试阶段发现缺陷的数量。另外，只要做到每次需求开发完成就立即测试，那么最后一个开发迭代结束时，刚开发完成未经过测试的需求数量应该不会太多，这几个需求的测试时间应该很短。因此，我们把集成测试阶段暂定为2周的时间。

(6) 其他类型的测试（如性能测试和压力测试）怎么办？

对于性能测试，我们每周做一次，得到结果数据。如果发布有问题，马上诊断修复。这样做，质量反馈会很快。

按照目前的逻辑，整个项目从开发迭代预计需要7周，系统测试预计需要2周，那么整个项目完成大约为9周。

(7) 计划时还需要考虑依赖因素？

在业务和技术两个方面，我们这个项目与其他团队是否还有依赖关系？事实上，的确存在一些业务上的依赖。我们项目要在另一个项目上线之后，才能上线。不过，被依赖的项目进度比我们自己的快，因此应该不会成为问题。

在这个计划估计中，我们还没有考虑到个人事假和生病、集体活动和法定假日。如果算上这些，可能要接近9.5周。

(8) 项目计划在整体上要加一个缓冲时间，更符合实际？

计划结束后，我和团队管理者进行了沟通。这个项目计划是没有考虑任何异常情况发生，并且还包含多个假设条件。例如，全力开发速度是22个点/周；被其他非本项目的事务打扰，占用40%；整个团队只有3天时间被非工作事务占用（法定假期、团队活动和团队临时休假）。

这3个主要假设都有可能不成立，需要密切关注。也许在这个项目的整体周期上，再加入一个为期"两周"的缓冲时间更合适。在项目进行过程中，可以通过这个缓冲时间的消耗来作为项目风险的转化指示器。

制订计划时需要考虑PARID因素，即优先级（priority）、假设（asssumption）、风险（risk）、问题（issue）和依赖（dependency）。

16.2.2　开发阶段启航

项目计划制订后，团队就要启动迭代开发工作了。第一步就是确定迭代周期，并约定团队的协作流程。

1. 迭代周期的选择

在确定迭代周期之前，让我们先来了解一个隐喻。如图16-6所示，当湖面很高时，湖

16

中的石块都被水所覆盖，此时即使有很大的岩石，人们也看不到。但是当水量减少，水面降低时，一些大石块就暴露出来了。接下来随着湖面的进一步降低，更小的石块也会逐步被人们发现。如果把水面的高度看作是每个迭代的时间，那么，水中的岩石就可以看作是日常工作中存在的问题。

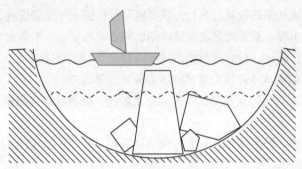

图16-6　湖水与岩石

假如用传统方式开发软件，这个时间盒是3个月，水位很高，日常工作中存在的问题（也就是岩石）很难暴露出来。当我们使用迭代开发模式后，交付时间盒变短，也相当于水位下降，问题就很容易暴露出来。

至于水位到底选择多高合适，需要根据团队的具体情况而定。因为水位越低，给团队带来的不舒适感越强，越容易有挫败感。但如果水位太高，问题不容易暴露，改进动力不足，团队的行为惯性导致改进缓慢，较难看出变化。

为了保险起见，S服务团队选择两周作为一个迭代周期。事实上，这个迭代周期仅是用来做周期性的工作量计划与团队的总结回顾会议，因为我们要求尽可能保持每次提交代码都能够得到可运行的软件，这也对团队的协作流程提出了更高的要求。

2．团队协作流程

既然需要每次提交代码都能够得到可运行的软件，就需要团队各角色之间对协作流程以及流程中每种工作活动的质量及交付物有更高的要求。

（1）每个迭代的工作约定

一个友好的氛围不一定会产生一个高效的团队，但达成共识一定是一个富有战斗力团队的基石。在一个迭代里，团队成员怎么配合呢？在项目估算与计划会议结束后，我为大家介绍了每个迭代的开发过程，并进行了讨论，共同制订了迭代工作流程，其部分规则如下所示：

- 每天上午10:00进行晨会；
- 每个迭代的最后一个周五下午，花一小时做团队回顾和下一个迭代的开发计划；
- 每个迭代计划中包含开发完成计划和测试完成计划（即一共可以开发完成多少点需求，可以测试完成多少需求）；

- 以开发速度做计划，以验证完成无缺陷为测试速度来检验我们的迭代计划；
- 不对已估算的需求进行再次估算；
- 对于新增需求，需要进行估算。

（2）对于单个需求的开发流程约定

原有的开发流程是批量开发，批量提测，而在新的迭代开发方式，我们使用单个需求开发，开发完成后立即提测的方式，如图16-7所示。

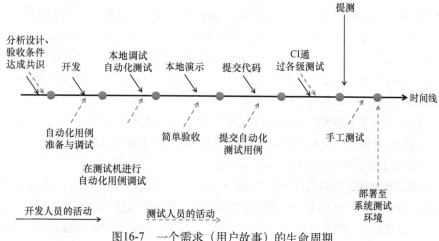

图16-7　一个需求（用户故事）的生命周期

"批量开发，批量提测"是指开发人员等到全部或大部分功能开发完成后，再一起联调。联调通过后，再一起提交给测试人员进行大规模测试。"单例开发，即时提测"是指每当开发人员开发完一个需求之后，就立即交给测试人员进行验证。这种方式也引发了开发人员和测试人员的一些疑问：

- 明明知道后面还有一个需求与当前开发的需求需要修改同一份代码，为什么我不能一气呵成写完呢？
- 我的习惯是先写出一个大概的实现框架，然后再添加功能，这样不是开发效率更高吗？
- 一个大功能分开实现，那就意味着我的工作要重复很多次吗？

这3个疑问恰好反映了"大规模生产"和"小批量交付"两种方式关注焦点的不同。传统软件开发模式属于前一种方式，更强调每个加工环节的效率，并且其前提假设是：每个环节的正品率都很高，甚至根本不会出错。然而，对软件开发工作来说，这个前提假设基本不成立。测试作为后续环节，其大规模检查常常会导致3种情况。

（1）有可能存在需求考虑不充分的情况。

（2）后期集成时发现的缺陷数量较多。

16

（3）缺陷修复不及时，最终导致测试交付日期不可预期。

迭代开发属于小批量交付，遵循的质量原则是："停止靠检查来提高质量。取消大规模检查，而代之以在生产流程的第一时间就建立质量保证。"这个原则来自戴明14条质量原则的第三条"质量内建"（built quality in）原则。那么，如何来约束每一个活动的过程质量呢？

16.2.3　对过程质量的约束

由于需求粒度较细（通常在两天以内），需找到有效方式，用尽可能低的成本尽可能早地发现问题。于是我们在团队里引入了持续集成实践。在本项目开始之前，B公司已经开始引入"持续集成"的概念，但是本团队对它的理解就是在最后提测阶段有一个自动打包上传的工具，完全与自己的开发活动没有关系。然而，真正的持续集成实践是一项开发人员和测试人员每天都要参与的协作活动，需要所有人员遵守持续交付六步提交法，六步提交法的具体内容参见第7章。这种工作方式，对于这个团队的工作习惯有很大的挑战。因此，我们专门组织了一次两小时的学习和讨论，并制订了后续要做的一些工作改进项。

1．如何能自觉遵守CI纪律

由于开发人员在之前的工作中，没有这样的习惯，因此虽然有了约定，但如何更高效地监督这一约定的执行呢？我们利用熔岩灯来帮忙。将它安放在大家的工作区，让它非常醒目，并与CI服务器上的状态联动，当有CI构建失败时，它就会变成红色。这样就变成了众人监控的方式。我也见过各种各样与之类似的做法，例如，有使用显示器显示构建状态的，也有用播放音乐的方式的（其实有点儿吵）。总之，就是为了提醒大家，这像交通信号灯一样，是团队的质量法则，提醒团队不要破坏团队协作文明。

2．编译时间过长

项目代码做一次全量编译，需要40分钟。如果按持续集成六步提交法的要求来完成，每天要等待很长时间，因此必须解决这个问题。开发人员要能够在15分钟内，完成对自己所写代码的编译打包，并完成自动化测试的运行。

以前的开发工作为什么没有这个困扰呢？因为原来提测之前，开发人员可以根据自己的需要来编译，如在下班临走之前启动编译。而且只要在开发阶段，提交代码也比较随意，并不需要保证提交后的代码能够编译通过。svn代码库在此时的作用只是为了防止代码的丢失，而不是团队多人协作的工具。

现在，在这种迭代模式下，每个开发人员每天都需要编译代码，而且可能要提交代码。因此，必须解决编译时间长的问题。我们组织了另外一个小组，利用3周时间，开发了编译任务的发起端、接收器与分发器，并利用开源软件搭建了一套分布式编译集群（这是公司级C/C++编译集群的雏形）。也就是说，开发人员和Jenkins持续集成服务器都可以将自己的编译构建任务放到这个分布式编译集群上来执行。

云编译构建平台

B公司A业务线的后台服务绝大多数是Linux平台上的C/C++程序。很多开发人员共享同一个Linux物理机进行编码工作，每人都分配有账号和密码。每个开发人员均会在这台机器上进行日常的编译工作。机器性能还不错，在编译构建频率不高的情况下，其他开发人员感知不明显。然而，使用真正的持续集成模式以后，构建频率提高，会导致其他开发人员卡顿。

在这种背景下，公司项目管理部建立了一个"构建云"，支持多人并行自动化编译构建。同时对每个编译任务都可以做到并行化，以缩短单个编译构建任务的时间。其工作方式与7.4节中讨论的关于构建管理服务图7-9类似，其解决方案为"开源工具+定制"，其结构示意图如图16-8所示。

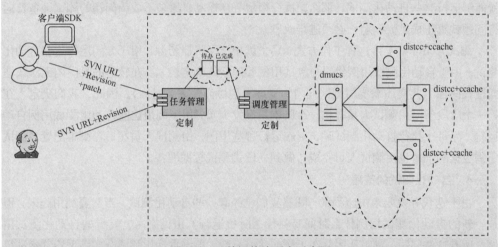

图16-8   云编译构建平台示意图

当开发人员写完代码，准备提交前，在自己的机器上运行一个命令脚本localbuild.sh，这个系统会将SVN当前的版本号与patch文件一同提交给服务端，服务端将其放到队列中。一旦有空闲的资源，就可以自动编译打包。如果出错，程序员就能立即得到反馈。如果没有问题，开发人员就可以提交代码了。

该平台是基于一系列的开源解决方案，再加上一些定制开发，可以提供增量编译和全量编译两种方式。其中，编译集群中最初包含30台编译机，环境统一管理，可以确保无论谁修改的代码，其所需要的依赖库、编译器版本等都是一致的，消除因这些因素导致编译构建失败的问题。

通过分布式编译机制，缩短了整个编译时间。开发人员平时可使用增量编译，提交前使用全量编译，而CI平台一直使用全量编译。这样，就可以在反馈速度与反馈质量之间求得平衡。

16

3. 开发人员无法运行自动化测试

产品原来有一批自动化测试用例，被保存在测试部门自己的测试代码库里。只有那些有权限的人（测试人员）才能运行这些测试用例。传统开发模式下这种做法是很自然的。因为通常是由测试人员编写，用来做回归测试或作为提测标准门槛使用，以便提高测试人员的效率，其写作时间也通常在产品某个版本基本稳定之后，由专人负责。而且测试的准备成本较高，包括机器的申请、系统的安装、数据的准备等。但在传统开发方式下，因为这些自动化的运行频率比较低（可能一个季度才准备一次），所以这些因素产生的成本也不算什么大事。

在迭代开发中，自动化测试的第一用户显然是开发人员，他们应该在第一时间就用这些自动化测试来检查新修改的代码是否破坏了原有的功能。开发人员应该在提交代码之前就能够运行这些自动化测试。那么，执行频率一旦提高，原来不成为问题的测试准备及运行问题就真正成了大问题，必须进行改进。

测试人员非常支持这种工作方式，马上就申请了机器资源，用于专门运行这些自动化测试。由于自动化测试用例代码与测试用例管理系统绑定较紧，在较短的时间内无法快速搬迁代码库（其实还需要与测试部门的管理者们协商，需要时间）。因此，我们决定，在第一个阶段暂时由测试人员提供一个脚本给开发人员，用于调用这些自动化测试用例自动运行。而每次执行自动化测试时，到底运行哪些用例，由测试人员在后台脚本配置。测试所需数据的准备也由测试人员完成，做到一键式测试数据准备。

4. 自动化测试的策略

由于迭代开发要求快速测试，既然我们已经有一些自动化测试，当然要利用起来。但是，新的自动化测试用例什么时间写？什么时机运行？由谁来写？写哪些自动化测试用例？所有这些问题，都需要团队在工作前达成一致。根据自动化测试金字塔理论（参见第10章），以及目前团队的状况，我们做出了测试约定，如图16-9所示。

（1）单元测试：团队从来没有写过单元测试，在没有比较好的单元测试练习前，马上要求所有人员写单元测试，会令大家感到不适，同时，写出的单元测试用例质量也相对较低。如果现在立即实施，成本会比较高。因此在试点第一阶段暂时不做。

（2）模块自动化测试：是指针对某个模块由其内部几个类共同实现的某个功能进行自动化测试。此类测试会根据需求的不同而确定。通常来说，如果该功能在对外接口没有直接表现，则会在此处进行功能自动化测试。

（3）服务接口自动化测试：是指针对某个模块对外提供的接口调用进行自动化测试。在这一层次，团队对其进行全面测试，并力争做到全面自动化覆盖。因为整个子系统基本具备"高内聚，低耦合"的特点，而且每个子模块的边界也基本清晰，所以在这个层次上做自动化测试，现在的ROI是最划算的。

（4）子系统级自动化测试：是指针对由团队负责的S服务（包含7个服务模块）进行整体端到端的自动化测试。这一级自动化测试主要覆盖服务的主要流程，确保各服务模块之间的运行正确。由于成本较高，环境较为复杂，团队会在开发需求之前，根据具体情况，确定是否进行自动化测试用例的开发。

（5）大环自动化测试：是指S服务与外部系统的交互测试。由于成本最高，环境最为复杂，依赖因素更多，这部分的自动化测试用例最少。团队会在开发需求之前，根据具体情况，确定是否进行这部分自动化测试用例的开发。

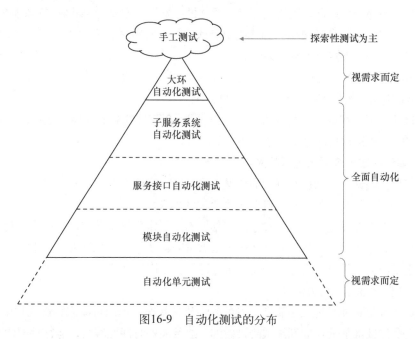

图16-9　自动化测试的分布

当启动一个新需求的开发之前，由开发人员和测试人员共同讨论，确定在模块自动化和大环自动化这两个层次上，需要对哪些验证点进行自动化测试用例，哪些验证点进行手工测试。

上述的所有自动化测试用例由测试人员编写。每个开发人员可以在自己的开发机上通过执行一条命令，调用一个由测试人员提供的脚本，就可以运行他希望运行的所有自动化测试。每次开发人员提交代码变更之前都要求运行所有自动化测试用例。当代码变更提交到项目开发主干以后，会自动触发所有自动化测试用例。

5．自动化测试所需的运行环境不足怎么办

在过去传统瀑布开发方式下，自动化测试用例的服务对象是测试人员，其主要目标是用于回归测试，使用频率较低，通常都是在开发联调阶段结束后作为提测准入标准，或者作为多轮集成测试的一部分。而且，回归测试用例主要集中于以前各版本中的基本回归测试用例（通常称为基本核心测试用例集），相对软件所提供的功能集来说，覆盖范围相对较少。正是由于以上因素，其运行所需要的环境也不要求太多，通常一个项目一套就足够了，甚至多个项目共用一套，或者手工测试与自动化测试共用同一环境。

然而，在支持持续集成的迭代开发方式中，所有的开发人员都需要运行自动化测试用例，而且每次提交代码都需要触发自动化测试用例，因此，开发人员成了自动化测试的第一用户，而开发人员远多于测试人员。因此，我们需要更多的测试环境。

原来的自动化测试需要将7个模块部署到3台物理机上才能运行。而我们无法申请到这么多资源，来部署多套自动化测试环境。经过讨论发现，需要3台物理机的原因在于，7个模块中的一些配置信息被硬编码到代码中，代码编译打包后就无法更改。如果把7个模块直接安装到同一台机器上，会因为配置信息的冲突（如日志输入的目录、模块与模块之间通信使用的端口号）而无法使用。我们对这类问题进行了代码修改，全部更改为可配置的方式，从而让7个模块可以部署到同一台机器上。

经过改造后，在同一台物理机上，可以部署3套各自独立的环境。这样，开发人员就有足够多的环境运行自动化测试了。

6. 如何确定一个需求可以提测

当开发人员认为自己已经开发完成某个需求时，有两个条件。

（1）测试人员在开发人员的机器上体验过该需求。

（2）所有的自动化测试都通过了（包括针对该需求新增加和修改后的自动化测试）。

满足这两个条件后，开发人员将包含该需求的构建号通知测试人员，测试人员即可从持续集成系统上下载对应构建号的安装包，进行更全面的功能测试。

7. 如何做性能和压力测试

我们需要尽可能早地反馈正在开发的软件质量状况，怎么可能忘记性能和压力测试。但原来这类测试都是放在后期测试阶段做的，通常准备时间比较长，运行时间比较长，成本比较高。为了能够在快速反馈和高成本的全面质量监控之间做到平衡，我们的应对策略是：使用部分关键性用例，选择特定的指标维度，在较短时间内运行完这些测试，再通过性能或压力曲线来判断性能和压力方面的风险。

由于时间有限，我们无法在短期内开发出做曲线对比的自动化程序，因此仅针对几个指标给定阈值，有异常就报警。另外，还会定期人工对比。这样，基本上每个迭代都可以保证对包含最新功能的版本做一到两次的性能和压力测试。如果发现了性能隐患，团队会立即指定人员进行分析，并根据分析结果，共同决定修复的具体时间安排。

虽然这种方法无法做到完全反映真实情况，但是在开发过程中可以降低一部分质量风险。

（1）对开发人员的工作要求

在传统瀑布工作模式下，开发周期较长，每个开发人员独自负责一到两个模块的开发任务，所有人开发完成之后，再一起进行联调。而在迭代开发的工作模式下，所有需求是根据PARID五因素综合优先级排入迭代计划当中的，这要求每个开发人员都尽可能多地了解和修改不同的模块功能，才能够不耽误项目进度。

对本项目来说，所有人员都会C/C++编程语言，因此编程技能不是问题。而对S服务来说，团队成员也基本了解，只是熟悉程度不同。因此，基本可以认为，每个人都有能力修改其中的几个模块（并非全部）。

（2）团队的自我主动改进

团队每个迭代举行团队回顾会议，这与通常的项目总结会议有所不同。回顾是对工作过程中团队成员的协作方式、工作活动的约定、团队面临的问题以及可能的解决方案进行讨论，从而让团队不断完善自我，更开心、更高效地工作。这种用于自我主动改进的回顾会议是最为重要的敏捷实践，即便其他实践都无法执行，团队也应该坚持这个会议活动。

很多使用"敏捷开发方法"的团队会忽略迭代回顾，或者将它变成互相吐槽会，这是对团队非常不利的。前者会让团队的长期战斗力下降，后者则更糟糕，连团队的凝聚力都无法保证。

在回顾会议之后，团队也会花一点儿时间做一下简单计划，即根据上个迭代的任务完成情况，以及对下一个迭代时间的估计，由开发人员进行评估，从需求列表中选取优先级高的需求项，作为下一个迭代的目标。我们并没有专门组织对已完成的功能进行演示，因为每个人天天都能看到项目的真实进展。

别走得太快，等一等灵魂

这是一个关于印地安人的传说。很久以前，一个考察队到神秘的原始森林里探险考察，请了当地的印地安人做向导。几个印地安人向导带着考察队出发了，一路上，他们不但要负重前行，还要时时手持砍刀在密林里砍伐藤条树枝，劈出供考察队行走的小路。这样辛苦地赶了3天的路。可是，第4天早上，几个向导坚持要求原地休息。考察队弄不清楚是哪里出了问题，询问之下，得到了严肃的回复：一定要休息一天，因为他们匆匆忙忙地赶了3天的路，他们的灵魂一定赶不上他们的脚步了，所以有必要停下来，等待他们的灵魂追赶上来。

（3）不能修改最初估算的大小

如果是新增的需求，可以进行估算，但对于已经估算过的需求，不必重新估算了。原因很简单。

- 对于新增需求：因为以前没有估算过，所以需要做一个快速讨论、快速估算，以便加入项目开发计划当中。

16

- 对于已估需求：单个需求的估算本来不精确。之前的估算方式的假设前提是基于需求整体的总量估算，即这一堆需求的总量不会因个别需求的估算偏差而偏差太多。在项目进展过程中，也有开发人员提出某个需求的实际工作量要大于其估计值很多，要求重新估计。

(4) 燃烧图中的秘密

图16-10是该项目在第一阶段的燃烧图（burn-up chart），横轴是时间（以周为单位），纵轴是工作量（点数）。3条曲线自上而下分别代表项目的需求范围、开发完成的数量和验收通过的数量。这个燃烧图反映了很多团队刚刚接触这种迭代开发方法时会遇到的问题。

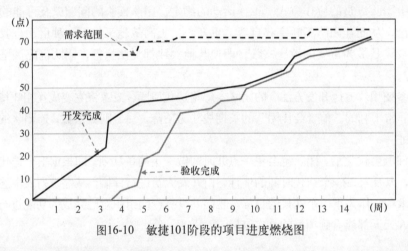

图16-10   敏捷101阶段的项目进度燃烧图

① 代码耦合度和旧的开发习惯会影响迭代交付。在项目的前3周，没有开发完成任何需求。这是为什么呢？团队在做项目计划时，已经将需求拆分成比较细的粒度了，开发人员也确认这些需求是可以独立开发的啊！事实上，高优先级的几个需求在代码层面上相互交叉干扰。开发人员在开发第一个需求时，发现需要修改第二个需求涉及的代码块，其软件模块化工作并没有计划时想象得那么好。

另外，这也与原有的开发习惯有关系，也就是说，开发人员正在开发当前需求时，总是情不自禁地希望把与之相关联的第二个需求也一并实现，觉得自己省时省力，免得回过头来，还要再次来修改这里的代码。虽然原因不同，但结果是相同的，也就是说，只有在3个迭代结束以后，才刚刚有需求被开发完成，可以进行测试。

② 开发人员的估计总是乐观的。细心的读者还会发现项目计划出现了问题，那就是：最初计划是9个迭代完成，而在燃烧图上已经到了第14周还没有开发完成。这是为什么呢？

一方面在项目开始前做估算时，开发人员并没有意识到使用敏捷迭代开发方式，高质量迭代交付对代码开发质量的挑战。由于在之前的长期工作中，开发人员习惯于先把功能全部开发完成（基本可以跑通），然后在联调期和测试期时修复其中存在的很多问题和缺陷。也就是说，原来在开发阶段的质量要求并不高，只要开发人员认为没有大问题，就算"开发完成"。因此，在项目初期做计划时的估算也是基于这样的质量标准。

另一方面，非本项目的事务所占用的时间比团队预估的时间多。团队预估非项目事务的处理会占用40%的时间。但实际情况却不是这样的。在第一个迭代里，我们就意识到了这个问题。因为每天站会上，大家都会提到这部分事情。于是，在第二个迭代中，团队每天会记录一下自己相关活动的时间。此时，我们并不关注这些突发事件是什么，而是关注它每天占用了团队成员多少时间。

统计方法很简单，在故事墙（需求白板）的旁边，还有一块白板，我们画了一个表格，记录每个人在3类不同事务所花费的时间，分别包括项目内时间、与其他团队交流和线上监控与问题分析修复。填写规则也很简单：每个人逐天记录，每天早上站会后填写；记录精度只需要到半小时；填写实际工作时间，即每天可以少于8小时；如果有加班，加班时间也算在内，即每天有可能超过 8 小时工作，如表16-1所列（表中信息仅为示意，并非真实数据）。

表16-1　团队成员工作时间分配表

时　　间	张XX	李XX	杨XX	吴XX
某月某日	2/3/1	2/2/1	1/1/2	1/1/2
某月某日	0.5/2/3	1/2/3	2/2/1	3/2/0.5
某月某日	2/2/1	2/2/1	2/2/1	2/2/1

团队做了两点约定：一是收集的具体数据不对外公开；二是与个人考核无关，相信每个人都尽了最大的努力。

经过统计，我们发现"项目内时间"这一项上，资深人员的投入只有30%，初级人员的投入则是50%。这比我们的估计（60%）少了三分之一！所以，在项目开始的第4周，我们就知道初始计划的其中一个假设（人员时间投入）是不成立的。因此，与团队的相关干系人都进行了沟通，以便让他们知道项目的具体情况和风险，并对交付预期做出相应调整。

最终，这个项目在6月底开发迭代完成，并在7月中旬完成全面的测试验收，准备上线。这也是第二阶段的旅程——DevOps变革的持续交付之旅的起点。

16.2.4　阶段性改进点

在这一阶段的改进中，我们主要对3个方面进行改造，如图16-11所示，它们分别是业务需求协作管理、构建与测试管理和环境与数据管理。其中，对于需求协作管理和构建测试管理的改造最大，基本上颠覆了原有的整个研发管理流程，这也使得团队的工作面貌发

16

生了改变。其主要的改进工作包括以下7点：

(1) 业务目标合理；

(2) 项目计划透明（过程透明&结果透明）；

(3) 流程"自定义，自遵守"，团队确保高质量交付；

(4) 定期主动回顾，而非事件驱动的回顾；

(5) 通过细粒度需求组织开发流程；

(6) 持续集成六步提交法；

(7) 适当使用自动化测试，提高质量反馈效率。

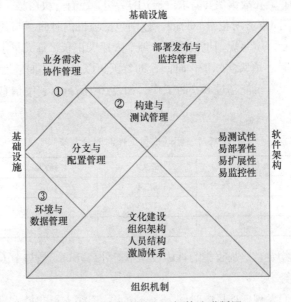

图16-11   持续交付七巧板的改进版图

16.3   第二阶段：DevOps转型

整个团队对于第一阶段的产品质量非常有信心。而且，通过第一阶段的准备，团队已经对整个研发流程体系及基础设施非常熟悉，思想也发生了转变，更主动倾向于"小批量生产"方式。因此，我们第二阶段的目标被提到了议事日程。发布周期缩短到3周，并且在两个月后，达到两周发布一次。

团队不再沿用原有的"项目"这个概念，而是以"城际快线"高频发布模式来安排工作计划，其代码分支模式也相应地变为"主干开发，分支发布"方式（详见第8章），如图16-12所示。

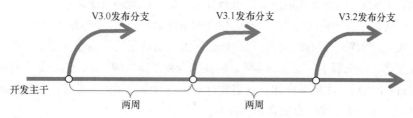

图16-12　主干开发，分支发布的城际快线模式

16.3.1　与运维人员的"冲突"

根据几个月的团队协作，我最初判断团队完全有能力做到两周发布一次。然而，经过讨论后，团队成员还是决定不过于激进，先按3周发布一次来调整，这与当初的3个月发布一次相比，已经进步很多了。

当给使用S服务的客户讲解即将启用的"城际快线"研发运作模式时，他们受到极大肯定，纷纷表示可以解决"需求响应不及时"的老大难问题。并且同意按以下方式进行需求排期管理。

（1）在wiki上发布时间点，以及对应的需求发布列表；

（2）客户方可随时提交需求；

（3）需求列表中，不但有客户需求，还包含自我优化需求；

（4）每周一进行需求碰头会，用于协商调整需求排期。

然而，当运维人员听到了这个决定时，马上提出反对意见。主要原因有以下两个。

（1）运维人员很担心无法保证产品的质量，导致生产事故。原来项目的测试时间那么长，我们还总会出现这样或那样的问题，现在测试时间这么短，那一定会出线上问题的。

（2）我会被累死的。

产品每次发布，都需要部署到300多台机器上。传统方式下，每3个月才部署一次；而现在要每3周部署一次。工作量增加了4倍！

关于产品质量的担心，这是难免的，也是正常的。因为这是他对过去工作的经验总结。要打消掉这一担心，必须双管齐下。

首先，让运维人员参与团队的日常运作，增加透明度。

（1）开发负责人为运维人员详细讲解了目前使用的研发流程模式，让他了解现在的各种过程质量保障手段。

（2）邀请运维人员参与到团队活动中，参与我们日常工作的一些讨论。例如，运维人员每周至少参加两次团队站会，同时参与团队迭代回顾会议。

（3）将运维人员加入日常团队工作的沟通群中，以便他随时了解项目的运作状况。这对运维人员来说，团队不再是一个完全看不到内部的"黑盒"。

16

其次，对 S 服务的部署和运维工作进行优化，最大程度地减少运维人员的工作量。团队承诺会针对快速发布的运维需求，做出相应的系统架构调整，使运维工作更加简单高效。在过去，团队"太忙，没有时间"，很少理会运维人员提出的运维相关要求。然而，一旦提高发布频率，原来都不是困难的事情，现在都变成了需要解决的问题。如果每两周要在 300 多台机器上进行一次部署操作，就需要针对快速发布的运维需求进行架构梳理改进，以便将原来很多的手工操作变成自动化操作。

16.3.2　高频部署发布中的具体障碍

整个团队（包括运维人员）一起坐下来，讨论了存在的和可能存在的问题。关于运维部署方面，有一些具体问题要解决。例如：

- 由于历史原因，各模块的部署方式不一致。虽然经过第一阶段的改造，每个模块的日志支持灵活配置，但是生产环境中的真实配置项并没有改变，不利于统一运维；
- 有两个模块在部署时，运维人员需要手工创建某个目录，备份程序运行时产生的临时数据；
- 相同模块在每台机器上的部署位置都有差别；
- 相同模块在每台机器上配置的端口策略也不一致；
- 有两个服务模块所用的端口和程序所用目录路径为"硬编码"；
- 部署操作文档由开发人员在每次上线前编写，运维人员对照操作文档完成实际执行操作；
- 生产环境的部署方式与测试环境和试运行环境的部署方式有所不同。

这些做法或现象违背了基础设施管理中的多项管理原则。另外，还有一些遗留问题需要解决。例如：

- 测试代码仍旧在独立的测试代码库里；
- 开发人员的开发调试环境仍是共用的，只有一套，会互相干扰；
- 目前自动化测试覆盖仍旧不足，测试人员还需要执行很多手工回归测试。

16.3.3　整体解决方案的设计

现在，管理者和团队成员都已经接受了这种软件研发模式，并且希望进一步地改进。为了能够尽早实现高频发布，我们对前面提到的一系列问题进行了整体解决方案的设计，从各个维度对研发基础设施进行了改造。

1．自动化测试策略的调整

通过第一阶段的自动化测试知识积累，团队已经基本掌握了自动化测试用例编写的原则。我们决定将自动化测试层次向两端扩展，如图 16-13 所示。我们对全体开发人员做了单元测试框架的使用培训。

在多个层次上的测试用例覆盖测试相同的逻辑就是一种浪费，既包括写作维护成本上的浪费，也包括数据准备和运行时间上的浪费。如何才能减少或没有这样的浪费呢？唯一的办法就是进一步加强开发人员和测试人员之间的沟通，也就是说，做到测试人员可以做到白盒（灰盒）分析，做灰盒（黑盒）测试。该团队的测试人员都具备编码能力，同时也接受这种"通过低层测试来验证那些很难在高层进行的测试"的思想。

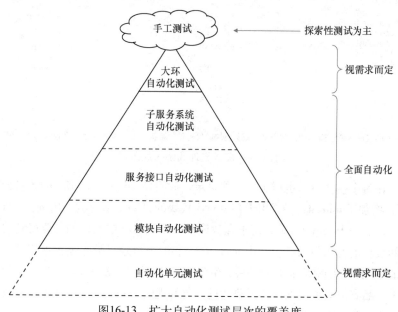

图16-13 扩大自动化测试层次的覆盖度

2. 自动化测试的便捷性

由于我们计划的这种快速迭代发布对测试要求更高，因此这种"高"要求不仅反映在自动化测试代码的编写方面，还反映在测试的执行效率和反馈速度方面。

为了提高测试效率，并让开发人员互不影响，我们建立了自己的测试集群。通过软件配置管理的优化，对于开发人员的测试环境，通过配置文件的修改，可以做到每两个人共用一个开发测试环境。与此同时，我们建立了多套自动化测试环境，并保证多个测试用例集可以同时并行执行，以确保更多的自动化功能测试可以在短时间内运行完毕。当然，这一切都是一键式完成的，这要归功于两个集群的完善——编译集群和测试集群。关于这两个集群的设计方案，参见第7章。

3. 测试代码的同源

我们将测试代码也放到了与产品代码相对应的位置。这样，无论是开发人员，还是测试人员，都可以很方便地获取与产品代码相对应的测试代码，做到它们之间的一一对应。对整个团队来说，大幅度降低了沟通成本和测试用例的管理成本。

16

4．配置管理优化

（1）代码库结构。新建一个产品目录（xxService），并将原来分散到各个不同库中的代码全部迁移到该目录下，同时在该目录下增加了Test目录，用于存放对该子服务的集成测试代码，如图16-14a所示。

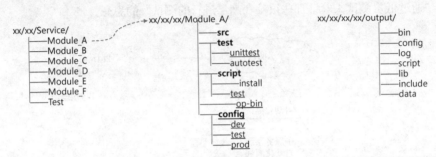

(a) 整个子服务的代码目录结构　　(b) 其中某个服务模块的代码目录结构　　(c) 其中某个服务模块软件包解压的目录结构

图16-14　配置管理的统一规范化

另外，在每个模块下，也增加了一些目录，如图16-14b所示。细心的读者会发现，在test目录下，增加了unittest目录，用于存放对应模块的自动化单元测试用例。另外，在模块的根目录下，有一个config目录，用于存放该模块的配置项信息，如需要用到的端口号，运行时中间文件的写入目录等。其中dev，test，prod子目录存放的配置项相同，但配置项对应的取值不同，分别对应着开发环境、生产环境和测试环境。script子目录中存放了一些脚本。由于产品有一些配置项信息需要通过一定的规则动态生成，因此把规则及脚本也放入代码仓库中，统一进行版本控制。

通过这种管理方式，就可以把二进制产物与配置项进行分离。这么做以后，针对不同类型的部署环境，使用"相同二进制文件+不同的配置文件"方式，就可以完成不同环境的部署。同时，与src同级别的script目录中，有一个install目录。这个目录中放置的是该模块安装部署脚本。S服务各模块的安装部署脚本全部由运维人员提供。并且，可以在不同部署环境都使用相同的部署脚本，通过读取不同的部署信息完成不同环境的软件部署。

（2）产出物的标准化与版本管理。我们在第一阶段就已经使用了持续集成系统，被测试的程序均来自持续集成服务器上构建出来的产物，而非测试人员手工自行编译。因此，我们就将构建号（build_id）作为识别二进制产物不同版本的唯一标识。

根据运维需求，我们又对产品生成的安装包以及安装后的目录结构都做了标准化，如图16-14c所示。每一个模块的输出结构都是统一的。同时安装包内还有一个文本文件，文件内容是此次构建中对应的代码仓库的URL，以及源代码版本号（revision id）。一旦需要通过二进制包找到源代码，就可以解压这个安装包，查看这个文本文件，找到对应的代码仓库URL和对应的源代码版本号。有一些团队也会把源代码版本号信息作为二进制产物名称的一部分，以便直接查看。

5．软件包管理

线上有300多台机器，另外还有很多测试机（包括开发用的、手工测试用的和自动化测试用的）。我们希望这些机器上的软件栈环境都是受控的，而且可以一键式准备（即只要运行一个命令，就可以完成上述任意环境的所有准备工作）。这样无须他人帮助，无论是什么角色，都可以轻松完成这样的事情，使其不再成为"只有专家才能做的事"。如图16-15所示，通过持续集成服务器自动构建的软件包被放入临时构建产品库后，只有经过一系列的自动化测试，并经过测试人员手工验证后，才在临时构建产品库中被标记为"符合质量标准"。当需要获取某个版本部署时，只能从临时构建产品库中选择那些符合质量标准的版本（如图中的版本9）放入产品发布库，然后经过运维人员点击部署按钮进行自动化测试。

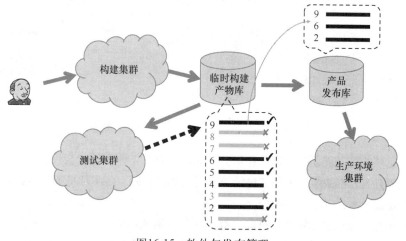

图16-15　软件包发布管理

6．部署与监控的优化

我们计划使用自动化方式进行生产环境的部署。那么，谁最了解生产环境和运维要求呢？当然是运维人员自己啦。于是，运维人员自告奋勇编写自动化部署脚本。

如何能在部署之前就能够保证这些脚本逻辑的正确性呢？我们想到，可以在开发人员使用的开发测试环境、测试人员使用的手工测试环境以及自动化测试环境上使用这些脚本来部署那些在开发和测试中的版本。因为这种版本的部署操作很多，这样确保在不同类型的环境中使用相同的部署脚本，读取不同的配置，来完成各类环境的部署工作，从而在正式部署生产环境时，这些脚本已经被测试过多次，大大降低了出错的概率。真正做到了"以相同的方式，向不同类型的部署环境一键式部署软件"。

与此同时，我们还设置了一些监控脚本，用于监控自动化部署过程以及部署后的一些

16

关键指标。从而不必像原来那样，需要人工方式来检查。

经过这种部署自动化的改造，运维人员的每次部署发布，手工操作的工作量降低为原来的十分之一，向300台进行部署的周期时间也缩短为原来的四分之一。

16.3.4　DevOps阶段的团队改变

经过二次改造，团队的工作流程如图16-16所示。主要的改变包括以下4个方面。

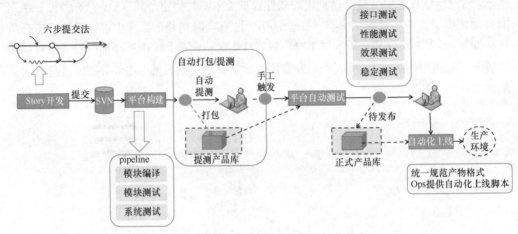

图16-16　持续交付模式下的团队协作流程

（1）完整的跨功能团队，运维积极参与团队的日常工作和迭代会议。

（2）所有内容都做版本控制，包括源代码和测试代码、各类环境的配置项信息、相关的打包和安装脚本，以及一些数据。

（3）所有环境标准化管理，可以一键式准备好测试环境。

（4）建立完整的部署流水线，可以一键式发布到多类部署环境。

16.4　小结

这个案例是在不改变原有公司组织管理结构的条件下，实现小团队持续交付的一个典型案例，它是一次由研发侧主动推动，向DevOps工作方式转变的成功案例。当然团队具有良好的持续集成基础，自然而然地过渡到了持续交付模式，并形成了团队内部的DevOps文化。

本案例中涉及持续交付七巧板中的所有板块，虽然有一些板块改动较大，有一些板块改动较小，如图16-17所示。

所有的改进都是一种流程，也就是说，"明确目标—诊断问题—解决方案—持续运营（优化）"。在这个过程中，只要抱有持续学习的心态，掌握持续交付价值环的思考原则，了解持续交付七巧板中各个领域的工作原则与好的实践，就可以通过不断试验，找到当前的最佳解决方案。

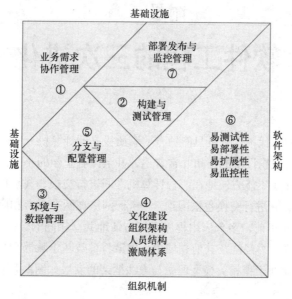

图16-17 全面的持续交付改造

附录 **A**

软件工程的三次进化

在20世纪50年代，计算机只能被专业素质极高的计算机专家所使用，而今天，智能手机、便携设备的使用非常普遍，甚至没有上学的小孩都可以灵活操作平板电脑；60年前，文件还不能方便地在两台计算机之间进行交换，甚至在同一台计算机的两个不同的应用程序之间进行交换也很困难。今天，网络在两个平台和应用程序之间提供了无损的文件传输；30年前，多个应用程序不能方便地共享相同的数据，今天，"大数据"时代已经降临，在商业、经济及其他领域中，决策将日益基于数据和分析而做出，而并非基于经验和直觉。软件工程相关模型理念与方法框架的发展如图A-1所示。

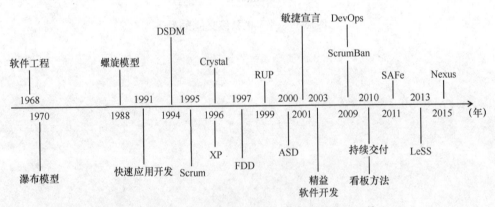

图A-1 软件工程相关模型理念与方法框架的发展简史

图A-1中的各种方法均以其见于正式报告、书籍或软件产品的时间点为主要参考。DSDM是指Dynamic System Development Method（动态系统开发方法），XP是指 eXtreme Programming（极限编程），FDD是指Feature-Driven Development（特性驱动开发），RUP是指 Rational Unified Process（Rational统一软件过程），ASD是指Adaptive Software Development（自适应软件开发），SAFe是指Scaled Agile Framework（规模化敏捷框架），LeSS是指Large-Scale Scrum（大规模Scrum），Nexus是指规模化Scrum框架。

软件技术被快速地应用于各行各业，这也使得软件相关的从业人员数量一直处于紧缺状态，尤其是有经验者。为了应对软件需求旺盛、从业人员短缺、软件本身规模迅速扩大的问题，软件工程学科也出现了多种工程方法，如图A-1所示。

A.1 软件工程的诞生

计算机诞生之时，使用计算机的门槛非常高（包括使用它的成本，以及在计算机知识和技能上的要求），只有少数人能够掌握。这种昂贵的设备自然也就多用于科学计算，从需求产生到软件交付通常并不需要很多人就能完成。

A.1.1 软件危机

随着中小规模集成电路的广泛应用，到了20世纪50年代到60年代，小型机蓬勃发展，并且多种高级计算机语言也不断出现。软件需求迅速增长。但是，在行业内的软件交付能力较低，导致软件开发与维护过程中出现以下一系列严重问题。

（1）软件开发费用和进度失控。费用超支、进度拖延的情况屡屡发生。有时为了赶进度或压成本不得不采取一些权宜之计，这样又往往严重损害了软件产品的质量。

（2）软件的可靠性差。尽管耗费了大量的人力物力，但软件系统的正确性却越来越难以保证，出错率大大增加，因软件错误而造成的损失十分惊人。

（3）软件难以维护。缺乏相应的文档资料，程序错误难以定位，难以改正，有时改正了已有的错误又引入新的错误。维护占用了大量人力、物力和财力。

1968年，世界各地的计算机科学家在联邦德国南部阿尔卑斯山脚下的一个美丽小镇Garmisch召开一次国际性会议，第一次讨论软件行业所遇到的上述危机。会议上，由F. L. Bauer提出"软件危机"的概念，用于描述当时的问题。大家希望能够借鉴建筑工程领域的最佳实践（因为该领域已经掌握了以系统化严格和可衡量的方式按时、保质、在预算内完成大规模工程项目的方法），找到软件行业所面临的多人协作开发高质量大型软件的方法。在会议上，正式提出"软件工程"一词，一门新兴的工程学科——软件工程学——为研究和克服软件危机而生。

A.1.2 瀑布软件开发模型

20世纪60年代末，作为项目经理的Dr. Winston W. Royce主导完成了一个大型软件项目的开发工作，并于1970年在IEEE发表了一篇题为"Managing the Development of Large Software Systems"（大型软件系统的开发管理）的文章。在这篇文章中他描述了一种软件开发模型，如图A-2所示。整个软件开发过程类似于一个瀑布，这就是著名的"瀑布软件开发模型"。

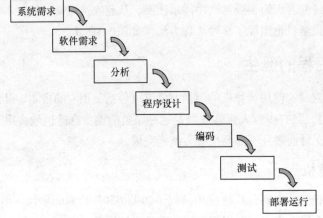

图A-2　瀑布软件开发模型

软件需求方期望仅使用一次瀑布模型，就得到软件的最终版本。这种模型很快成为整个软件行业的一个事实标准，被广泛应用，它以"重过程、重文档"的方式出现，软件团队的组织结构和角色职责也相对明确，如图A-3所示。

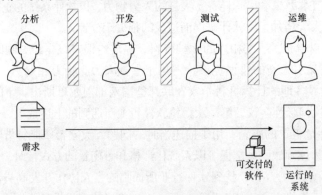

图A-3　边界分明的团队协作

然而大家并没有注意到Royce在文章中给出的提醒，那就是"如果使用这种软件开发模式管理软件项目，对同一个软件，最好能够迭代两次，第一次使用它先做出一个软件原型，第二次再使用它开发出这个软件的最终正式版本。"也就是说，软件项目第一次使用瀑布模型的目的并不是开发出可以直接生产的软件系统，而是为了快速了解真实的软件需求和解决方案可行性。

因为瀑布模型一次性成功必须满足3个前提条件，即在软件开发过程中能够保证：

（1）正在着手解决的业务问题是已知且确定不变的；

（2）业务问题的软件解决方案是可预知且确定不变的；

（3）构建软件的技术方案是明确且没有未知项的。

不幸的是，这3个前提条件都具有不确定性。由于既掌握计算机软件开发，又对业务领域知识比较了解的通用型人才相对有限，因此能够将业务问题描述清楚并将其转化为软件需求文档就是一个难题。另外，训练有素且有经验的软件开发者也相对较少，无法确保第二和第三个前提的成立。Standish Group的Chaos Report证明，软件项目的一次性成功率远低于建筑工程项目。

A.2　二次进化：敏捷开发

随着硬件的发展，微型计算机的应用普及，20世纪80年代后，软件需求爆发性增长。此时，一个大规模软件常常由数百万行代码组成，数以百计的程序员参与其中。如何才能高效、可靠地构造和维护这样大规模的软件成为了一个新的难题。《人月神话》一书的作者Brooks在该书中提及，IBM公司开发的OS/360系统共有4000多个模块，约100万条指令，投入5000人年，耗资数亿美元，结果还是延期交付。在交付使用后的系统中仍发现大量（2000个以上）的错误。很多软件工程师对"瀑布开发模型"这种重文档、重流程的软件工程方法提出了质疑，并根据各自经验，提出了很多不同的软件开发方法。这些方法均是以"迭代&增量开发"（Iterative & Incremental Development，IID）为基本思想的，这种思想可以追溯到20世纪50年代。根据Craig Larman和Victor R. Basili发表的 "Iterative and Incremental Development: A Brief History"（迭代增量开发简史）所述，杰拉尔德·温伯格（Gerald M. Weinberg）曾说过，"早在1957年，当时在IBM的Service Bureau Corporation的Bernie Dimsdale的领导下，我们就在使用增量开发方法，他是冯.诺依曼的同事，可能是从他那里学来的，或者是自然发生的。"

A.2.1　前奏——螺旋模型

1988年，Barry Boehm正式发表了"螺旋模型"。它将瀑布模型和快速原型模型结合起来，强调了其他模型所忽视的风险分析，它兼顾了快速原型的迭代的特征以及瀑布模型的系统化与严格监控。螺旋模型最大的特点在于引入了其他模型不具备的风险分析，使软件在无法排除重大风险时有机会停止，以减小损失。同时，在每个迭代阶段构建原型是螺旋模型用以减小风险的途径。螺旋模型更适合大型且昂贵的系统级软件应用。

20世纪90年代，先后又出现了多种轻量级软件开发方法（见图A-4）。"轻量级"一词是与"瀑布开发"这个重量级方法相比而言的。

A.2.2　敏捷宣言的诞生

2000年春，Kent Beck组织了一次研讨会，地点在俄勒冈州的罗格里夫酒店，参会者包括极限编程的支持者们和一些"圈外人"。在罗格里夫会议上，与会者们都表示支持这些"轻量级"软件开发方法，但没有发表什么正式声明。2001年2月11日至13日，在美国犹他州瓦萨奇山雪鸟滑雪胜地，Jeff Sutherland, Ken Schwaber, Martin folwer和Alistair Cockburn等17人又聚到一起，讨论了各自提出的那些轻量级软件开发方法的异同点，希望总结出它们的共性，以及与重量级瀑布方法的不同之处。参会者们包括来自极限编程、Scrum、动态软件开发方法、自适应软件开发、水晶系列方法、特性驱动开发、实效编程的代表们，还包括希望找到"文档驱动、重型软件开发过程"替代品的一些推动者。会议的最终成果就是《敏捷软件开发宣言》，如图A-5所示。同时还总结了敏捷软件开发方法的十二原则，它们包括：

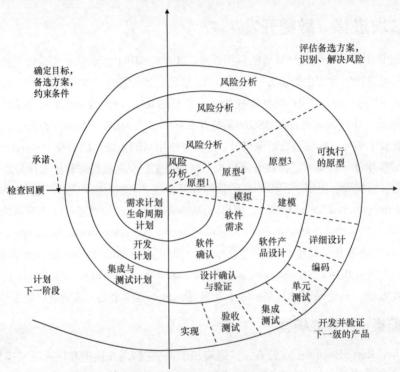

图A-4   软件开发螺旋模型

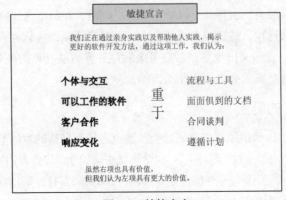

图A-5   敏捷宣言

从这一历史事件可以看出，我们常常提到的"敏捷软件开发方法"，从诞生之日起，就不是一种软件开发方法，也不是一种体系完整的方法论，它是满足上述宣言及原则的一簇轻量级软件开发方法的集合，如图A-6所示。

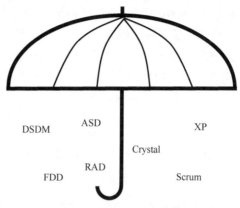

DSDM　　ASD　　　　　　　XP

Crystal

FDD　　RAD　　　　　Scrum

图A-6　敏捷开发方法伞

为了方便起见，如无特别说明，本书中出现的"敏捷软件开发方法"是指那些符合敏捷宣言和十二原则的方法，以及后续的演进方法。

（1）尽早地持续交付有价值的软件，以便让客户满意，这是最高优先级的事情。

（2）即便在开发阶段后期，也欢迎需求变化。为了让客户获得业务竞争优势，利用敏捷过程来应对变化。

（3）频繁交付可工作的软件，建议采用较短的交付周期（通常是几周或一两个月）。

（4）在整个项目过程中，业务人员和开发人员每天能够一起工作一段时间。

（5）围绕积极的个体，建立项目团队。给他们需要的环境和支持，并相信他们能够完成工作。

（6）无论团队内外，传递信息效果最好和效率最高的方式是面对面地交谈。

（7）可工作的软件是项目进度的首要衡量标准。

（8）敏捷过程促进可持续发展。项目主要干系人、开发人员和用户应该能一直保持节奏。

（9）持续关注技术卓越和良好的设计，提高敏捷性。

（10）以简洁为本，它是极力减少不必要工作量的艺术。

（11）最好的架构、需求和设计会从自组织团队中涌现。

（12）团队要定期地反思"如何变得更有成效？"，然后相应地调整自身行为。

在这一簇软件开发方法中，有两种方法值得注意，它们分别是Scrum和极限编程（eXtreming Programming）。因为当代软件开发过程中，总能看到与它们相关的软件开发与管理实践。

1. Scrum框架

1993年，Jeff Sutherland和Ken Schwaber正式提出Scrum，它是一种敏捷流程框架，而不是一个开发完整产品的完整流程，该框架如图A-7所示。其核心思想最早出现于1986年《哈佛商业评论》的一篇题为"New New Product Development"的文章。文章指出，Nonaka和Takeuchi用橄榄球的比喻来强调团队的重要性，以及在新的复杂项目的开发过程中如何能够表现更出色。他们的研究成果为Scrum提供了一些基本概念，包括小型自组织团队、共同的目标、自治和跨职能。Scrum的价值观包括承诺、勇气、聚焦、开放和尊重。

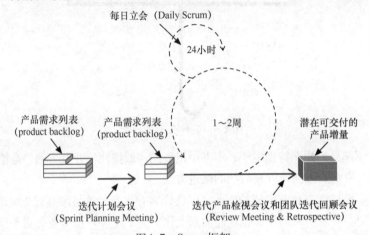

图A-7　Scrum框架

2. 极限编程方法

1999年，Kent Back编写的《解析极限编程》（*Extreme Programming Explained*）一书第1版出版，标志着该方法的正式出现，它的价值观包括沟通、简单、反馈和勇气。它以软件工程实践而闻名，如持续集成、测试驱动开发、结对编程和简单设计等。它共包含12大实践，分别是：

（1）完整团队；

（2）用户故事（user story）；

（3）短交付周期；

（4）客户验收测试；

（5）结对编程；

（6）测试驱动开发（Test-Driven Development，TDD）；

（7）代码集体所有制；

（8）持续集成；

（9）40小时工作制；

（10）开放的工作空间；

（11）简单设计；

（12）重构。

在这12个实践中，与技术相关的工程实践占了一半，从中可以看出，对软件代码质量的关注度非常高。

A.2.3 敏捷软件开发方法的演化

在"敏捷"这把大伞下，社区也不断繁荣发展，这些开发方法之间彼此吸收借鉴，不断自我进化。例如，自2008年起，Scrum将极限编程方法中的数个工程实践纳入Scrum实践之中。

Scrum框架因其管理框架简单易懂，并有良好的商业化生态体系（授权认证体系），而受到广泛关注。同时，为了适应不同的组织环境和不同领域的软件特点，很多软件开发方法论研究者以Scrum为基础，开发出了不同的软件开发框架，具有代表性的有Scrumban、SAFe和LeSS。

1. Scrumban框架

2009年Corey Ladas在《Scrumban》一书中提出了Scrumban软件管理框架。它是一个敏捷的管理方法论，是Scrum和看板方法的混合框架，最初是一种从Scrum过渡到看板方法的方式。现在的建议是当团队使用Scrum作为他们选择的工作方式时，可以使用看板方法作为团队工作透明化的方法，用来观察、理解并不断改进他们的工作方式。

2. SAFe框架

2011年，Dean Leffingwell在其网站上正式发布了规划敏捷框架（Scaled Agile Framework，简写为SAFe）的第一个版本。它旨在促进多个敏捷团队之间的协调、合作和交付，尝试解决将敏捷工作方式扩大到整个企业范围后遇到的一些困难和问题，它常被看作是企业层面的Scrum。其主要知识体系输入为敏捷软件开发、精益产品开发和系统思考。

目前，最新的一个版本叫作"SAFe 4.0 for Lean Software and Systems Engineering"，它的主要变化包括：

- 支持软件开发和系统开发（软硬件开发）；
- 新的价值流层次，包括构建大型系统的新的角色、活动和制品（artifact）；
- 全局蓝图更简洁和轻量化，同时可以扩展以适应大型价值流和复杂系统开发的需要；
- 企业级的Kanban系统，以管理各层级的工作流（manage the flow of work）；
- 新的项目组合、投资组合层级的元素，包含与企业战略的关联，协调组合内的价值流等；
- 企业价值流用相互连接的Kanban系统进行管理，这样有助于可视化工作及限制在制品（limit work in process），并加快价值交付的持续流转；
- 更新的SAFe需求模型（requirements model）以更好地反映额外待办项（backlog items）；

- 更新的内建质量实践（built-in quality，之前叫code quality，即代码质量），以适应软件和系统开发；
- 提供了一个新的层——基础层（Foundation Layer）。

3．LeSS框架

2013年，Large-Scale Scrum（LeSS）这个名称被正式确立，它是一个软件产品开发框架，通过扩展规则和指导原则扩展了Scrum，而不失Scrum的原始目的。其创造者Craig Larman和Bas Vodde称，自2005年开始，他们就根据自己的经验，总结并提出了这个框架，帮助一些企业进行敏捷转型，特别是在电信和金融行业。

LeSS的目标是"降低"组织的复杂性，也就是说，消除不必要的复杂组织解决方案，并以更简单的方式解决它们，如更少的角色、更少的管理层级以及更少的组织结构。

这个框架分为两个层次：第一个层次是为多达8个团队设计的；第二个层次被称为"Less Huge"，为上百个开发人员的情况引入了一些额外的扩展要素。

4．Nexus

Nexus是开发和维护大型软件开发项目的一种框架,于2015年发布。Nexus指南已经包含了40种以上的实践，可以同Scrum指南一起用于扩展Scrum和支持多个软件开发团队的集成工作。Nexus Ken Schwaber是Nexus指南的作者以及敏捷宣言的最初作者和签署者之一，他也是Scrum联盟的创建者。在一次公开采访中，他指出：

> Nexus指南是Scrum指南的伴侣。它免费、在线地提供给大家，其描述了夹式（clip-on）扩展框架，能够促进3～9个Scrum团队（通常）的工作集成，用来开发软件。
>
> Nexus在范围、方法和成本上都与其他扩展方法（如SAFe、DAD和LeSS）不一样。Nexus仅仅是为了解决扩展软件开发问题，涉及产品待办事项列表、预算、目标和范围。
>
> Nexus同样也仅仅是一种框架……Nexus不能保证成功，但它也不是一种公式化的东西。为了成功，人们需要以一种最合适的方式实施软件开发。个体和交互比流程和工具更重要。

A.2.4　敏捷软件开发方法小结

敏捷软件开发方法大多来源于过往实战经验，从实践中找到一组模式，并总结提炼而成。敏捷软件开发方法强调跨职能小团队协作，强调与客户密切合作，尽早交付可用的软件。每种方法在实施层面上都定义了自己的一些执行实践或工作方式，而且，更强调团队协作、迭代开发、不断学习，而不是"重型方法论"所借鉴的建筑工程管理领域的一次成型方式，如图A-8所示。

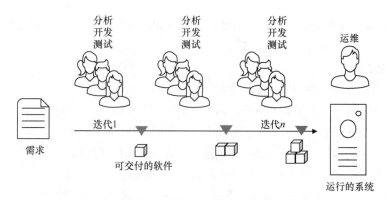

图A-8　强调短周期迭代与跨部门协作的敏捷

当然，有一些敏捷软件开发方法也从人们的视线中逐渐消失（如水晶方法、DSDM和RAD）或者正在消失（如极限编程）。但其核心价值观已被广泛接受，并出现了多种方法的融合。

A.2.5　TPS启发下的软件开发方法

大野耐一应用福特体系作为丰田生产系统（Toyota Production System，TPS）的基础，并把该系统的根本界定为"绝对消除浪费"。这个系统和它蕴含的思想，为日本制造业，尤其是丰田公司，赢得了广泛的信誉。在任一款基于精益制造和丰田生产系统的工作方法中，精益已经开始作为一个涵盖性的术语在使用了，包括精益建造、精益实验室。精益原则正被成功应用到产品设计、工程、供应链管理等领域中，现在也被应用到软件开发领域中了。

有关精益（Lean）思想的历史根源可以追溯到20世纪初期。当时福特汽车公司引入了准时制造（Just In Time，JIT）。正如Womack和Jones在1996年所著的《精益思想》（*Lean Thinking*）一书中描述的那样，精益制造的所有基本原则都在福特的《我的生活与工作》（1922）、《今天和明天》（1926）和《向前进》（1930）中出现过。

1.　精益软件开发方法

2003年，Tom夫妇通过研究丰田生产系统和精益思想，并将精益思想应用于软件开发过程，出版了*Lean Software Development: An Agile Toolkit*一书，标志着"精益软件开发方法"（lean software development）正式诞生。

严格地说，精益软件开发方法并没有包含明确的开发流程与实践，而是以精益思想为指导，提出了软件开发中的7项原则，它们分别是：（1）消除浪费；（2）内建质量；（3）创建知识；（4）推迟决策；（5）快速交付；（6）对人尊重；（7）整体优化。

同时它也定义了软件开发中的7种浪费：（1）软件缺陷；（2）未被使用的特性；（3）避免任务传递；（4）延迟反馈；（5）半成品（包括未实现的需求、未测试的代码、没有修复的错误）；（6）任务切换；（7）不必要的流程（如没有产出的评审、编写没有人读的文档、原本简单却搞得很复杂的流程等）。

2. 看板方法

David Anderson受*The Principles of Product Development Flow: Second Generation Lean Product Development*一书作者的影响，将其中思想应用于IT项目，并结合丰田生产方式中的看板实践和约束理论，提出了"看板方法"。2010年，David Anderson出版了《看板方法》一书。他在书中还描述了这种方法的演进过程，从2004年微软公司的一个项目使用约束理论，到2006年在Corbis公司的一个项目中，算是正式使用了看板方法。

看板方法将软件开发过程视为一种价值流，并且相信拉动式的管理能产生更好的结果。严格来说，它并不是一种软件开发方法，而是以渐进方式指导企业变革的一种方法论，其奇妙之处在于它与企业原有的开发流程无缝结合，通过限制在制品的数量等一系列简单可行的技巧，发现和缓解软件开发过程中的压力和瓶颈，提高生产效率。

A.3 三次进化：DevOps

上面提到各种敏捷开发方法，其诞生的环境大多数是面向企业应用的定制软件开发项目，由于企业相关审计或其他原因，这类软件的发布特点是两次版本发布之间的时间间隔较长。因此，前后两个版本之间的功能差异也会较大。在这种情况下，软件交付经常都会遇到"最后一公里"问题。也就是说，从软件功能开发完成到正式上线这段过程中（即集成测试与上线部署阶段）存在着高度不确定性和不可控性，经常出现"项目进度到百分之九十后开始停滞，要花很长时间和很大代价（甚至超过前百分之九十所花费的工时、工期）才能完成最后的百分之十"。

尽管敏捷软件开发方法强调迭代模式，但多被应用于整个软件开发项目中的前期，其解决问题的焦点更多地关注于软件产品的需求分析和代码研发阶段。因此，我们常会看到一种现象，也就是说，声称已经敏捷转型的软件企业仍旧保持着原有的开发节奏。事实上，他们在瀑布软件开发模型中，仅在开发阶段引入迭代管理以及相关的一些敏捷开发实践。而在最后的集成测试阶段，仍旧常常面临"最后一公里"问题，导致项目周期不可控。在软件部署与发布时仍旧如临大敌，甚至要求全员随时待命。尽管如此，仍常被各种始料未及的问题搞得手忙脚乱。

A.3.1 DevOps运动的兴起

随着互联网的蓬勃发展，创业大潮兴起，众多互联网创业公司兴起，这也给软件开发带来了新的挑战。与前面的挑战不同的是：企业定制软件开发的需求提出者是明确的，其困难在于软件交付者对于业务领域并不了解。对于互联网软件服务，其困难在于服务对象是海量用户，并没有明确的需求代表，因此用户需求准备捕捉更加困难。因此将软件快速部署上线，收集用户的真实反馈成为互联网业务的一大诉求。

2008年，以提倡"短迭代，快反馈"为主要软件交付形式的敏捷浪潮尚未被行业完全吸收，第三次进化"DevOps"已经悄悄来临。Patrick Debois在敏捷2008大会（多伦多站）上提出"敏捷基础设施与运维"。2009年的Velocity大会上一场名为"每天10次部署：开发与运维在Flickr的协作"的演讲引发了整个行业的再一次思考。在这场演讲中，John和Paul首次将部署发布这一环节提到了软件全生命周期中更加重要的位置。

2009年底Patrick Debois举办了一次名为"DevOpsDays"的研讨会，并创造了这个专有名词"DevOps"。它由"development"（开发）和"operation"（运维）这两个英文单词的部分字母拼接而成。由此不难想象，其最初是关于倡导"开发"和"运维"紧密协作的运动，正是希望消除由于部门壁垒带来的部署瓶颈。

2011年，维基百科上对其定义是"DevOps是用于加强开发部门、运维部门和质量保证部门之间沟通、协作和集成的一系列过程、方法和系统。它强调开发和运维之间相互依赖，以实现及时发布软件，达成企业业务目标"，如图A-9所示。而2017年，维基百科上对其定义则是："DevOps是以统一软件开发和软件运维为目标的一种软件工程文化与实践。"

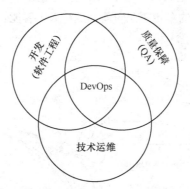

图A-9　IT部门内的DevOps协作

就像10年前的"敏捷"，现在的"DevOps"已经是一个非常流行的词汇，其定义也在不断地变化，并且没有一个完全统一的定义，似乎每个人对其有不同的理解，小到一套方法与实践，大到整个软件组织的文化与管理。这也充分说明了人们对它寄托的期望，它所倡导的思想理念也快速升温。

A.3.2　持续交付的诞生

2010年出版的《持续交付》一书详细讲述了如何实现以较快的速度、较低的成本和风险，缩短从代码提交到上线发布的实践，成为DevOps可以真正落地的抓手。这本书的出版也标志着"持续交付"这一专有名词的诞生，书中阐述了实现上述目标的一系列原则与众多实践。该书作者之一Jez Humble当时正在主导持续集成与发布管理平台GoCD（2008—

2010年期间，名为Cruise）的产品研发，书中很多实践来自这个团队。

《持续交付》一书中，持续交付被描述为"一种能力，即能以一种可持续的方式，将所有类型的变更安全且迅速地交给客户或发布上线，无论这些变更是新特性、配置变更，还是已修复的缺陷，或者新的测试实验。它的目标是高质量、低风险地快速发布软件价值"。其核心模式是部署流水线，核心原则包括：

- 质量内建（built quality in）；
- 小批量开发（work in small batches）；
- 尽可能将所有事情自动化，让计算机做重复的事情，而人来解决问题；
- 持续不断且不遗余力地改进；
- 软件交付是所有人的责任。

Jez Humble认为，持续交付的3个支柱是配置管理、持续集成和持续测试。

A.4　小结

这么多的概念与方法论之间，有着千丝万缕的联系（如图A-10所示），并共同见证了软件工程领域的进化。时代的车轮还在向前，期待人工智能带来软件工程领域的革命。

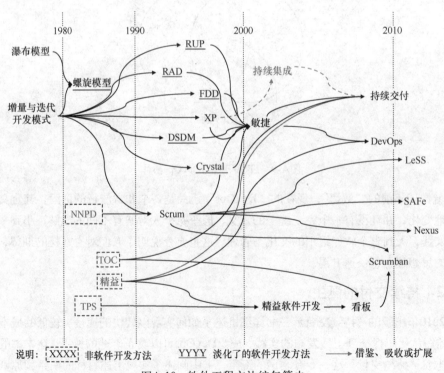

图A-10　软件工程方法编年简史

附录 B

排序法做相对估算

本 方法为我个人的工作经验总结，并于2011年发表于国内知名技术新闻网站InfoQ 中文站。由于本书中的两个案例（第15章和第16章）中都使用过该方法，因此对其进一步修订，作为本书附录，以便于读者翻阅。如果希望查看原文，请移步到技术新闻网站InfoQ。

B.1 排序法相对估算

软件项目的估算历来是一个难题，它还无法像做土建工程那样通过预算速查手册来评估。但是，为了资源的最大化利用，协调多个团队的协作效率，向客户做出合同承诺，软件项目都有必要做工作量估算。本文主要讨论敏捷软件开发中的用户故事（user story）估算，其以需求拆分为前提条件，也就是说，一个需求文档已经被拆分成多个细粒度的需求描述。关于如何拆分以及拆分粒度的要求，参见第6章。

工作量估算方法有很多，但大体上分为绝对估算和相对估算。在本文中，"绝对估算"就是指以绝对时间（如小时或天）为单位进行估算。而"相对估算"就是通过用户故事之间的大小对比进行估算，估算后的结果没有时间单位（它们之间的差异不在本文讨论范围之内）。在相对估算方法中，也有很多种不同方式。

1. 相对估算的难点

相对估算的过程中常常会出现下面的现象，尤其是对那些第一次使用相对估算的团队：

- 当确定相对估算的基准单位"1"时，开发人员很难找到一个合适的用户故事做基准；
- 开发人员更关注于讨论单个用户故事的点数是多少，而不是关注与其他用户故事比较的相对大小；
- 估算所花费的总时间比较长（常常是整个下午，甚至一天）。

2. 使用目标

当软件项目工作量规模较大时，在启动软件开发之前制订发布计划。

3. 曾使用过的场景

项目规模较大（1~3个月的周期），已根据用户故事的拆分原则（INVEST原则）得到一个用户故事列表，该列表由各角色共同讨论过，且对每个用户故事的内容已达成共识。同时，团队基本上可以保证：

- 每个卡片都会有两个或两个以上的开发人员了解，并有能力开发；
- 开发人员基本了解每个用户故事的工作内容。

4．该方法的假设

该方法的假设具体如下：

- 用户故事的客观工作量不会因为具体开发人员的差异而不同（尽管人员不同，花费的时间可能不同）；
- 由于软件项目的总用户故事数量较多，因此假设估计后的客观规模不会偏差太多；
- 开发人员是整个交付过程的瓶颈，因此仅由开发人员估算其开发规模，不包括用户故事的测试规模。

B.2　相对排序法的操作过程

下面来介绍一下相对排序法的操作过程。

1．第一步：准备工作

- 一个大会议室
- 全体开发人员到场
- 待估算的所有用户故事写在卡片上（只写一句话需求，并确保所有人能看懂）
- 透明胶带（用于将卡片贴在白板上或墙上）

2．第二步：初步排序

（1）将卡片按个数均分给每个参与项目的开发人员；

（2）让一个开发人员取一张卡片A，贴到墙上（随便哪张都可以）；

（3）让每个开发人员将手中的卡片与已经贴墙上的所有卡片进行对比，按下面的规则贴在墙上相应的位置。

- 如果手中的卡片与墙上A的工作量大小相当，就将其贴在卡片A的下方；
- 如果手中的卡片比卡片A工作量大，就将其贴在A的右侧；
- 如果手中的卡片比卡片A工作量小，就将其贴在A的左侧；
- 如果C的工作量大小在A和B之间，就把它放在A和B之间。

以此类推，如图B-1所示，4个卡片的工作量大小关系为A<C≈D<B。

在这个过程中，可以让所有开发人员同时贴卡片，只要彼此不干涉，保持独立判断即可。

当全部卡片贴完以后，再请全体开发人员重新看一看，是不是每个卡片的位置都很适当，如图B-2所示。

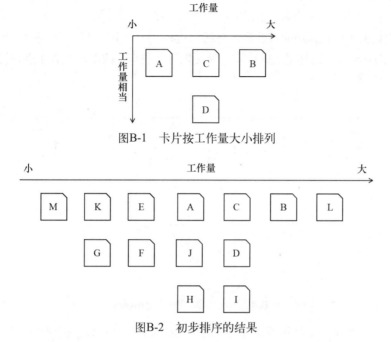

图B-1　卡片按工作量大小排列

图B-2　初步排序的结果

3. 第三步：讨论差异

如果对某个卡片的位置有异议，请拿出来讨论。这也许是因为大家对它的内容和理解不一致造成的。因此需要对其进行深入讨论，直至一致认为它应该在哪一列为止。需要注意的是，不要试图讨论精确的工作量，只需要相对准确即可。

4. 第四步：确定工作量大小刻度

使用数字1, 2, 3, 5, 8, 13或 1, 2, 4, 8, 16按顺序将其放在有对比关系的列上。图B-3中，列在2下面的的每个故事卡片，其工作量大小应该是列在1下面的一倍左右。

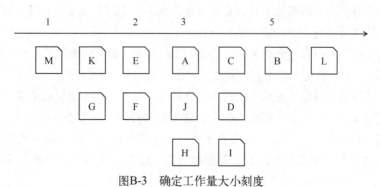

图B-3　确定工作量大小刻度

5. 第五步：归并调整

对于那些列头上还没有数字标识的列（如图B-3中"K"列、"C"列和"L"列），请开发人员根据其工作量大小的接近程度将其放到相邻的列中，可能向左移动，也可能向右移动，如图B-4所示。这时团队成员间还会发生对一些卡片的工作量大小进行讨论，有可能也进行位置调整。

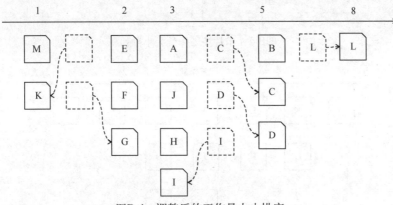

图B-4　调整后的工作量大小排序

最后，将每列的用户故事数量与列头的数字相乘，得到的数字再相加以后，就得到该项目的总体规模。

6. 使用注意事项

使用相对排序法的操作过程有以下几个注意事项。

（1）在估算之前，应该确保所有用户故事之间的规模差异不要过大。例如，某个用户故事大约需要一个小时完成，而另一个用户故事则需要两周。此时说明，用户故事的粒度不合理，不符合INVEST原则中的S原则，小的需求可能需要与其他需求合并，而大的需求一定需要拆分。

（2）如果各列卡片的数量不符合正态分布，而是两头的卡片多，中间的卡片少，也说明用户故事粒度可能有问题，需要重新审视一下。

（3）如果在一列中有数个相关联且同样大小的故事（如支持银联卡、支持MasterCard、支持VISA卡），且先做完一个卡片，其他两个工作量会减少的情况下，可以将任意一个放在当前列，其他两个可以考虑放在比较小的一列中。但是，具体情况还是要具体分析，因为实际情况较复杂。但在整体审视环节中，这类的分析和验证工作不可缺少。

（4）在讨论和移动卡片时，应该更多地与其他卡片进行对比，而不是直接说某个卡片属于哪一数字列。因为列头的数字都是相对值，没有其他卡片的对比，这些数字没有意义。

（5）在讨论的过程中，会捕捉到一些之前没有发现的问题或信息，此时一定要及时记录下来。对于不清楚的问题，应该当场由业务人员给出结论。

（6）这种方法在那些没有尝试过相对估算的团队中首次使用时，最好能有一定经验的人加以引导，对已排定的顺序进行适当验证。

B.3　小结

对刚刚接触敏捷软件开发方法的团队来说，这种规模估算和计划的方法的确不太容易接受，尤其是在那些已习惯于使用WBS分解方式做计划的团队中，他们会纠结于"1"到底代表多长时间，是代表资深开发人员的一天，还是新手的一天。

如前所述，这种排序法有其前提条件与假设。在进行用户故事拆分时，需要进行充分的讨论，让团队成员了解每个用户故事，这是该方法成功的前提（关于需求拆分的原则与方法参见第6章）。当然，充分沟通也是敏捷软件开发方法成功的前提。

主 编 简 介

蒋益兰，主任医师，二级教授，博士研究生导师，享受国务院政府特殊津贴专家，湖南省名中医，全国老中医药专家学术经验传承工作指导老师，中国中医肿瘤防治联盟副主席，湖南省名中医，曾任湖南省中医药研究院附属医院副院长、肿瘤研究所副所长，任湖南省中医药研究院附属医院肿瘤大科主任、肿瘤研究室主任、湖南省中医肿瘤诊疗中心主任。担任中华中医药学会肿瘤分会副主任委员，中国抗癌协会肿瘤传统医学专业委员会副主任委员，湖南省中医药和中西医结合学会肿瘤专业委员会主任委员等。

蒋益兰教授从事临床医疗、科研工作近40年，在中医或中西医结合防治肝癌、肺癌、大肠癌等恶性肿瘤方面积累了丰富的经验，目前为重大疑难疾病肝癌中西医临床协作中心、国家区域中医肿瘤诊疗中心、国家临床重点专科、国家中医药管理局重点学科和重点专科的学科带头人。主持国家级、省厅级科研课题20余项，其中国家自然科学基金面上项目2项，获省级科研成果奖4项，发表学术论文60余篇，主编及参编医学专著8部。已带教博士后、博士研究生10名，硕士研究生40余名。

赵晔，湖南省中医药学会第三届肿瘤专业委员会青年委员，湖南省中医药和中西医结合学会第四届肿瘤专业委员会青年委员，湖南省中医药信息研究会肿瘤防治专业委员会委员，中国民族医药学会肿瘤分会理事。

赵晔医师在临床以中医理论为依托，注重中西医结合，密切结合临床进行科研，经过大量临床实践和基础研究，逐渐形成了自己的专病治疗特色。她还继承导师蒋益兰教授治疗恶性肿瘤的先进模式，临床取得较好的治疗效果。